First Steps in Statistics for Data Science

データサイエンス指向の統計学

大内俊二

学術図書出版社

本書のサポートサイト

https://www.gakujutsu.co.jp/text/isbn978-4-7806-0916-5/

本書の問・章末問題の解答やサポート情報，正誤情報を掲載します．

■ 本書に登場するソフトウェアのバージョンや URL などの情報は変更されている可能性があります．あらかじめご了承ください．

まえがき

今日，スマートフォンは情報の収集や発信・コミュニケーションの手段・決済機能として人々の生活必需品となっている．その結果，人々は常時インターネットに接続し，人々の行動履歴データはインターネットに蓄積されるようになり，それらのデータはEC（電子商取引）をはじめとするビジネスや将来起こる災害への備えなどに利用されている．科学技術分野においても，自動運転システムに代表されるようにAIやIoTの技術を使ったイノベーションが盛んに行われている．また，仕事をする上でも経験や勘に頼るだけではなく，データに基づいた客観的な判断による意思決定が重要であると考えられるようになってきている．このような社会では，多種多様な分野でデータの利活用が重要な取り組みとなり，データは石油に代わる貴重な経済資源であると考えられ，データは21世紀の石油といわれている．現代は，データを効果的かつ正しく利活用するデータサイエンス力が求められる時代である．

本書は，データサイエンスおよび統計のリテラシーを身につけること，またデータサイエンスの専門的な学びへの橋渡し役になることを意図して書かれた統計学の入門書である．取り上げている例やデータは社会科学に関するものが多いが，読者の専門分野に関係なく，大学初年級のテキストとして幅広く利用できると考える．文科系の学生対象であれば，本書の第1章から第5章まで（データサイエンスに関わる基礎知識と記述統計）および第10章（pp.145-160，相関から回帰分析の初歩まで）を重点的に取り扱うことでデータサイエンスの入門科目用として，また第6章から第10章まで（確率・確率分布と推測統計・回帰モデル）を丁寧に扱うことによって統計学の基礎科目用として，このテキストを使うことも可能である．

以下に本書の特徴を箇条書きする．

- 第1章のタイトルが「データサイエンスへのいざない」，第2章から第5章のタイトルの頭にはすべて「データの」がつくことから想像されるように，本書の前半ではデータを中心に据えた視座からの説明を行っている．
- ビッグデータの活用例をはじめとした実際の応用例を，一般的な統計学のテキストよりも多く取り入れている．
- 数学的説明は可能な限り少なくし，それを補うためにソフトウェアを利用した説明を少なからず行っている．使っているソフトウェアは，一般的な読者にとってデータ分析を行う上での負担が最も少ないと思われるMicrosoft社の表計算ソフトExcelである．

- 例題や章末問題で使われているデータは，通常の教室で行う演習のために計算しやすい数値を用いて作った人工データではなく，可能な限り現実にある実際データとした．読者が問題演習を行う場合は，Excel や Google スプレッドシートなどの表計算ツールを利用してほしい．
- 補章を設け，第 10 章までに出てきた数学記号や本文から追い出した統計数理に関わる補遺，今日いろいろな分野に応用されているベイズ法の考え方，それぞれについての説明を加えた．また本書の章末問題やプロジェクトで扱ったデータ処理や統計グラフの作成を Excel で実行する場合の操作方法の解説を行った．
- 補章を除くすべての章末に設けたプロジェクト（課題学習）は，アクティブラーニングや課外学習のための教材として利用されることを意図して作成した．学生がプロジェクトに取り組む際には，政府などが提供しているオープンデータを活用したり，Excel や可能であれば統計解析のためのソフトウェア環境 R や機械学習関連のライブラリが充実している Python などを積極的に使ったりすることが望まれる [注1]．

注 1　R と Python はオープンソースソフトウェア（OSS）であり，インターネット上のそれぞれの関連サイトからダウンロードすれば無料で使える．最近，機械学習に対応し，実行速度の速い Julia も注目を集めている．Julia も OSS である．

- 伝統的な統計学のテキストにはある統計数値表を載せていない．Excel や統計ソフトには豊富な統計関数があり，それらを使えばさまざまな確率分布に従う確率変数が特定の範囲の値をとる確率やパーセント点などが容易に求まる．統計数値表の見方を学ぶことより，これらのツールの使い方に慣れるほうが重要であると考える．
- 統計的推測（第 8・9 章）においては，推定や検定の考え方を伝えることに主眼を置いたため，それらの具体的手法をいろいろな母集団分布について総花式に説明することはしなかった．実際の統計解析（データ分析）は統計ツールを用いて行うため，それらを正しく使い，分析結果の出力（例えば p.173 の図 10.20）が正しく読めることが大切だからである．
- データ生成の確率的なメカニズムを確率変数と確率分布でとらえたものを確率モデルとよび，統計的推測は仮定した確率モデルのもとで行われていることを強調した．取り上げる確率分布は離散型と連続型それぞれにおいて最も代表的と思われる二項分布と正規分布のみにした．その他の多くの確率分布の定義や性質については文献 [21] や文献 [1] などを，いろいろな確率分布とそれが適用される場面については文献 [9] を参考にされたい．
- 最後においた「より進んだ学習のために」では，本書で学んだあとの進んだ学習のための水先案内を行った．

上記の特徴が本書利用の際の便に供すれば幸いである．

なお，問と章末問題の解答は学術図書出版社の Web サイトにあるサポートページからダウンロードできる．URL は下記のとおりである．

`https://www.gakujutsu.co.jp/text/isbn978-4-7806-0916-5/`

訂正・変更箇所も同ページに掲載する．

筆者が統計学の教育に携わることができ，本書を著すことができたのは，恩師 千葉大学名誉教授 田栗正章先生と学兄 横浜市立大学データサイエンス学部長 汪金芳先生と出会うことができたからであると言っても過言ではない．お二人の先生には心から感謝を申し上げたい．

最後に，私に出版の機会を与えてくださり，本書執筆中にも適切なタイミングで親身なサポートをしてくださった学術図書出版社の貝沼稔夫氏にも心からの感謝を申し上げたい．

2021 年 2 月

大内 俊二

目　次

1 データサイエンスへのいざない

本章の目標

- 現代社会におけるデータサイエンスの重要性について理解する．
- ビッグデータが活用されている事例を通して，新しい価値創造のためのビッグデータの活用について考える．
- エビデンス（証拠）に基づく意思決定について理解する．

1.1 データサイエンスと現代社会

表 1.1 は，平成の始まりの年と令和 2 (2020) 年における世界時価総額[注1]ランキングの上位 10 位までを示している．平成元年は，日本企業が上位を独占した（上位 50 社中，日本企業が 32 社を占めた）が，令和 2 年には日本企業のトップは 42 位と，上位 10 位には 1 社もランクインしていない．さらに特筆すべき

注 1 時価総額は，企業の価値を市場での株価によって評価したものをいう．

表 1.1 世界時価総額ランキング

平成元年

順位	企業名	時価総額（億ドル）	国名
1	NTT	1638.6	日本
2	日本興業銀行	715.9	日本
3	住友銀行	695.9	日本
4	富士銀行	670.8	日本
5	第一勧業銀行	660.9	日本
6	IBM	646.5	アメリカ
7	三菱銀行	592.7	日本
8	エクソン	549.2	アメリカ
9	東京電力	544.6	日本
10	ロイヤル・ダッチ・シェル	543.6	イギリス

令和 2 年（5 月末時点）

順位	企業名	時価総額（億ドル）	国名
1	サウジアラムコ	17444.3	サウジアラビア
2	マイクロソフト	13896.7	アメリカ
3	アップル	13780.6	アメリカ
4	アマゾン・ドット・コム	12182.0	アメリカ
5	アルファベット	9770.0	アメリカ
6	フェイスブック	6413.1	アメリカ
7	アリババ・グループ・ホールディング	5661.6	中国
8	テンセント・ホールディングス	5017.9	中国
9	バークシャー・ハサウェイ	4511.5	アメリカ
10	ジョンソン&ジョンソン	3919.0	アメリカ
⋮	⋮	⋮	⋮
42	トヨタ	176.8	日本

平成元年については『週刊ダイヤモンド』2018 年 8 月 25 日号を，令和 2 年については Think 180 around https://www.180.co.jp/world_etf_adr/adr/ranking.htm（閲覧日：2020 年 7 月 31 日）を参照して作成した．

ことは，平成元年に上位を占めたのは金融・保険業を中心とした日本の大企業であったが，令和2年では，1位は石油会社（サウジアラコム）に譲ったものの，2位から8位は米国・中国のデジタル・プラットフォーマー[注2]にとって代わったことである．3位から6位のアップル・アマゾン・アルファベット[注3]・フェイスブックはGAFA（ガーファ），また中国のバイドゥ・アリババ（7位）・テンセント（8位）はBAT（バット）とよばれる巨大デジタル・プラットフォーマーである．デジタル・プラットフォーマーは，ビッグデータやICTを利活用して革新的なサービスを次々と生み出し，利便性の高いシステムを提供することで，世界中でユーザー数を伸ばし続けている[注4]．また，北欧では石油・ガス産業をデジタル技術でデータ化し，そのようなデータを活用してビジネスモデルを変革する「イグナイト (Ignite)」とよばれる産業革新運動が広がっている．

今日では，多様なデータをIoTを通じて集積し，AIなどを駆使して分析・解析し，その結果を，新しいビジネスの創出や政策の策定・人間の生活をさらに効率化するテクノロジーの開発などに活用する動きが活発になっている．このようなことを実現している社会は**データ駆動型社会**とよばれる．データ駆動型社会では，データが石油に代わる貴重な経済資源であると考えられ，「データは21世紀の石油」といわれている[注5]．

このような世の中の動きに合わせて，幅広い領域から収集・蓄積されたデータを処理・分析し，そこから新しい価値を引き出したり，より良い意思決定や行動に結びつけたりするための手法として，**データサイエンス**が脚光を浴びている．竹村（文献 [16] p.2）は，データの処理にはコンピュータ科学，データの分析には統計学，またデータから価値を引き出すためにはそれぞれの応用分野の領域知識が必要であり，データ処理・データ分析・価値創造の3つをデータサイエンスの3要素とよんでいる．

データサイエンスが脚光を浴びる中，データサイエンスのスキル[注6]を身につけた人材が求められており，このような人材はデータサイエンティストとよばれる．データサイエンティストには，技術的な面からは，データ分析を行う上で必要な統計学や機械学習の知識を有し，それらの知識を生かしてコンピュータを使ったデータ分析・処理ができることが求められる．また実務においては，ユーザーとのコミュニケーションにより問題や課題を明確化することや，データ解析の結果を実務家やユーザーにわかりやすく説明できる，などのコンサルテーションの能力も求められる．

データサイエンティストにならないまでも，データの処理・分析についての基本的な知識を有し，実際にコンピュータで処理・分析を行うにあたって，標準的なソフトウェア[注7]が使え，データに基づいた判断・意思決定ができるというデータサイエンス力は，超スマート社会で賢く生きてゆく上で重要なリテラシーである．

注2　デジタル・プラットフォーマーとは，通販サイトやSNSなどのインターネット上のインフラを提供するIT企業のことである．

注3　アルファベットは，Google Inc.およびグループ企業の持株会社として設立された複合企業．

注4　巨大デジタル・プラットフォーマーに対しては，個人の行動情報の独占や市場での優越的な地位を乱用しているなどの問題も指摘されおり，市場での競争環境を公正に保つためのルールづくりが現在進められている．

IoT
Internet of Things
さまざまなモノ がインターネットを通じて接続され，モニタリングや制御を可能にする仕組みまたはその概念．

AI
Artificial Intelligence
人工知能

データ駆動型
data-driven

注5　イギリスのビジネス誌The Economist（2017年5月6日発行）が，「1世紀前には石油が貴重な資源であったが，デジタル時代のそれはデータである」と主張したことの影響が大きいといわれている．

データサイエンス
data science

注6　データやAIを用いて，事実把握や原因究明・予測・対応策の提案などができること．

注7　Excel，Python，Rが代表的である．

1.2 ビッグデータとその活用

ICT の目覚しい進化により，大量かつ多種多様なデータを，さまざまなインターネット接続端末から収集し，蓄積・分析することができるようになってきた．このようなデータでは，数値や文字列のような整理しやすいデータ（構造化データとよばれる）とは異なり，音声・画像・動画データや SNS のテキスト，センサーデータ [注8] など，整理しにくいデータ（非構造化データとよばれる）がかなりの割合を占める．このような大量かつ多種多様なデータを一般に**ビッグデータ**とよんでいる．ビッグデータについて，現在 明確な定義はないが，3 つの V といわれる，Volume（データの量）・Variety（データの多様性）・Velocity（データの発生・更新頻度）が特徴 [注9] にあげられることが多い．

今日ビッグデータが注目されているのは，それがビジネスや公共サービスのみではなく，個人の生活にまでも活用されているからである．実際にビッグデータを活用し成功した事例と現在進行中の活用計画についてみてみよう．

ICT
Information and Communication Technology
情報通信技術

注 8 例えば通信機能を備えた車から収集されるデータには，走行距離や位置情報以外にも路面や車両周辺の状況，ドアの施錠情報，再生コンテンツなども含まれる．

注 9 近年では 3 つの V に，Veracity（正確さ），Value（価値）が加わり 5V とよばれるなど，V の数を増した表現がみられる．

事例 1 建設機械メーカーのコマツは，急激に販売が落ち込む中で，機械稼動管理システムを通して顧客の機械稼動状況を把握したり，代理店の在庫台数をデータ化したりするなどしてリアルタイムで状況の変化を捉え，生産を一時停止してサプライチェーンの在庫調整を行ったことにより，経営の景気転換時に急速な V 字回復につなげた．日本で初めてビッグデータを活用し，製造業のサービス化に成功した事例である．

事例 2 総合小売業オギノは，あらかじめ商品に対し“健康志向な商品である”などの商品特性（商品 DNA といわれる）を付与し，どの商品を購買しているかによって客のライフステージや価値観を推測し，その結果を基に品揃えや販売促進を行っている．

事例 3 フロリダのディズニーワールドには，センサーを搭載した MagicBand というウェアラブルリストバンドがあり，これを着用すると，入場からアトラクションの予約，ホテルのチェックインまでできる．ディズニーは着用者の行動をデータとして収集し，アトラクションの混み具合やレストランの滞在時間を調べることで，来場者がスムーズに楽しめるよう，スタッフの配置や在庫補充に役立てている．

事例 4 コンビニのレジでの精算時に収集される ID-POS データとよばれる情報（いつ・だれが・どの店で・何を・何といっしょに・いくらで・何個買ったかなど）により，POS データ [注10] だけでは見えなかった顧客一人ひとりの買物動向を把握できるようになった．

POS
Point of Sales
販売時点情報管理

注 10 POS データに購入者の属性（性別や年代など）がひも付けされたのが ID-POS データ．

事例 5　回転寿司チェーン店のスシローはすべての寿司皿に IC タグをとりつけ，レーンに流れる寿司の鮮度や売上状況を管理している．「どの店で，いつどんな寿司がレーンに流され，いつ食べられたのか」「どのテーブルでいつどんな商品が注文されたのか」などのデータを毎年 10 億件以上蓄積することで，需要を予測し，レーンに流すネタや量をコントロールしている．

事例 6　IT ベンチャー「オプティム」は，センサーや小型無人機「ドローン」などを使って集めた膨大な情報をデジタル化し，AI を使って農産物の生産効率を高める方法を開発した．

事例 7　ネット広告会社スパイスボックスは，学生が閲覧する SNS や Web 記事の解析データをもとに，企業の採用戦略を設計するサービスを始めた．具体的には，顧客企業に関する SNS 上の話題に学生が，どれだけ「いいね」を寄せたり投稿をシェアしたりしたかや，ネット上のどのような採用関連記事に反応したりしているかを分析している．

事例 8　セブン＆アイ・ホールディングスは異なる業界のビッグデータを相互に活用することで生活課題や社会課題を解決することを目的としてセブン＆アイ・データラボを 2018 年 6 月に立ち上げた．参加企業は ANA ホールディングスや NTT ドコモ，三井住友フィナンシャルグループなど 11 社（2018 年 7 月時点）である．その取り組みの一環としてセブン＆アイ・ホールディングスと DeNA は，それぞれが保有する商圏や買い物に来る交通手段・移動時間，周辺地域におけるタクシーの利用状況などの各種データを活用し，小売と交通サービスが連携することで，買い物の際の移動の不便という社会課題の解決を目指している．

事例 9　日本政府は自動運転の技術開発に向け，警察庁が有する交通事故発生場所や国土交通省が収集している車の急ブレーキの情報，文部科学省が持つ通学路の情報などを民間に全面公開するオープンデータの取り組みを進めている．このようなデータは，自動運転で最適な経路を選んだり，事故を回避したりするシステムの開発に活用できると考えられる．

オープンデータ
open data
インターネットなどを通じて誰でも自由に入手し，利用・再配布できるデータの総称．

事例 10　日本政府は 2023 年をめどに，国内医療機関による診断や健康診断の結果を集めた 5000 万人規模の情報を匿名化してビッグデータとし，新薬開発や人工知能を活用した検査技術向上などにつなげる方針を固めた．

事例 11　より高精度に地震の揺れをとらえるため，2017 年より民間企業（東京ガスや日東工業などが参画）などが設置する地震計などのデータを提供してもらい，ビッグデータとして防災に活用する「首都圏レジリエンスプロジェクト」が，国立研究開発法人防災科学技術研究所を中核として始まった．

事例 12 現在運用中の気象衛星ひまわり 8 号・9 号の観測性能は，初代ひまわり（1997 年打ち上げ）から大幅に向上し，これにより地表面や海面，大気中の諸現象について高頻度（日本域観測では 2.5 分ごと[1]，初代では 3 時間ごと）かつ高精度に把握することが可能となっている．このようなひまわりの観測によって得られる膨大なデータは，日々の天気予報・台風の監視・航空機や船舶などの安全で経済的な航行への寄与・地球環境の監視など，安全で安心な国民生活・社会経済活動に不可欠な公共財になっている．

図 1.1 は，データ駆動型社会にビッグデータを利活用し，新しい価値を創造するために行う仕事の流れとそれを遂行する上で重要な学問領域を示したものである．まず目標（ビジョン）の設定は，経験や知見をもとに柔軟な発想力をもって行う必要がある．目標が明確化できたら目標実現のためにどのようなビッグデータが利用できるかを考える．利用するビッグデータが見つかったら，情報科学や統計学の知識・手法を使ってデータ収集を行い，取得したデータを統計的手法や AI の技術を用いて分析する．最後に，分析結果に当該分野の知識なども踏まえ新しい価値を創造する．本書では第 2 章以降で，メインの流れの途上にある「データの取得・処理」「データ分析」を行うために必要な統計学の基礎知識や分析手法について説明する．

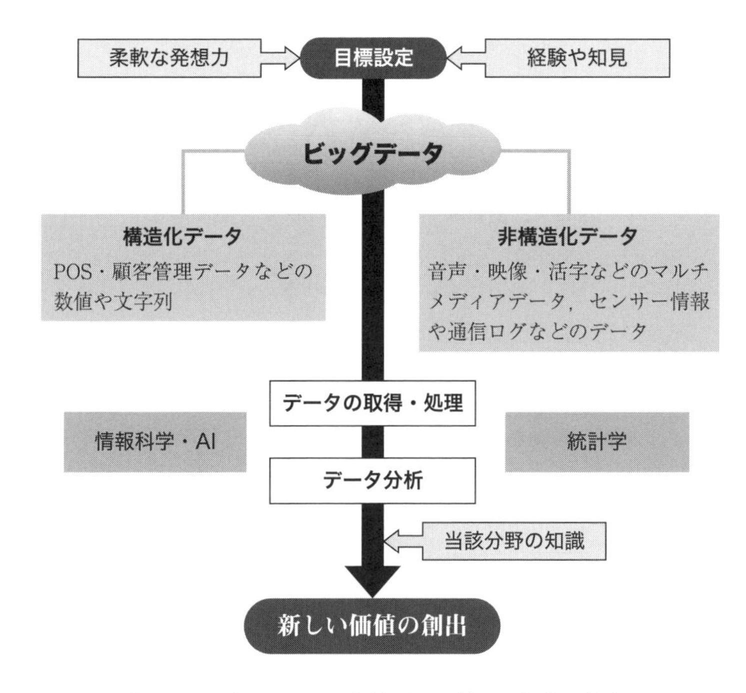

図 1.1 ビッグデータを活用した新しい価値の創出

問 1.1 農業への IT・ビッグデータの活用については，事例 6 に示したような「生産効率化」以外に，「マーケティング」を目的としたものも考えられる．後者の具体的事例について調べよ．

---

[1] 気象庁の HP にある気象衛星（高頻度）`http://www.jma.go.jp/jp/gms150jp/`（閲覧日：2019 年 4 月 7 日）にアクセスすると雲画像の動画が閲覧できる．

1.3　ビッグデータと機械学習

識別や予測・異常検知などの判断は，過去には人間が行う仕事であったが，ビッグデータの出現により，それを機械（コンピュータ）に任せるようになってきた．その技術として**機械学習**が近年注目されている．機械学習は，コンピュータが大量のデータから反復的に学習し，データの背後に潜む規則性や特異性を発見することにより，上記のような判断をするという仕組みであり，AI を実現する一つの手法である．高速な処理能力と高い表現力を兼ね備えた機械の実現を目指して，生物の神経回路網を模倣したものが人工ニューラルネットワーク[注 11]である．その研究は 1940 年代から開始され，2000 年代からコンピュータの処理速度が急速に向上したことにより，人工ニューラルネットワークの階層を 4 層・5 層，さらに多くの層にした計算が可能になった．このことが機械学習の価値を高めた．図 1.2 は中間層[注 12]が 3 層の人工ニューラルネットワーク模式図である．

機械学習
machine learning

注 11　単にニューラルネットワークとよばれることが多い．

注 12　隠れ層とよばれることもある．

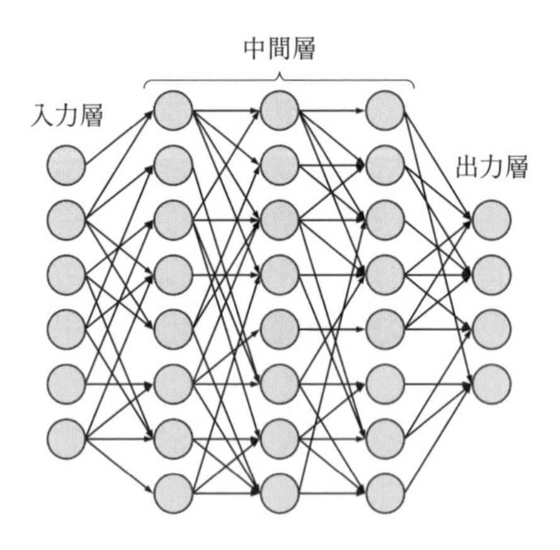

図 1.2　人工ニューラルネットワーク

機械学習は，大きく**教師あり学習**・**教師なし学習**の 2 種類[注 13]に分けられる．教師あり学習では，入力データと正解となる出力データを対で与えることで，コンピュータが入力データの特徴を読み取り，入力と出力の関係を学習する．この方法は分類や予測（回帰[注 14]）の問題に向いている．教師なし学習では，正解となる出力データが与えられず，コンピュータ自身が入力データが持つ特徴を学習する．グループ分けや異常値検出など，データの特徴を捉える問題に向いた方法である．この 2 つ以外にも教師あり学習と似ているが，正解を与えるのではなく，望ましい出力が得られた場合に，報酬を与えることによって将来の価値を最大化することを学習するという**強化学習**がある．3 種類の機械学習それぞれの応用例を表 1.2 に示す．

教師あり学習
supervised learning

教師なし学習
unsupervised learning

注 13　教師あり学習と教師なし学習を組み合わせて学習する**半教師あり学習**もある．半教師あり学習を用いることによって，教師データが少ない場合でも，通常の教師あり学習より精度を上げることができる場合がある．

注 14　第 10 章で学ぶ．

強化学習
reinforcement learning

表 1.2 機械学習の応用例

教師あり学習	スパムメールの検出，商品の売上・人口・天気などの予測，故障診断，画像の自動タグ付け，顧客維持など
教師なし学習	EC サイト（電子商取引）などでのレコメンド機能，オーダー履歴によるユーザーのグルーピング，画像の被写体による分類など
強化学習	ロボットの行動制御，自動車の自動運転，囲碁・将棋の対戦プログラム作成など

問 1.2 教師あり学習と教師なし学習，それぞれの学習においてどのような手法があるか調べよ．

実際に機械学習が利用されている事例を紹介しよう．

事例 1 自動運転車の実現のためには膨大な量のデータから有用な内容を解析して抽出し，人間に代わって判断を行う AI に多くのことを学習させる必要がある．すでに何十万台（2018 年 4 月時点）という市販車を世に送り出してきたテスラは，各車両に搭載されたコンピューターを通して実世界での走行データを日々取得している．走行データの大部分は自動運転走行時のものではないが，テスラの車両は手動運転時でも周囲の状況を情報収集してテスラのサーバーにアップロードしていている．このことにより，テスラは何億 km にも相当する実社会での走行データを活用できるようになっている．

事例 2 機械学習を利用した機械翻訳[注15]では，英語や中国語などの主要言語の場合，例文と訳文のデータが多いため教師あり学習が適している．一方，使用人口が少ない希少言語の場合，それらのデータが少ないため教師なし学習が適している．現在（2021 年），機械翻訳サービス DeepL は，従来の翻訳サービスよりも翻訳精度が高く，自然な翻訳ができるということで注目を集めている．DeepL では機械学習の 1 つの手法である**深層学習**の技術を利用して翻訳を行っており，方言やスラングも自然に翻訳するといわれている．例えば，日本語の「おおきに」を「Thank you very much.」と自然な英語に訳してくれる．

注 15 コンピューターを利用して，ある言語を他の言語に自動的に翻訳すること．

深層学習
deep learning
人工ニューラルネットワークがベースになった機械学習の 1 つ．

事例 3 機械学習を応用した画像・映像の自動生成も盛んになっている．アニメの顔画像を自動生成するサービス Crypko では，深層学習の一種である敵対的生成ネットワーク (GAN) を用いることにより，高品質なキャラクター（アニメ顔画像）を無限通りに自動生成することを実現している．キャラクターにはパーツごとにユーザの好みや意図を反映させることができ，さらには複数のキャラクターを合成することで，それらの特徴を引き継いだ新しいキャラクターを生成することも可能である．

敵対的生成ネットワーク
Generative Adversarial Network
2 種類のニューラルネットワークが競い合うことでお互いの性能を高め合う．本物の画像をまねしたデータを作り出すニューラルネットと，その画像が本物か偽物かを判定するニューラルネットから成る．

統計学も機械学習もデータを用いて問題を解決することを目的としているため，両者の関連はとても強い．実際，機械学習には，ベイジアン・クロスバリデーション[注16]・ブートストラップ法[注17]など統計学から援用された考え方・手法も多く，統計学の専門用語も頻繁に現れる．統計学は機械学習を学ぶ上でも極めて大切なものである．

注16 データを訓練データとテストデータに分け，訓練データでモデルの学習を行い，テストデータでモデルの性能を評価する．

注17 観測したデータからの標本抽出により疑似的にデータを生成する方法．

1.4 エビデンスに基づく意思決定

エビデンス（証拠）
evidence

意思決定の際の根拠を与える重要なデータは，エビデンスとよばれることが多い．過去の経験や勘また論理的判断ではわからないことが，エビデンスからわかる場合がある．実際に，エビデンスが意思決定につながった医療分野の例（文献 [30] p.2 および文献 [16] pp.83-84）をまず紹介しよう．

CAST
Cardiac Arrhythmia Suppression Trial
文献 [33] による．

例 1.1 心筋梗塞を発症した患者で，その後ある種の不整脈が見られた人は，予後が悪く，再度心筋梗塞を起こして死亡しやすいことが知られていた．このような経験からなされる論理的な判断は，「心筋梗塞を発症した患者に不整脈を防ぐ薬を投与すれば死亡者を減らせるはず」ということになる．しかし，この判断が誤っていることが，1989 年の CAST という臨床試験から得られたデータからわかった．

この臨床試験で被験者は，抗不整脈薬投与群とプラセボ[注18]投与群の 2 つの群にランダムに割り振られている[注19]（図 1.3 参照）．

注18 プラセボとは，本物の薬と見分けがつかず有効成分が入っていないものであり，臨床試験で使用される．日本語で偽薬と訳されることもある．

注19 このような割り振り方を，**無作為割り当て**（*random assignment*）とよぶ．無作為割り当てによって，2 つの群の性別や年齢・健康状態などの条件をそろえることが可能になる．

図 1.4 は，縦軸に被験者の死亡率を，横軸に被験者が実験に参加してから経過した日数をとり，実験結果をグラフにしたものである．下の曲線がプラセボ投与群の死亡率の変化を，上の曲線が抗不整脈薬投与群の死亡率の変化を示している．この図から抗不整脈薬投与群の死亡率の方が上回っていることがわかる．実際抗不整脈薬の使用により不整脈はおさえられるが，心臓死が増えてしまうことがデータからわかり，当初 1987 年 6 月から 1990 年 6 月の 3 年間で予定されていた CAST 試験は 1989 年の 4 月に中止の勧告を受けた．

EBM
Evidence Based Medicine

エビデンスに基づく意思決定は医療分野で最初に提唱され，そのような医療は「エビデンスに基づく医療 (EBM)」とよばれる． ■

EBPM
Evidence Based Policy Making

エビデンスに基づく意思決定の考え方は，政府の政策立案においても注目されはじめ，「エビデンスに基づく政策立案 (EBPM)」とよばれている．節電政策の検証のために行われた事例（文献 [3]）と新型コロナウイルス感染対策に生かされたエビデンスの事例（NHK WEB 特集「“ビッグデータ” でコロナと闘う」[2)]）を以下に紹介する．

---

2) https://www3.nhk.or.jp/news/html/20200415/k10012388211000.html （閲覧日：2020 年 5 月 25 日）

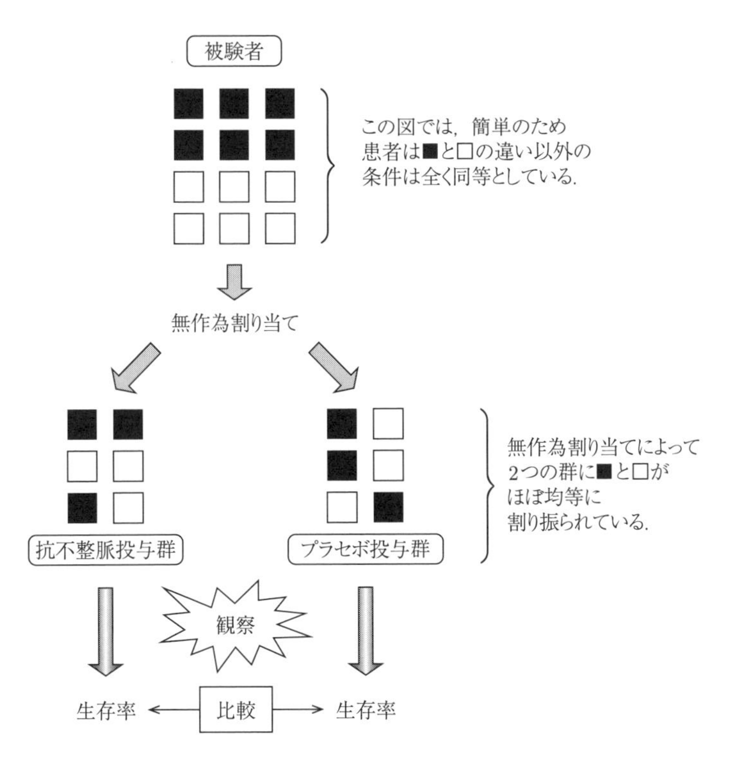

図 1.3　無作為化比較実験

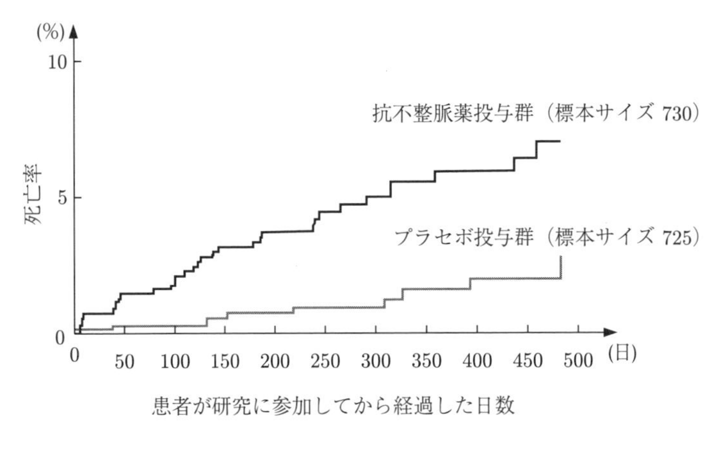

図 1.4　CAST 試験によるエビデンス

文献 [33] Figure 1 より作成

例 1.2　経済産業省資源エネルギー庁主導で行われた「次世代エネルギー・社会システム実証事業」の一環として，電力価格を上げることが本当に節電につながるのか，またどれほどの効果があるのかを検証するためのフィールド実験が北九州市の一般世帯を対象に行われた.

参加世帯はランダムに 2 つのグループに分けられ，一方のグループにだけ電力の需給が特にひっ迫する数時間の間，節電のための価格上昇を経験してもらうことにした[注 20]. このように介入[注 21]を受けるグループを**介入グループ**とよび，介入グループの比較対照となる介入を受けないグループを**比較グループ**とよ

注 20　介入グループは電力の供給がひっ迫すると予測される平日に「今日の 13 時から 17 時までの電力価格は 150 円に上昇します」のようなメッセージを受け取る.

注 21　研究者が，ただ観察するだけではなく，因果関係を明らかにするために何らかの手を加えること.

ぶ．CAST 試験と同様，2 つのグループがランダムに分けられているため，実験前の 1 日当たり電力消費量や部屋数・家電所有数など，電力価格の上昇以外の電力消費量に影響を与える条件は，2 つのグループで同等とみなせる．

通常の電力価格は 23 円であるが，実験では需給がひっ迫すると予測される平日の価格を 50 円，100 円，150 円のいずれかに設定した．図 1.5 のグラフは比較グループ（—●—●—●—）と介入グループ（—△—△—△—）の 30 分ごとの平均電力消費量（対数値）を示す．実験開始前のグラフ（図 1.5 左上）では，2 つのグループの平均電力消費量の動きはほぼ同じで違いが見られない．一方，介入が行われた日のグラフ（図 1.5 左上以外の 3 つ）では，価格が変化する 13 時から 17 時の間，介入グループの消費量が比較グループに比べ大きく下がっている．このように 2 つのグループの間で電力消費量に差が出たことから，電力価格の上昇は節電を促すという因果関係がこの実験で統計的に検証された． ■

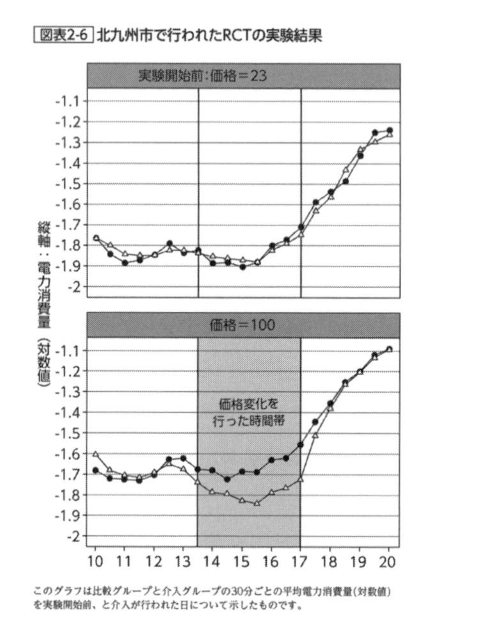

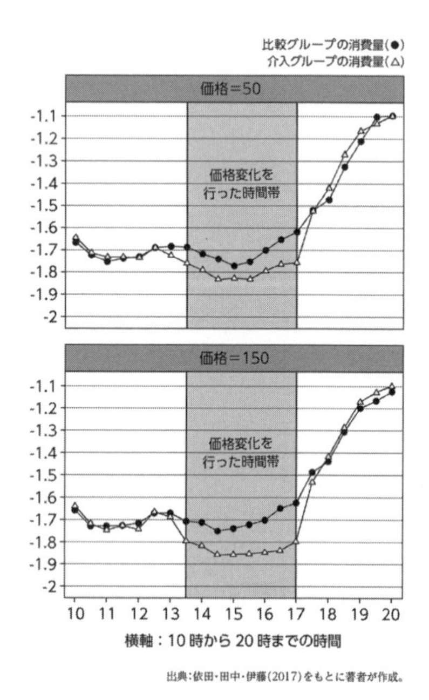

図 1.5　電力価格の上昇は節電を促すというエビデンス

出典：文献 [3] pp.78-79

例 1.3　新型コロナウイルス感染症は 2020 年 3 月半ばから急激に世界中に広がった．同じ時期に日本国内においては新型コロナウイルスの対策に必要なビッグデータの収集が厚生労働省や一部の都道府県で始まった．神奈川県は国に先立って通信アプリ「LINE」を通した健康状態の聞き取り調査を行った．この調査では回答された内容に基づいて，新型コロナウイルスの感染の可能性があるかどうかや，相談窓口への連絡の必要性などを自動のチャットで回答する仕組みになっており多様なデータを得ている．図 1.6 は県民 20 万人のデータを分析することから得られたものである．県内の発熱者の割合に人出のデータを重ねたこの図より，3 月中旬から下旬にかけて発熱者の割合と人出の増減率は動きを共にしていること，また 3 連休では行楽地への人出が増加しており自粛ムードが緩み，それ以降発熱者が急増していることが見て取れる．神奈川県はこのことが感染拡大につながった可能性があると考え，「不要不急の外出の自粛」を呼びかけた．

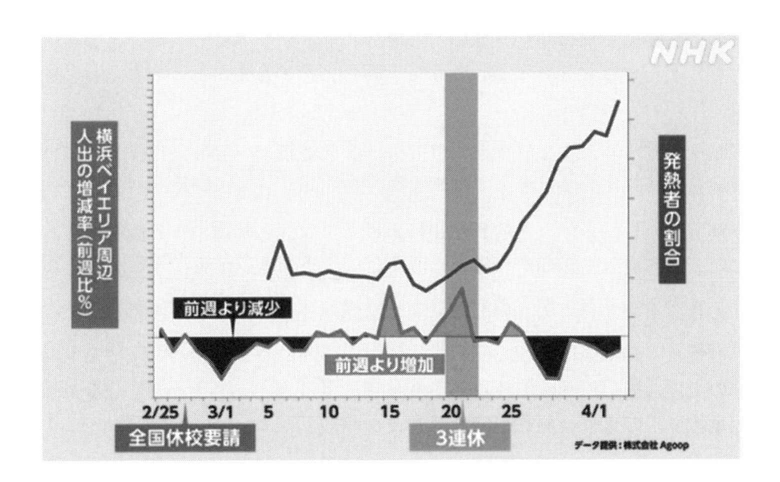

図 1.6　神奈川県内の発熱者の割合と横浜ベイエリア周辺における人出の増減（NHK WEB 特集「“ビッグデータ” でコロナと闘う」）

欧米では近年，エビデンスに基づく政策立案の考え方が浸透している．英国では民間シンクタンクを中心に政策評価が活発に行われ，CO_2 削減政策がエビデンスを重視した政策に改善されている．米国では教育プログラムの評価が盛んで，幼児教育を重視するなどエビデンスに基づいた政策が実施されている．日本では 2017 年 8 月から政府が EBPM 推進委員会を開き，EBPM を導入する動きが始まった．

シンクタンク
think tank
さまざまな領域の専門家を集めた研究組織．企業や政府機関などの依頼により，調査・分析を行い，問題解決や将来予測などの提言を行う．日本では野村総合研究所などが代表的．

章末問題

1.1 日常生活の中で人工知能 (AI) が利活用されている製品やサービスを探せ.

1.2 メンバーズカードを発行する流通企業は, 顧客個人の好みをその人の購買履歴データを分析することで知ることができる. これにより, 顧客ごとに適切なレベルのサービスが提供できるようになり, 顧客の満足度を高めることができる. このように, 顧客に個別の対応をすることを, パーソナライゼーションとよぶ. パーソナライゼーションを行っている企業を探し, その企業が行っている具体的なサービスについて調べよ.

1.3 p.4 の事例 8 のような異業種間でのデータの連携について, 他にどのような連携があるかインターネット上で検索せよ.

1.4 本章では, ビッグデータの利活用におけるプラスの側面からの説明が中心となったが, マイナスの側面から考えた場合どのような問題が生じうるか考えよ.

1.5 インターネットや新聞・専門雑誌などで機械学習の応用の具体例を探せ.

1.6 政府統計の総合窓口 e-Stat の「地図で見る統計 (jSTAT MAP)」[3]を利用し, 自分の大学の周辺地域の年齢階級別の人口[注 22]を調べることから, 自分の大学の周辺地域にどのような施設や店舗が必要か考えてみよ.

注 22 e-Stat では, 国勢調査で得られた 5 歳区分ごとの人口データが利用できる.

1.7 SNS 上に投稿されたツイートや写真・動画に対する「いいね！」の数は, それらの評価のデータによる見える化の例である. 日常生活の中にデータの見える化の例を探してみよ. またデータの見える化によって改善できると思われる事柄を考えよ.

デジタルトランスフォーメーション
Digital transformation

1.8 デジタルトランスフォーメーション（DX）について, その定義および DX の具体的な実施例や実施計画を信頼のある Web ページや新聞・雑誌等で調べよ.

プロジェクト 1

pp.3-5 に挙げた事例を参考に, インターネットや新聞・雑誌上でビッグデータの具体的な活用例を探し, それがどのような目的（例えば, コスト削減・新たな可能性の発見・安全性の向上・課題の可視化・意思決定のスマート化など）で行われているものか考えよ. また, 具体的な目的を自分なりに掲げ, その目的を実現させるためにはどのようなデータが必要となるか考え, 他人と議論せよ.

[3] 使い方については, `https://www.e-stat.go.jp/help/view-on/map/about_gis`（閲覧日：2019 年 4 月 22 日）を参照せよ.

2
データのいろいろ

本章の目標

- 多様なデータが得られる今日では，テキスト・音声・画像など，そのままでは数値になっていないデータから，特徴量とよばれる数値的特徴を求めることが重要な問題であることを理解する．
- データにはいろいろなタイプがあり，それぞれの特徴を理解した上で，それらを取り扱い・分析する必要があることを理解する．

2.1　データと特徴量

データとは，一般的には知りたい事柄のもとになる素材のことである（文献[25] p.3）．素材には計測や観察によって得られる数値や文字・画像・信号などがある．第1章で述べたように，今の世の中は電子化されたテキストや音声・画像・信号があふれている．統計学では主に数値データを扱うが，テキストデータ・音声データ・画像データ [注1] は，そのままでは統計処理することができないため，そこから何らかの数値的な特徴を求める必要がある．分析の目的に応じて元のデータから算出する数値を**特徴量** [注2] という．特徴量の例を見てみよう．

- テキストはふつう何か伝えたいことを表す意味内容を持っている．あるテキスト内で何回も使われる単語は，そのテキストの意味内容を伝える単語になる傾向が高い．一方，多くのテキストで横断的に使われている単語は，その傾向が低い．このような考え方のもとでは，どのような単語が何回使われているかを示す度数が，テキストデータの意味内容を把握する特徴量の1つとなる．
- いい声に寄与する音質についての研究では，音声データから抽出した周波数や波形振幅などが特徴量として用いられている．
- 画像認識では，画像中の濃淡の変化が大きいなど周辺と異なる点（特徴点という）を検出し，その特徴点まわりの領域を画素値や輝度の勾配の計算値などの組で表したものを特徴量（局所特徴量という）としている．
- 主要駅周辺の地下街やイベント会場など，多くの人が往来する場所の混雑状況を推定するために，混雑時の歩行動作および周囲の音を，スマー

テキストデータ
文字だけからなるデータ．

注1　衛星や通信機器で得られる画像や位置情報，SNSで飛び交う音声・動画などのデータは伝統的な数値データに対してオールタナティブ（代替）データといわれることがある．

特徴量
features

注2　機械学習では説明変数の意味で使われることがある．

トフォンに内蔵された加速度センサーやマイクによってセンシングしたデータを用いた研究がある．その研究では，加速度データから検出した歩行時の1歩ごとの時間間隔と，音声データから抽出した周波数成分の振幅スペクトルを特徴量としている．

データ解析を行う上で，どのような特徴量を選択するかは重要な問題である．例えば上手い特徴量を見つけることによって予測の精度を上げることができる．特徴量は機械学習の入力データとしても使われる．機械学習アルゴリズム[注3]が上手な学習を行うためには有用な情報をもつ特徴量を選ぶ必要がある．従来は人間が経験を踏まえて特徴量を決めていたが，現在では機械学習の1つの手法である深層学習を使って，コンピュータが自動的に特徴量を抽出できるようになってきている．例えば，画像を分類する場合に，画像データと画像を正しく分類した正解データが大量にあれば，どのような特徴量を用いれば分類の精度が上がるかを自動的に求めることができる．

注3　決定木・ランダムフォレスト・ロジスティック回帰・サポートベクターマシン・ナイーブベイズ・k近傍法・クラスタリング・アソシエーション分析などが代表的．

2.2　データクレンジング

今日では，多種多様な大量データがデジタルの形で容易に収集・蓄積できるようになったことで，得られるデータも玉石混淆となった．このようなデータはそのままではすぐに利用できないことが多い．そのような場合には**データクレンジング**（あるいは**データクリーニング**，より包括的な表現として**前処理**）といわれる作業を事前に行う必要がある．具体的な作業としては

- 2020年5月1日，2020/5/1，5/1/20などの日付や電話番号の –（ハイフン）のありなし，株式会社と（株）の違いなどの，表記のゆれを統一する．
- 年次データにおいて，暦年ベース（1月から12月まで）表記と年度ベース（日本の場合，4月から翌年3月までが会計年度）表記の両者が混在している場合，どちらのかの表記に統一する．
- 全角表記の数値を計算やプログラミングに用いる場合は，半角表記に直す．
- 例えば年齢に115という数値が入っていた場合，それが実際のものか入力ミスによるものか判断するなど，異常値のチェックを行う．
- 何らかの理由によって記録されなかった値やアンケート調査における「無回答」「わからない」などは欠測値とよばれる．欠測値をどう扱うかその都度判断する．
- アンケート調査で，一人1回の回答を求めているにもかかわらず，複数回の回答を行っている場合などの重複データの処理を行う．
- 公的統計は時代の変化を反映して，産業や職業などの分類が変更になるが，変更前と変更後のデータを同時に分析できるように調整する．

欠測値
missing values

- Web 調査以外では，手書きによる回答もあり，それらを読み取りコンピュータのファイルに入力する必要がある．

などがある．

> **問 2.1** データの表記のゆれは上に挙げたもの以外にもたくさんある．いくつかの Web サイトを巡回して探してみよ．

データクレンジングが終わり表形式に整理され，特にコンピュータのファイルとして記録されたデータは**データセット**とよばれる．しかし，統計学の専門書（とくに和書）・一般書を問わず，データセットのことを単にデータというのがふつうである．本書もその例外ではない．ただし，次のように個数について説明するときはデータでなくデータセットといったほうがわかりやすい．1 つ（組）のデータセットに含まれる要素（観測値など）の個数を**標本サイズ**または**データセットの大きさ**というが，この個数をサンプル数もしくは標本数とよんでいる文献が少なからず見受けられる．例えばサンプル数（標本数）が 10 といった場合，データセットが 10 組あることなのか，当該のデータセットに含まれる要素が 10 個あることなのか判然としないため，このような表現は使わないほうがよい．

標本サイズ
sample size

2.3 データの種類

この節ではデータを正しく処理・分析するために，データをいくつかの観点から分類し，それぞれの特徴を見ておく．

2.3.1 質的データと量的データ

表 2.1 は，平成 30 年大相撲九月場所における小結以上の番付の力士 10 名についての勝ち星の数と所属する相撲部屋のデータである．所属する相撲部屋は，部屋名によって識別されるだけで，数値として観測されない．このように文字や記号で表され，あるカテゴリーに属していることや，ある状態にあることだけがわかるデータを**質的データ**という．質的データをカテゴリカルデータとよぶこともある．

質的データ
qualitative data

例　性別（男・女），相撲番付（横綱・大関・関脇など），学歴（中学卒・高校卒・大学卒など），出身地域（北海道・関東・九州など），天気（晴れ・曇り・雨など）など

一方，勝ち星の数は，データが定量的な値（数値・数量）で与えられるものであり，**量的データ**という．

量的データ
quantitative data

例　長さ，重さ，個数，金額，温度，時間など

表 2.1　平成 30 年大相撲九月場所 勝ち星数

	1	2	3	4	5	6	7	8	9	10
番付	関脇	横綱	横綱	大関	小結	大関	小結	大関	横綱	関脇
相撲部屋	湊	井筒	田子ノ浦	境川	貴乃花	田子ノ浦	片男波	春日野	宮城野	出羽海
勝ち星の数	8	10	10	12	9	11	4	9	15	9

2.3.2　測定の尺度

測定の尺度
scales of measurement

われわれは日常，洋服の寸法はメジャーを使って cm 単位で，体重は体重計で kg 単位で測定する．このように何かを測定し，それを数値で読み取る場合には，その数値を定める“ものさし”が必要である．しかし，ある商品に対する購入意向や満足度などは，長さや重さのような物理量とは異なり，「是非購入したい」「どちらかといえば購入したい」など漠然とした判断である．このような判断まで考慮に入れた広い意味での“ものさし”を測定の**尺度**という．測定の尺度は，測定結果のもつ性質によって以下の 4 つに分類される．

名義尺度
nominal scale

名義尺度　ある個体が「他と異なるか同じか」という判断のみが可能な尺度であり，性別（男・女），婚姻の状態（未婚・既婚・死別・離婚），職業分類（管理的職業・事務的職業・サービスの職業など），血液型（A・B・O・AB）などが該当する．婚姻の状態について，例えば，未婚 = 1，既婚 = 2，死別 = 3，離婚 = 4 のように便宜的に数値を定めたとしても，これらの数値間の大小関係や差には，何の具体的意味もない．

順序尺度
ordinal scale

順序尺度　ある個体が「他より大きい」とか「他より良い」などの判断まで可能な尺度であり，学業成績（優・良・可・不可），企業規模データ（特大・大・中堅・中・小・零細），要介護度（要介護・要支援・非該当）などが該当する．学業成績について，例えば不可 = 0，可 = 1，良 = 2，優 = 3 のように数値を定めたとしても，これらの数値間の差や比にはほとんど意味がない．このような数値を用いて平均など求める場合があるが，その解釈について十分な注意が必要である．

間隔尺度
interval scale

間隔尺度　ある個体は「他よりも○○だけ大きい」というような表現が可能な尺度である．○○は原点と単位を指定することによって具体的な数値で表せる．原点は任意に決めることができ，数値間の差は意味をもつが，その比は意味をもたない．温度（摂氏 ℃・華氏 ℉），時刻，偏差値などが該当する．

比尺度
ratio scale

比尺度　ある個体は「他より○○倍だけ大きい」というような表現が可能な尺度である．○○は単位を指定することによって具体的な数値で表せる． 原点ははっきりとした意味をもち，数値間の差・比ともに意味をもつ．長さ，重さ，血圧などが該当する．比尺度の構造をもつデータは四則演算が可能である．

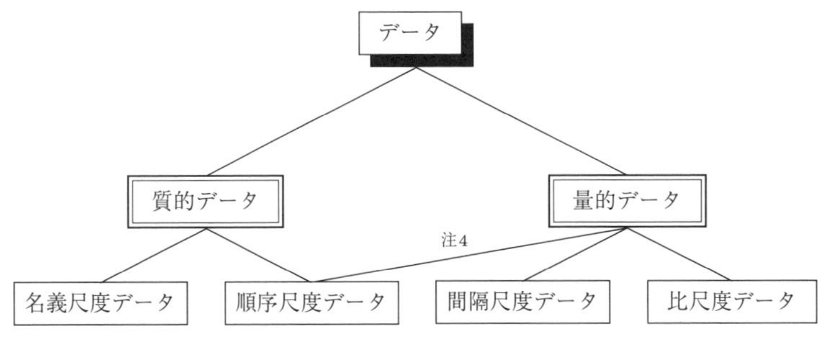

※ 例えば，名義尺度データとは名義尺度の構造をもつデータのことである．他も同様．

図 2.1 データの種類と測定の尺度

注 4 例えば，地震の規模を表すマグニチュードがある．地震のマグニチュードはおおまかには地震によって放出されたエネルギー量の対数で定義される実数値で，データ同士の比および間隔そのものは意味をもたないが順序の構造はもつ量である．

4 つの尺度の間には順序関係があり，下位から上位へ並べると

名義尺度，順序尺度，間隔尺度，比尺度

の順になっている．このことは，上位の尺度はそれよりも下位の尺度の構造も有することを意味する．2.1 節で説明した特徴量は量的データであり，比尺度または間隔尺度の構造をもつ．アンケート調査では，測定の尺度を意識して質問を作成しなければならない．例えば，年齢を問う場合に「あなたの年齢をお答えください.」と尋ね，実際の年齢を回答してもらう場合と,「あなたの年齢について，次の中から該当する番号を選んでください．1. 19 歳以下　2. 20 歳代　3. 30 歳代　4. 40 歳代　5. 50 歳代　6. 60 歳以上」と尋ねる場合などが考えられる．前者の質問からは比尺度データが，後者の質問からは順序尺度データが得られ，そのあとに行うデータ解析の手法が異なってくる．

問 2.2 ある人の体重が 50 kg から 60 kg に増えた場合，体重を間隔尺度とみなしたとき「10 kg 増えた」といえるが，比尺度とみなしたときにはどのように表現されるか．

問 2.3 消費税率を間隔尺度とみなしたとき，消費税率が 8 %から 10 %になったという変化はどのように表現されるか．

2.3.3 時系列データと横断面データ

データを計測形態に着目して，大きく**時系列データ**と**横断面データ**に分ける見方がある．図 2.2（日本における総人口に占める 65 歳以上の人口の割合の推移）や毎日の最高気温のように，時間の経過とともに計測され，その順序が意味をもつデータを時系列データという．時系列データは，図 2.2 のようにその時間変化がわかりやすい折れ線グラフで表される．

時系列データ
time-series data

横断面データ
cross-section data

経済関係の時系列データを利用する場合には，ストックとフローの概念に留意が必要である．ストックデータは，ある 1 時点の状態をとらえたもので，例えば某年 10 月 1 日現在の人口や日本銀行が毎月公表するマネーストック統計などがある．フローデータは，ある一定期間の間に発生した量や変化量で，例えば GDP（国内総生産）や令和元年の 1 年間の出生数などがある．

マネーストック
一般法人・個人・地方公共団体などの通貨保有主体が保有する現金通貨や預金通貨などの通貨量の残高．

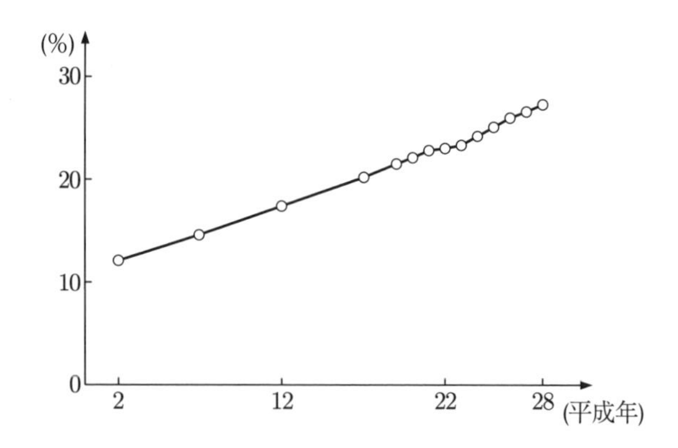

図 2.2　時系列データ（総人口に占める 65 歳以上の人口の割合の推移）
出所：総務省統計局「第 2 章人口・世帯」 http://www.stat.go.jp/data/nihon/02.html
（閲覧日：2019 年 4 月 26 日）より作成

また，決められた一定範囲の対象に対して時系列データを集めたものを，**パネルデータ**とよぶ．図 2.3 は，NHK 放送文化研究所が 1973 年以来 5 年ごとに実施している「日本人の意識」調査[注 5]の中にある「結婚した女性が職業をもち続けることについては、どうお考えでしょうか。」という問いに対する回答の変化を示している．「子どもが生まれても、職業をもち続けたほうがよい」という人の割合が 2008 年を除き，単調に増え続けている．一方，「結婚したら、家庭を守ることに専念したほうがよい」という人の割合は減り続けている．

注 5　2018 年の調査方法
調査時期：2018 年 6 月 30 日〜7 月 22 日
調査相手：全国の 16 歳以上の国民 5,400 人（層別二段無作為抽出法）
実施方法：個人面接法
有効数 (率)：2,751 人 (50.9 %)

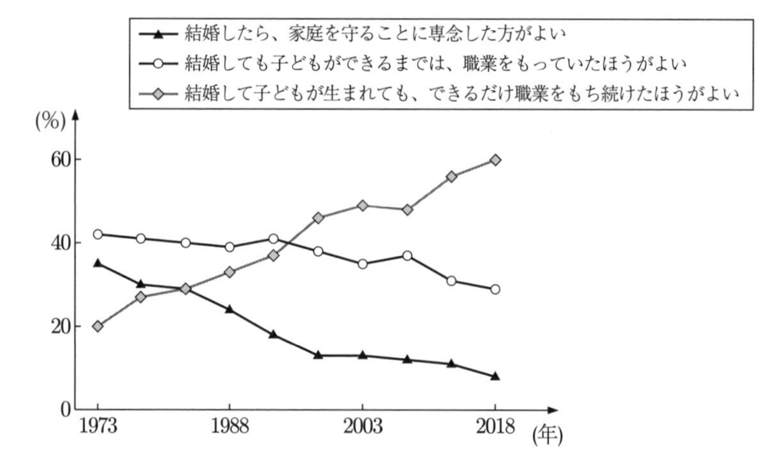

図 2.3　パネルデータ（結婚した女性が職業を持ち続けることについて聞いた調査結果）
出所：「第 10 回『日本人の意識』調査 (2018) 結果の概要」（公開日：2019 年 1 月 7 日）より作成

一方，1 時点で，地域別などの分類で計測されたデータを横断面データという．平成 25 年における空き家率の高い都道府県（表 2.2）やある年のいろいろな企業の利益などは横断面データである．

表 2.2 横断面データ（平成 25 年の別荘等の二次的住宅を除いた空き家率の高い都道府県）

地域	空き家率 (%)	地域	空き家率 (%)
山梨県	17.2	長崎県	14.9
愛媛県	16.9	大分県	14.8
高知県	16.8	三重県	14.8
徳島県	16.6	群馬県	14.8
香川県	16.6	栃木県	14.7
鹿児島県	16.5	長野県	14.5
和歌山県	16.5	大阪府	14.5
山口県	15.6	岐阜県	14.2
岡山県	15.4	石川県	14.1
広島県	15.3	島根県	14.0

出所：総務省「平成 25 年住宅・土地統計調査」

2.3.4 データと変量

われわれが毎日欠かさず体重計にのって体重を測ると，通常体重計の示す値は日々微妙に変化する．すなわち，われわれの体重の値は変動的である．図 2.4 のように内閣支持率も毎月変化する．

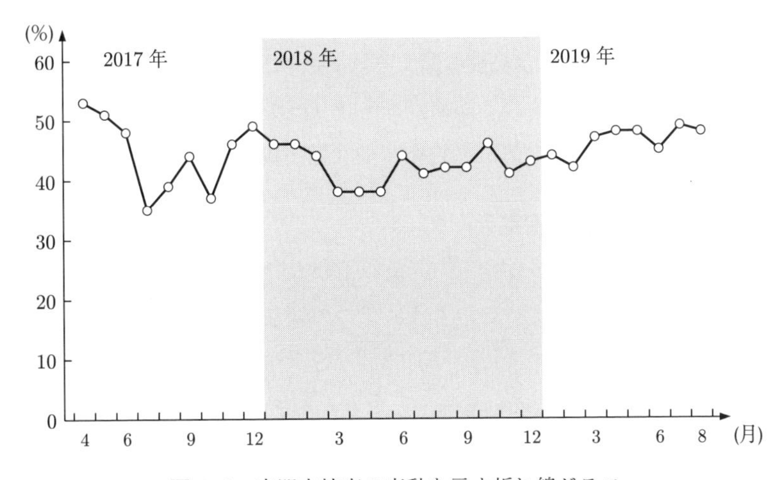

図 2.4 内閣支持率の変動を示す折れ線グラフ

出所：「ＮＨＫ世論調査 内閣支持率」http://www.nhk.or.jp/senkyo/shijiritsu/（閲覧日：2020 年 4 月 10 日）より作成

データはこのように変動的な値をとるため，統計学では体重や内閣支持率などの計測や観察される項目を**変量**（あるいは**変数**）とよぶ．変量は x, y などで表し，例えば，変量 x に関する大きさ 10 のデータを一般に

$$x_1,\ x_2,\ x_3,\ x_4,\ x_5,\ x_6,\ x_7,\ x_8,\ x_9,\ x_{10}$$

のように表す．このように変量に $1, 2, 3, \ldots$ の番号を添字として付けることは，最後尾のデータの添字をみることによって，データが何個の要素（観測値や計測値など）からなるかがすぐにわかったり，数式による表現が簡略化できたりするなど便利な表記である．

2.3.5 量的変量と質的変量

量的データは，なんらかの変量に関する観測値の集まりである．観測される変量は，その取り扱い方から**連続変量**と**離散変量**に分けられる．いま仮に，限りない精度で測れる体重計があったとすれば，ある人の体重は，例えば $60.3206183\cdots$ (kg) のように小数点以下が無限に続く数値，すなわち実数値として読み取れる[注6]．このように測定の精度に限界がなければ，連続的な値をとる実数値として観測される変量を連続変量とよぶ．長さや温度なども連続変量である．しかし，現実には測定の精度に限界があり，例えば 0.1 kg 未満を四捨五入した値まで読み取れる体重計で測定した場合，上の体重の測定値は 60.3 kg となる．この場合，真の値は 60.25 以上 60.35 未満の区間にあると考える．統計学では，このように連続変量は区間でとらえる．

連続変量
continuous variate

離散変量
discrete variate

注 6 本書では，実数は数直線上に表すことができる数ととらえておけばよい．

一方，力士の勝ち星の数・兄弟姉妹の数・一日に発生する交通事故件数のような数えたものは，0 または正の整数 $(1, 2, 3, \ldots)$ のようにトビトビの値をとるので，離散変量とよぶ．上の体重の例で見たように連続変量でもその測定値は，測定の際の精度のため離散的になる[注7]ことに注意すべきである．連続変量と離散変量を厳密に区別して考えることが必要になるのは，度数分布とそのグラフの作成 (pp.24-28) および確率分布の定義 (pp.86-90) のところである．

注 7 小数点以下を四捨五入して得られた身長データは，例えば 170 cm となるなど．

質的データも，なんらかの変量に関する観測値の集まりである．例えば ABO 式血液型は A・B・O・AB の 4 種類のカテゴリーからなる変量である．性別や ABO 式血液型などのような質的属性をもつ変量を**質的変量**という．

質的変量
categorical variable

2.3.6 1 変量データと多変量データ

p.18 の図 2.2 では総人口に占める 65 歳以上の人口の割合について，p.19 の図 2.4 では内閣支持率について，このように 1 つの変量について調査ないし観測されたデータを **1 変量データ**という．表 2.3 は，S 大学の 2018 年度新入生男子 10 名の身長と体重およびウエストを測定したものである．この場合，一人の学生に対して身長・体重・ウエストの 3 つの変量について，測定値が得られたことになる．このようなデータは **3 変量データ**という．同様に 2 種類の変量について得られたデータを 2 変量データという．統計学では 2 変量以上のデータを 1 変量データに対して**多変量データ**という．多変量データでは，一つひとつの変量についての分析だけではなく，変量間の相互の関係の分析が重要となる．多変量データの**回帰分析**については第 10 章で紹介する．

1 変量データ
univariate data

多変量データ
multivariate data

回帰分析
regression analysis

表 2.3 S 大学新入生男子の身長・体重・ウエスト

学生	1	2	3	4	5	6	7	8	9	10
身長 (cm)	187	170	162	166	167	174	171	167	172	168
体重 (kg)	69	57	52	54	65	66	52	51	74	58
ウエスト (cm)	77	68	67	67	75	78	65	69	86	71

章末問題

2.1 次のデータは，A 名義尺度・B 順序尺度・C 間隔尺度・D 比尺度 のいずれの構造をもつか．

(1) 身長　(2) 病因　(3) 時間の経過

(4) 住宅の所有形態（持家か借家か）　(5) 相撲番付（横綱・大関・関脇など）

(6) 授業のやり方をたずねて，非常に良い・中程度・非常に悪い

(7) 地震の震度（震度 0・震度 1・震度 3 など）

2.2 「あなたは消費税率を現在の 10 %から 12 %に引き上げることについてどう思いますか」という質問に対して，その賛否を以下の 2 つの回答形式で聞いた場合のそれぞれの特徴について考えよ．

［5 項選択回答形式］

1. 大いに反対　2. 反対　3. どちらでもない
4. 賛成　5. 大いに賛成

［3 項選択回答形式］

1. 反対　2. どちらでもない　3. 賛成

2.3 測定の尺度の観点から判断した場合，次の表現は正しいか．

(1) ある試験の偏差値について，60 と 50 では 10 の差がある

(2) ある試験の偏差値 60 の人の学力は，偏差値 30 の人の学力の 2 倍である

(3) ある試験の偏差値が 0 の人は，その試験に関する学力が全くない

(4) 夏の平均気温 30 ℃は春の平均気温 15 ℃より 2 倍暑い

(5) 下関市における春のある日の日較差（最高気温と最低気温の差）12 ℃は，夏のある日の日較差 6 ℃の 2 倍である

(6) 時刻 6:00 は時刻 3:00 の 2 倍である

(7) 同じ日の時刻 3:00 と時刻 13:00 の時間差は 10 時間である

2.4 次に示す横断面データは，平成 25 年の都道府県別空き家数（上位 20 位まで）を示しているが，その数は一般には各都道府県の住宅総数が多いほうが多くなるだろう．このような影響を除いて都道府県別の空き家の状況を把握するためには，空き家数そのものではなくどのような指標を用いるべきか．

地域	空き家数	総住宅数	地域	空き家数	総住宅数
東京都	805,000	7,359,400	広島県	213,000	1,393,500
大阪府	665,000	4,586,000	茨城県	176,200	1,268,200
神奈川県	462,100	4,350,800	京都府	165,900	1,320,300
愛知県	413,400	3,439,000	長野県	142,900	982,200
北海道	376,100	2,746,000	鹿児島県	142,700	864,700
埼玉県	345,800	3,266,300	岡山県	136,400	885,300
千葉県	343,800	2,896,200	群馬県	133,200	902,900
兵庫県	341,700	2,733,700	栃木県	128,800	879,000
福岡県	310,100	2,492,700	岐阜県	124,500	878,400
静岡県	228,000	1,659,300	新潟県	124,300	972,300

出所：総務省「平成 25 年住宅・土地統計調査」

プロジェクト 2

新聞やインターネットのニュースサイト・雑誌などのマスメディアには時系列データが頻繁に現れる．特定のマスメディアを決め，ある週の 1 週間（日曜日から始まり土曜日まで）に，時系列データが何回現れたか調べてみよ．調べた時系列データの中に自分が関心を持ったものがあれば，そのデータが社会のどのような事実を説明するためのエビデンスとして利用され，その目的を達成するためのデータとして適切なものであったかどうかを考えてみよ．

3
データの表現

本章の目標

- 与えられたデータを縮約し，適度な情報量をもつ度数分布を作成したり，度数分布をグラフに表現したりする方法を身につける．
- ローレンツ曲線について，その考え方と描き方・読み方を理解する．
- パレート図について，その考え方と利用の仕方を理解する．
- 2 変量データの扱い方とそれを表現する図表について理解する．

この章と次章では，データの情報を図や表にあらわし見やすくしたり，データを要約したりする方法について学ぶ．このような統計学の部門を**記述統計**という．記述統計によるデータ解析はデータ[注1]が得られたら最初に行うべきことであり，これだけで有用な情報が得られることも多い．第 1 章で述べたようにビッグデータは大量かつ多種多様なデータである．大量データは，一般にはそれを要約しないと情報がつかみにくい．また玉石混淆のデータから重要な情報を抽出するために，データを図や表にあらわすことは極めて有効な方法である．記述統計はビッグデータの解析においても有効な方法である．

記述統計
descriptive statistics

注 1　正確にはデータクレンジングが終わったデータセット（p.15 参照）．

この章ではデータを視覚的にとらえる方法について学ぶ．データを視覚的にとらえることは，有益な情報を見出したり，そのためのインスピレーションを得たりするためだけではなく，データに含まれる異常値を発見する上でも重要な作業である．

3.1　度数分布とそのグラフ

次の 35 個の数値は，ある公立大学のある年度の都道府県別合格者数（合格者数 0 は除いた）と外国人留学生の合格者数である．数値の後ろの括弧書きは出身都道府県（外国人留学生については外国と表記）である．

2（北海道），1（福島），2（茨城），1（神奈川），2（富山），
1（石川），2（福井），1（山梨），9（岐阜），7（静岡），28（愛知），
7（三重），3（滋賀），21（京都），19（大阪），51（兵庫），1（奈良），
20（和歌山），12（鳥取），22（島根），65（岡山），95（広島），
140（山口），16（徳島），32（香川），37（愛媛），9（高知），
138（福岡），16（佐賀），33（長崎），18（熊本），61（大分），
17（宮崎），44（鹿児島），3（沖縄），18（外国）

このデータを眺めているだけでは全体像を捉えにくい．地域別にまとめて**度数分布**を作成すると，次のようになる．

度数分布表
frequency table

表 3.1　度数分布表

階級	度数（人）	相対度数 (%)
北海道・東北	3	0.3
関東	3	0.3
中部	50	5.2
近畿	122	12.8
中国	334	35.0
四国	94	9.9
九州・沖縄	330	34.6
外国	18	1.9
計	954	100.0

度数分布表において，度数は各階級に該当するものがいくつ入るかを数えた数であり，相対度数は総度数に対する各度数の割合を（ここでは百分率で）表したものである．最大度数を与える階級値を最頻値（定義は p.43）とよぶ．上の合格者数の例では，階級を 8 つの地域で分類したので最頻値は中国地方[注 2]である．この度数分布から，この公立大学は中国地方にあると考えられるが，九州・沖縄地方からも中国地方と同程度の多くの受験生を集め，また近畿・中部地方からも少なからず受験生を集めている．さらに少数ながらも関東以北からの合格者もあり，全国から学生を集めていることが読みとれる．都道府県別データを地域別データに縮約したため，この度数分布はもとのデータよりも情報量は少なくなっているが，集団としての傾向をみるための適度な情報量をもっているといえる．この度数分布を**棒グラフ**[注 3]にしたものが図 3.1 である．この図のように棒グラフでは隣接する棒の間の間隔を空けることに注意しよう．

注 2　最頻値は，質的データについても適用できる概念である．

注 3　離散変量の度数分布や階級が質的変量で分類されている度数分布は通常，棒グラフに表す．

棒グラフ
bar chart

表 3.2 は，ある年の S 大学男子新入生 307 名の BMI ($\mathrm{kg/m^2}$) の値をまとめた度数分布である．BMI は連続変量のため，度数分布の階級は区間となる．最初の階級 $13-16$ は，この例では 13 より大きく 16 以下の値をとる区間としている．他の階級も同様に決めている．階級値はその階級を代表する値のことである．各階級の中では測定値は一様に分布していると仮定して，階級の上限値と下限値の真ん中を階級値とするのがふつうである．**累積相対度数**は，相対度数を

BMI，肥満指数
Body Mass Index
体重/(身長)^2
で計算される．

累積相対度数
cumulative relative frequency

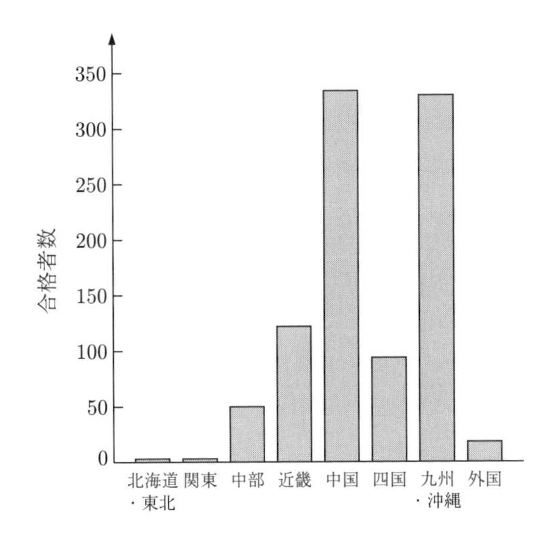

図 3.1　地域別合格者数の棒グラフ

表 3.2　度数分布表

階級	階級値	度数	相対度数	累積相対度数
13 − 16	14.5	1	0.003	0.003
16 − 19	17.5	55	0.179	0.182
19 − 22	20.5	140	0.456	0.638
22 − 25	23.5	71	0.231	0.870
25 − 28	26.5	26	0.085	0.954
28 − 31	29.5	8	0.026	0.980
31 − 34	32.5	2	0.007	0.987
34 − 37	35.5	3	0.010	0.997
37 − 40	38.5	1	0.003	1.000
計	—	307	1.000	—

一番下の階級（ここでは 13 − 16）から当該階級まで足し合わせた値である．このデータでは，第 3 階級までの累積相対度数が 0.638 であることから，およそ 6 割強の学生の BMI が 22 以下であることが読みとれる．ちなみに日本肥満学会の基準によれば，BMI が 18.5 未満が低体重で 25 以上が肥満とされる．

表 3.2 を**ヒストグラム**に表したものが図 3.2 である．この図のようにヒストグラムでは隣接する柱の間の間隔を空けない．

ヒストグラム
histogram

3.1.1　度数分布やヒストグラム・棒グラフを作成する上での注意点

ここではデータを度数分布にまとめたり，それを棒グラフやヒストグラムに表したりする上で注意すべきことをまとめておく．

- 度数分布を図示する場合，原則，連続変量はヒストグラムに，離散変量や質的変量は棒グラフに表す．

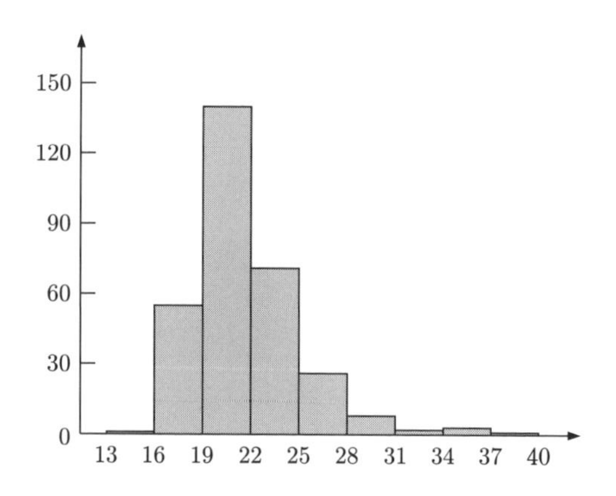

図 3.2 男子新入生の BMI のヒストグラム

- 棒グラフでは隣接する棒の間の間隔を空けるが，ヒストグラムでは隣接する柱の間の間隔を空けない．
- 立体 (3D) の棒グラフ（図 3.3 上段参照）は，棒の配置の仕方や傾き方（視点のとり方）によって度数の見え方が異なり，読みとりを誤ることがあるため描くべきではない． 同様の理由で立体 (3D) の円グラフ（図 3.3 下段参照）も描くべきではない．

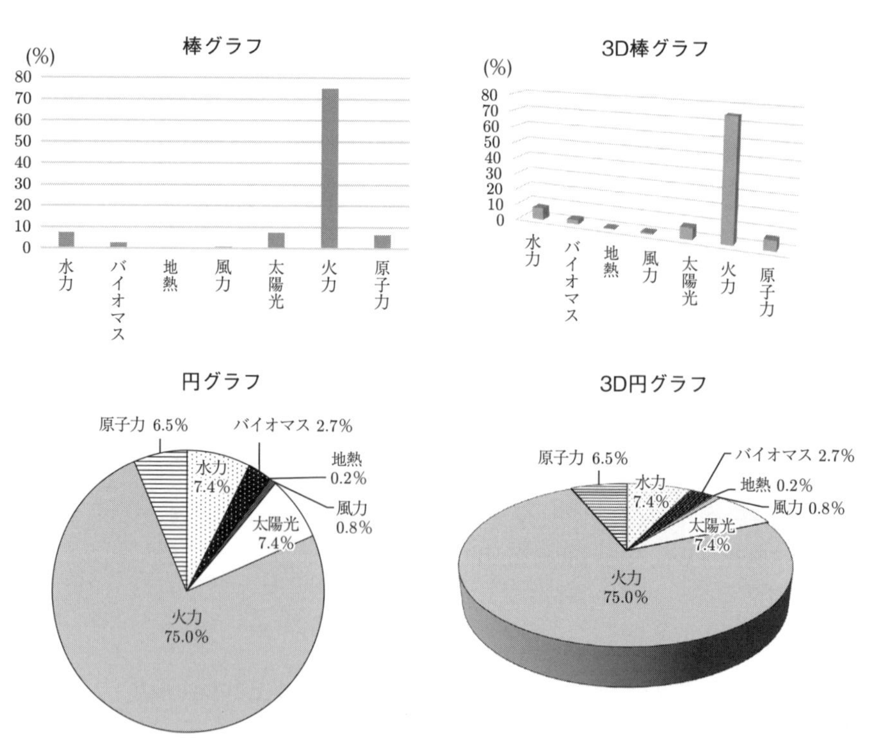

図 3.3 2019 年日本の全発電量に占める自然エネルギー [注 4] の割合
出所：NPO 法人環境エネルギー政策研究所
https://www.isep.or.jp/archives/library/12541
（閲覧日：2020 年 9 月 10 日）

注 4 太陽・地熱・風・潮汐流といった自然現象によって得られるエネルギーを総称して自然エネルギーという．自然エネルギーは再生可能エネルギーの一部である．

- 度数分布やヒストグラムの階級の上限値と下限値は，区切りのよい端数のない数になっているほうがよい．
- 度数分布やヒストグラムの階級数を決める統一的なルールはないが，1つの目安としてスタージェスの公式 が参考になる．これは n を標本サイズとするとき，階級数 k を

$$k \fallingdotseq 1 + \log_2 n \tag{3.1}$$

とすればよい[注5]，というものである．(3.1) を用いると，例えば $n = 100$ のき，k は 7 か 8 あたりとなる． $1 + \log_2 100$ は，Excel ではセルに「$= 1 + \mathsf{LOG}(100, 2)$」と入力すると計算してくれる．

注 5　正数 R と a $(a \neq 1)$ に対して，$R = a^r$ を満たす指数 r を $r = \log_a R$ で表し，r を a を**底**とする R の**対数**という．

- 階級数を少なくし過ぎると，もとのデータの情報量を落とし過ぎることになる．また階級数を増やし階級幅を小さくし過ぎると，階級のわずかな変更にもヒストグラムの形が左右されたり，柱の凹凸が激しくなったりして望ましくない．コンピュータを利用して，試行錯誤を繰り返しながら階級の設定を行うのが現実的である．
- 階級幅は一般には等しくすることが望ましいが，貯蓄高（図 3.4）のように階級幅を変える場合もある．ただし，階級幅の異なるヒストグラムを描く場合には，柱の高さを $\dfrac{\text{階級の（相対）度数}}{\text{階級幅}}$ に比例するように決める必要がある．

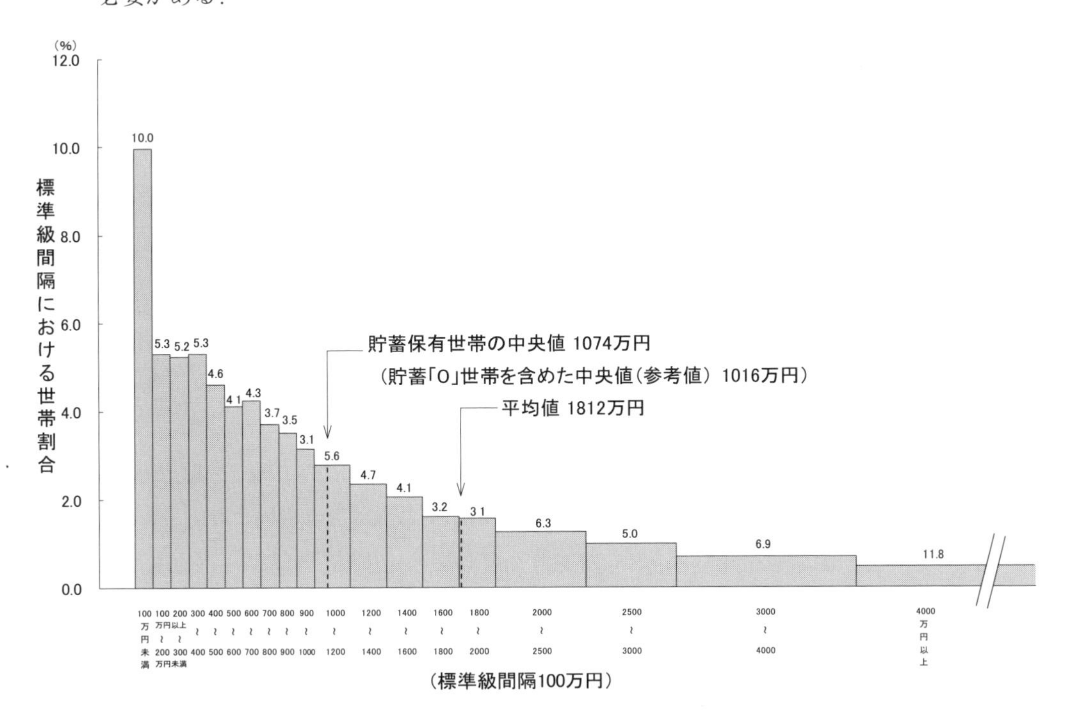

図 3.4　階級幅が等しくないヒストグラム（2017 年貯蓄現在高階級別世帯分布）

出所：総務省「家計調査報告（貯蓄・負債編）—2017 年平均結果—（二人以上の世帯）」
https://www.stat.go.jp/data/sav/sokuhou/nen/pdf/h29_yoyaku.pdf
（閲覧日：2019 年 5 月 5 日）より引用

- 所得金額や試験の成績は離散変量であるが，変量のとりうる値の数（種類）が非常に多い．このような離散変量は，連続変量のように区間で扱い，度数分布やヒストグラムを作成するのがふつうである（例えば図 3.4）．

連続変量データの度数分布およびヒストグラムを Excel で作成する方法については，それぞれ補章 p.201，p.204 を参照されたい．

3.2 ローレンツ曲線

ローレンツ曲線
Lorenz curve

不平等度や独占度・集中度などの経済格差をみるために，累積相対度数を応用して考えられたグラフに**ローレンツ曲線**がある．わが国の所得分配の不平等度（集中度）をみるためにローレンツ曲線を描いてみよう．表 3.3 は平成 12 年と平成 29 年の家計調査報告（家計収支編）から得た，二人以上の世帯のうち勤労者世帯の年間収入五分位階級別データである．年間収入五分位階級は，家計調査のすべての対象世帯を年間収入の低いほうから高いほうへ並べ 5 等分したものである．また階級値は各階級における年間収入の平均値（万円）である．

表 3.3 勤労者世帯の年間収入五分位階級別データ

五分位階級	I	II	III	IV	V	合計
階級値 (平成 12 年)	361	543	697	877	1296	3774
階級値 (平成 29 年)	357	524	659	818	1212	3570

出所：総務省統計局『家計調査年報 平成 14 年』第 12 表，家計調査年報（家計収支編） 2017 年

表 3.4 平成 12 年についてローレンツ曲線を描くために作り変えた表

階級	階級値 (年間収入)	年間収入比率	累積年間収入比率	累積世帯比率
I	361	0.10	0.10	0.20
II	543	0.14	0.24	0.40
III	697	0.18	0.42	0.60
IV	877	0.23	0.66	0.80
V	1296	0.34	1.00	1.00
計	3774	1.00	—	—

平成 12 年について，ローレンツ曲線を描くために作り変えた表が表 3.4 である．表中の年間収入比率は，各階級の年間収入を総計 3774 で割ったものであり，累積世帯比率は，5 等分された各階級の比率 0.2 を積み上げたものである．ローレンツ曲線はこの表にある累積世帯比率を横座標に，累積年間収入比率を縦座標に点をとり，それらの点を結ぶことによってえられる．実際に描く場合は，スタートの点となる原点を別途与える必要がある．Excel による描画の方法については補章 p.206 を参照されたい．平成 12 年と平成 29 年のローレンツ曲線を一緒に描いたのが図 3.5 である．年間収入五分位階級別データを用いて描いたローレンツ曲線では 2 つの年にほとんど差が見られなく，年間収入の配分の不平等度はほぼ同程度である．ちなみに十分位など五分位より詳細なデータを

用いれば，もっと高い精度でローレンツ曲線を描くことができる．右上がりの対角線は，年間収入が完全に平等に配分されている場合（以降では完全平等の場合という）のローレンツ曲線である．描いたローレンツ曲線がこの対角線より下方にたわんでいるほど不平等の度合いが高くなる．

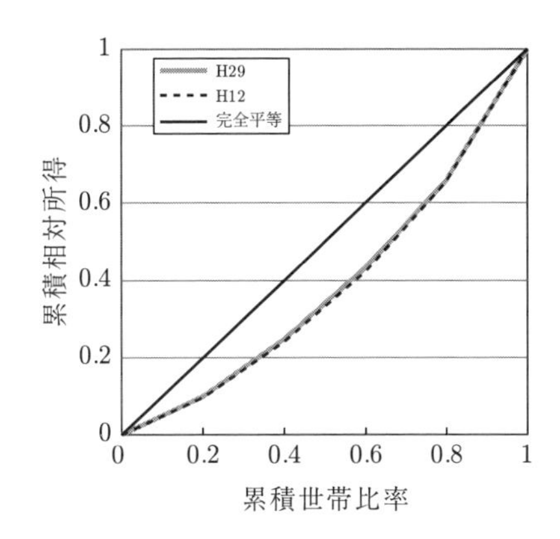

図 3.5 五分位階級別年間収入のローレンツ曲線

問 3.1 完全平等の場合のローレンツ曲線が，右上がりの対角線になるのはどうしてか考えよ．

問 3.2 五分位階級別データを用いた場合，もっとも不平等（完全不平等）な配分を表すローレンツ曲線はどのような形状になるか考えよ．

問 3.3 二人以上の世帯と単身世帯では，どちらが年間収入の配分の不平等の度合いが高いか，最新の勤労者世帯の年間収入五分位階級別データに対してローレンツ曲線を描き調べよ．データは，総務省統計局「家計調査報告（家計収支編）」`http://www.stat.go.jp/data/kakei/sokuhou/nen/` などから得られる．

経済格差を視覚的にとらえるのがローレンツ曲線であるが，数値でとらえるのが**ジニ係数**である．ジニ係数は次式で定義される（図 3.6 を参照のこと）．

ジニ係数
Gini coefficient

$$\text{ジニ係数} = 1 - \frac{\text{ローレンツ曲線と線分 OA・線分 AB で囲まれる図形の面積}}{\text{三角形 OAB の面積}} \tag{3.2}$$

完全平等の場合は，ローレンツ曲線は対角線 OB になるから，(3.2) の右辺の第 2 項は 1 となりジニ係数は 0 となる．また不平等度が大きくなるとローレンツ曲線は頂点 A の方向に向かってたわんでゆくので，ローレンツ曲線の下の図形（図 3.6 の灰色の部分）の面積は 0 に近づいてゆく．このときジニ係数は 1 に近づいてゆく．ジニ係数は，現実においては 0 と 1 の間の数値をとり，0 に近づくほど平等の度合が大きくなり，1 に近づくほど不平等の度合が大きくなる．図 3.5 のジニ係数は平成 12 年が 0.234，平成 29 年が 0.225 となり，平成 12 年のほうがわずかに不平等度が大きい．

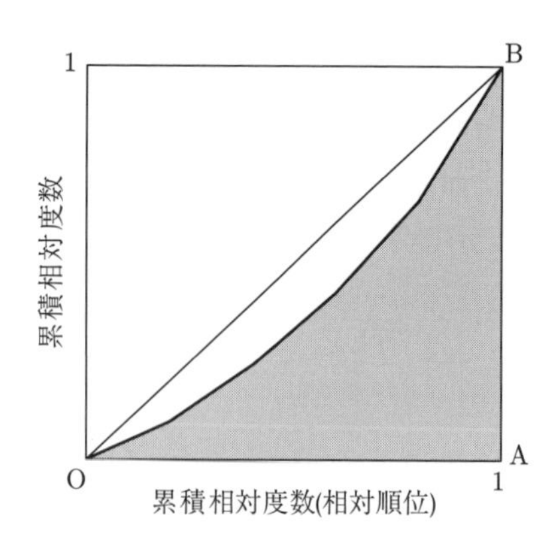

図 3.6　ローレンツ曲線とジニ係数

例 3.1　ジニ係数やローレンツ曲線は，所得分配の不平等度の国際比較（文献 [18] pp.3-17）や都道府県別比較，寡占市場とよばれる業界における特定企業の独占状態を把握したりすることなどに使われている．人事の問題の検証に利用した例もある．日本の企業内での女性の配置部署には（男性に比べ）偏りがあり，さまざまな部署を経験し管理職になるために必要な職能を身につけることが難しいといわれる，大湾（文献 [6] pp.89-91）では，このことを検証するため職場のすべての部署において，男性女性が均等に配分されているかどうかをローレンツ曲線を描き，時系列で追っている．

3.3　パレート図

パレート図
Pareto chart

われわれの身の回りにはさまざまな問題があり，それらの問題を引き起こす要因もさまざまである．問題解決のために，いくつかある要因の中から重要なものを洗い出すために利用されるのが**パレート図** [注6] である．元々は品質改善や職場改善のために利用されていたが，現在ではマーケティング [注7] をはじめとする多くの分野で利用されている．

例 3.2　パレート図は，アンケートなどの調査結果の分析においても威力を発揮する．図 3.7 は，2018 年に内閣府が行ったマイナンバー制度に関する世論調査で，マイナンバーカードを「取得していないし，今後も取得する予定はない」と答えた者（886 人）に，マイナンバーカードを取得していない理由は何かと聞いた結果（複数回答）をもとに描いたパレート図である．具体的な 9 つの理由（項目）と「その他など（その他・特にない・わからない）」の度数を表す柱が，左から件数の多い順に並べられている [注8]．また折れ線グラフは，件数の最も多い第 1 位の要因からある要因までの累積相対度数を示している．例えば，上位

注 6　パレート (V.Pareto) は，イタリアの経済学者の名前である．彼は所得分布は不均等であり，約 2 割の高額所得者の所得が，全体の所得の約 8 割を占めることに気づき，この経験則を広げ，「ある現象の大部分（7〜8 割）は少数（2〜3 割）の要因で説明される（パレートの法則）」と表現した．

注 7　マーケティングの分野では，パレート図を用いた分析を ABC 分析とよんでいる．

注 8　「その他など」は，その件数や比率が大きくても右端（最後）におくというルールがある．

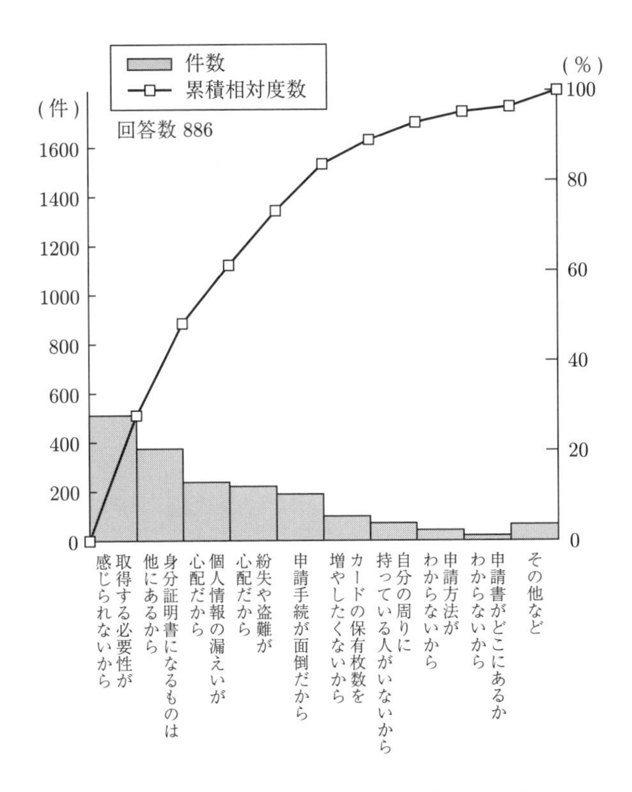

図 3.7 パレート図：マイナンバーカードを取得しない理由（2018 年）

出所：内閣府「『マイナンバー制度に関する世論調査』の概要 」
https://survey.gov-online.go.jp/tokubetu/h30/h30-mainang.pdf
（閲覧日：2019 年 9 月 2 日）より作成

2 項目（取得する必要性が感じられないから・身分証明書になるものは他にあるから）で全体の 48 %を，上位 5 項目まで広げれば，84 %を占めていることがわかる．パレート図は，このようなヒストグラム[注9]と折れ線グラフを組み合わせた複合グラフで表される．マイナンバーカードの普及促進のためには，上位項目に対する対策が必要である．

注 9 項目ごとの相対度数は，本来 棒グラフに表すべきであるが，パレート図では，全体に占める項目の比重をわかりやすく表示するために，柱の間に間隔を空けないのがふつうである．

上の例で見たようにパレート図は，「問題となっている重要項目がひと目でわかる」「問題となっている重要項目が全体に占める割合がわかる」といった特徴をもつ．そのため，問題解決の的を絞った効率的な改善活動を可能にしたり，また改善の前後でパレート図を作成し比較することにより，改善の効果を確認したりすることもできる．

3.4　2変量データの表現

これまで，1変量データを表現する図表について見てきたが，ここでは2変量データを表現する図表について紹介する．

3.4.1　散布図

散布図
scattergram

相関
correlation

2つの変量 x, y がともに量的データの場合，それらの組で表される大きさ n の2変量データは

$$(x_1, y_1),\ (x_2, y_2),\ \ldots, (x_n, y_n)$$

のように表される．2変量データを図示する場合には，1組のデータ (x_i, y_i) $(i = 1, 2, \ldots, n)$ を座標平面上の1点とみなし，その点を座標平面上に打つ．このようにして作られた図を**散布図**とよぶ．図3.8は，都道府県別人口を横軸に都道府県別使用電力量を縦軸にとり描いた散布図である．この図を見ると，点が右上がりの直線的に散らばっている．散布図が右上がりまたは右下がりの直線的傾向をもっている場合，縦軸の変量と横軸の変量の間には**相関**があるという．一方，直線的傾向がみられない場合，相関がないという．例えば，図3.9の散布図に示すように，世帯・月あたり肉類の消費支出と魚介類の消費支出の間にはほとんど相関がない．

散布図に表された2変量データについては，2つの変量の関係の分析が主な目的となるが，その具体的な方法については第10章で紹介する．散布図をExcelで描く方法については，補章 p.211 を参照されたい．

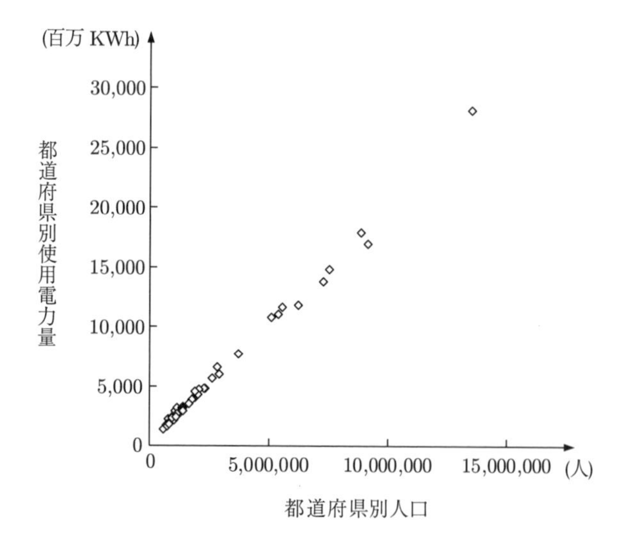

図 3.8　平成27年都道府県別人口と使用電力量の散布図

出所：環境省「環境統計集（平成29年版）［EXCEL版］1章 社会経済一般 国内基本指標」
`https://www.env.go.jp/doc/toukei/contents/tbldata/h29/2017-1.html`
（閲覧日：2018年12月9日）より作成

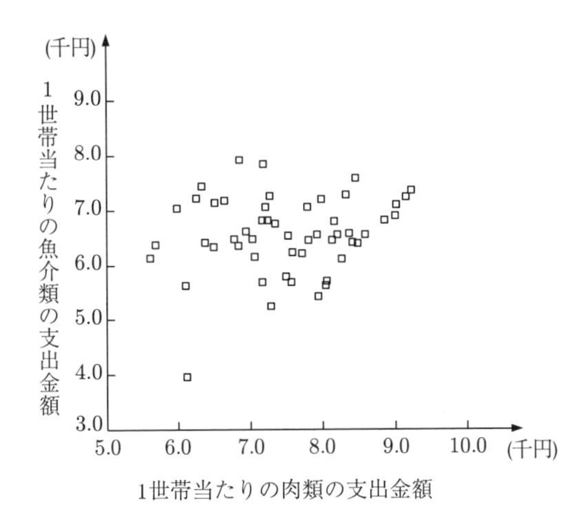

図 3.9 世帯・月あたり肉類の消費支出と魚介類の消費支出の散布図
出所：総務省統計局「家計調査（二人以上の世帯）品目別都道府県庁所在市及び政令指定都市（※）ランキング（平成 27 年（2015 年）〜29 年（2017 年）平均）」
https://www.stat.go.jp/data/kakei/5.html より作成

3.4.2 分割表

2 変量データの 2 つの変量のデータのうち，少なくとも一方が質的データの場合には，**分割表**（または**クロス表**）とよばれる手法を用いる．表 3.5 は両者とも質的データの分割表で，「日本人の国民性調査」[注10] の中にある「もういちど生まれかわるとしたら、あなたは男と女の、どちらに、生れてきたいと思いますか？」という質問に対する 2013 年の男女別の回答割合を示している．右端の列「合計」は行（横）方向の割合の合計，最下行「全体」は男女合わせた全体の中でのそれぞれの回答の割合を示している．男性の 87 %，女性の 71 %が同性に生まれ変わりたいと思っており，男性のほうが女性より同性に生まれ変わりたい思う人が多いというのは面白い結果である．

分割表
contingency table

注 10 統計数理研究所が，日本人の "ものの考え方" の変化の様相を明らかにすることを主目的として，1953 年以降 5 年ごとに行っている調査である．

表 3.5 男・女の生まれかわりの割合の分割表

	男に	女に	その他	わからない	計
男性	87	6	3	5	101
女性	23	71	2	4	100
全体	52	41	2	4	99

（単位：%）

出所：「国民性の研究」https://www.ism.ac.jp/kokuminsei/table/index.htm
（閲覧日：2018 年 12 月 17 日）

問 3.4 上記の男・女の生まれかわりについての質問は 1958 年以降の継続質問項目となっている．下記 URL の Web サイトで，回答の時系列的な変化を調べ折れ線グラフに表してみよ．
統計数理研究所「国民性調査–集計結果–§6 男女の差異–♯6.2 男・女の生まれかわり」
https://www.ism.ac.jp/kokuminsei/table/data/html/ss6/6_2/6_2_all.htm

表 3.5 は，列方向に男性・女性の 2 つのカテゴリー，行方向に 4 つのカテゴリーに分けてデータが集計されているので 2 × 4 分割表とよばれる．列方向にある変量（男性・女性）を表側（ひょうそく），行方向にある変量（男に・女に・その他・わからない）を表頭（ひょうとう）とよぶ．通常では，表側の変量に表頭の変量より根元的なものを割り当てる．表 3.6 は経済産業省が行っている企業活動基本調査の平成 27 年度実績データから引用したものである．この例のように，量的データ（従業者規模）でもそれらを適当な階級に分け分割表に表すこともある．

2 変量の質的データの分割表を Excel で作成する方法については，補章 p.213 を参照されたい．

表 3.6　製造業についての表側が従業者規模の分割表

	企業数	事務所数	常時従業者数 (人)			総資本 (百万円)	売上高 (百万円)	付加価値額 (百万円)
				うち正社員・正職員	うちパート・アルバイトなど			
製造業	12,634	75,403	5,259,545	4,476,612	637,173	347,766,303	283,878,166	62,805,080
50-99 人	4,051	9,899	300,024	258,104	38,662	9,251,795	8,910,981	2,221,564
100-199 人	3,893	14,104	550,931	462,515	79,712	18,256,981	18,205,365	4,522,638
200-299 人	1,609	8,290	393,719	323,795	61,193	14,738,227	14,452,623	3,560,890
300-499 人	1,286	9.357	493,304	406,196	74,693	19,700,672	19,674,198	4,731,380
500-999 人	964	11,221	674,534	562,249	97,167	33,427,382	31,550,484	7,065,475
1000 人以上	831	2,2532	2,847,033	2,463,753	285,746	252,391,246	191,084,515	40,703,133

3.4.3　ヒートマップ

図 3.10 は，1973-74 モデル 32 車種の車（行名が車の名前）の性能に関する 11 の指標（列名が指標）の数値データ [注 11] を**ヒートマップ**に表したものである．このヒートマップでは数値の大小を白黒の濃淡（グレースケール）で表現している．例えば，1 行 5 列のセルはイタリアのスポーツカー Maserati Bora（マセラティ・ボーラ）はキャブレターの数 (carb) が最も多いこと，また 30 行 2 列のセルは Toyota Corona（トヨタ・コロナ）がシリンダーの数 (cyl) が最も少ない車種の 1 つであることを示している．このヒートマップから，例えば左上の色の濃いグループ（行名が Lincoln Continental から Dodge Challenger までの連続する 12 行と列名が disp から wt までの連続する 4 列で決まる配列）に属する車は，排気量や重量・エンジンパワーが大きい大型車という特徴を持つことがわかる．

注 11　このデータは統計解析環境 R に組込まれている（データセット名は mtcars）．図 3.10 を描く際にはデータを標準化した．

ヒートマップ
heatmap

ヒートマップとは，このように行と列をもつ 2 次元に配列された量的データの大きさや強さなどを色調や濃淡で表すことによってサーモグラフィーのように視覚化したものである．

ヒートマップはいろいろな分野や業界で利用されている．Web 解析では，サイト訪問者がページ上でどのような行動をとったのかマウスの動きのログ [注 12] から作成したヒートマップから「ユーザーがどのようなコンテンツに興味を持っているのか」や「ユーザーが快適にページの閲覧を行えているか」といったこと

注 12　コンピューターの操作記録．

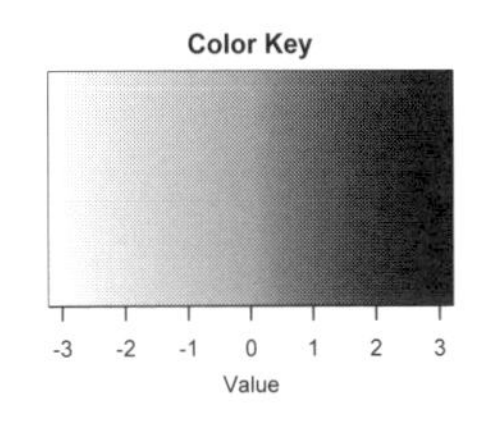

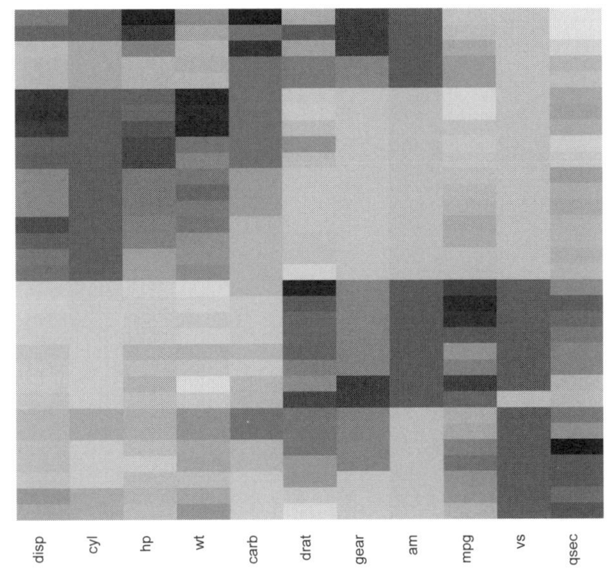

図 3.10　1973-74 モデル 32 車種の車の性能を視覚化したヒートマップ

の検証を行っている．

タクシー配車サービスにおいて，タクシー需要が見込まれるエリアと需要の高さを地図上にリアルタイムで表示するヒートマップは，タクシー乗務員がより効率的に乗客を探すために利用されている．

あるフィットネス・ソーシャルメディア会社は，スマートフォンなどの GPS 情報を使ってジョギングやサイクリングなどのアクティビティの位置データを集約し，人気ルートなどを地図上に可視化したヒートマップを提供している．このヒートマップはグーグルマップのようなインタラクティブな地図のため，例えば皇居周辺をズームインすると，多くのランナーがジョギングを行っていることがわかる．

遺伝子発現[注13]の研究では，マイクロアレイ[注14]や RNA-Seq[注15]の解析で，標本（列）・遺伝子（行）ごとの発現プロファイルの傾向を大局的に把握する手段としてヒートマップが使われている．

注 13　遺伝子がもっている遺伝情報がさまざまな生体機能をもつたんぱく質の合成を通じて具体的に現れること．

注 14　さまざまな配列をもつ微量の DNA をスライドガラスやシリコン・ナイロン膜などの小基板上に高密度に整列してのせ，固定化したものの総称．

注 15　細胞の中の mRNA や miRNA の配列を解読して，発現量の定量や新規転写配列を発見する手法．

章末問題

3.1 右表は，2017年日本プロ野球試合の得点差の度数分布である．この度数分布をもとに得点差の棒グラフを作成せよ．次に，プロ野球では「延長戦がある」「得点差が大きく開いてもコールドゲーム[注16]にならない」「9回以降の裏の攻撃では，後攻チームが勝ち越し点を奪った時点で勝利が決まるサヨナラゲームがある」などの情報も参考に，得点差の分布からどのようなことが読み取れるか考えよ．

注16 悪天候などで試合が継続できなくなった場合や得点差が大きく開いた場合に試合が打ち切られること．

得点差（点）	度数
0	16
1	256
2	158
3	129
4	92
5	77
6	39
7	44
8	26
9	24
10	10
11	8
12	0
13	1
14	1
15	1
計	882

3.2 下表は，2016年大学新規女子卒業者の都道府県別の初任給のデータ（千円）の度数分布表である．各階級において，下限値は含まず上限値は含むものとする．

(1) 各階級の階級値，相対度数および累積相対度数を求め空欄を埋めよ．

(2) (1)で完成させた表を用いて，横軸に初任給，縦軸に累積相対度数をとり，累積相対度数の折れ線グラフを描け．

補 **〈累積相対度数の折れ線グラフの描き方〉** 始めの点を $(170, 0)$ に，二番目の点を $(180, 0.021)$ にとり2点を直線で結ぶ．次に点 $(180, 0.021)$ と点 $(190, 0.149)$ を結ぶ．このように，各階級の上限値を横座標に，累積相対度数を縦座標にとった点を順次線分で結んでゆく．Excelを使って描く場合は，［挿入］タブの［グラフ］グループにある［散布図（直線）］を用いる（［2-D折れ線］ではないので注意）．具体的な描き方については，補章p.206「ローレンツ曲線を描く」が参考になる．

(3) 初任給が20万円を超える都道府県は全体の何%程度か．

階級	階級値（千円）	度数	相対度数	累積相対度数
170-180		1	0.021	0.021
180-190		6		
190-200		22		
200-210		14		
210-220		4		
計	—	47	1	—

3.3 次の表は，日本プロ野球全選手のうち投手467名と捕手91名についての2019年の年俸を，昇順に並べ10等分し，10階級に分け，各階級における年棒の平均を階級値として示したものである．また年棒の累積相対比率は，ローレンツ曲線を描くために計算した．この表をもとに投手と捕手の年棒のローレンツ曲線を同じ

座標平面上に描き（補章 p.206「ローレンツ曲線を描く」参照），どちらの年棒の格差が大きいか考察せよ．

表 3.7 プロ野球投手・捕手の年棒

階級	階級累積比率	階級値（単位：万円）		年棒の累積相対比率	
		投手	捕手	投手	捕手
I	0.1	321	317	0.009	0.014
II	0.2	530	507	0.023	0.037
III	0.3	673	578	0.041	0.063
IV	0.4	900	678	0.066	0.093
V	0.5	1151	910	0.097	0.133
VI	0.6	1533	1267	0.138	0.190
VII	0.7	2277	1544	0.200	0.259
VIII	0.8	4407	2319	0.319	0.362
IX	0.9	7137	4794	0.512	0.576
X	1	18006	9489	1.000	1.000
計		36935	22403		

3.4 総務省の Web サイトで都道府県別の人口と一般行政職員数を調べ，Excel を使ってそれらの散布図を描け．また，その散布図から読みとれることを書け．

例えば平成 30 年 1 月 1 日現在のデータの場合，以下の Web ページからデータをダウンロードできる．自分が行う場合には最新のデータを用いよ．

人口 「住民基本台帳に基づく人口，人口動態及び世帯数（平成 30 年 1 月 1 日現在）」 `http://www.soumu.go.jp/menu_news/s-news/01gyosei02_02000177.html` （閲覧日：2019 年 11 月 11 日）

一般行政職員数 「地方公共団体定員管理関係 平成 30 年 4 月 1 日現在 都道府県データ」 `http://www.soumu.go.jp/main_sosiki/jichi_gyousei/c-gyousei/teiin/index.html` （閲覧日：2019 年 11 月 11 日）

プロジェクト 3

p.30 の例 3.1 などを参考に，現実社会に存在する格差や偏りを探し，それらをローレンツ曲線で視覚化してみよ．

4 データの特性値

本章の目標

- 異なるグループの比較をデータで行うときに，各グループに属する個々の要素（観測値や測定値など）ごとに行うのではなく，各グループのデータ全体を１つの値に縮約した代表値を用いて行う，という考え方を理解する．
- データ（分布）の中心的位置や散らばりの大きさを捉える指標にはどのようなものがあるかを知り，それぞれの指標の特徴について理解する．
- データの標準化について，その目的と方法を理解する．

4.1 データの中心的位置をとらえる代表値

データ[注1]を１つの値に縮約した，文字通りデータを代表する値を**代表値**という．複数のグループの比較をデータで行うときに，各グループのデータを要素（観測値の集まりのデータであれば，個々の観測値）ごとに比較することは得策ではない．代表値で比較するほうが簡単で結果の解釈もしやすい．何を代表値とするかは，比較の目的によって決まるものであるが，経験的に，われわれはデータの中心的位置を代表値として認識していることが多い．この節では代表値として，平均・中央値・最頻値を取り上げる．

注 1　正確にはデータセット．

4.1.1 平均

生データ
raw data
度数分布に集計するなどの縮約がなされていないデータ．

算術平均
arithmetic mean

注 2　普段使われている「平均」という言葉は，ほとんどの場合，算術平均を指している．Excel では関数 AVERAGE を使って求めることができる．

標本平均
sample mean

データの中心的位置をとらえる代表値としてもっとも使われるのが**平均**である．変量 x についての大きさ n の生(なま)データ $x_1,\ x_2,\ x_3,\ \ldots, x_n$ に対して

$$\overline{x} = \frac{x_1 + x_2 + x_3 + \cdots + x_n}{n} \tag{4.1}$$

で定義される平均 $\overline{x}$ を**算術平均**[注2]という．第７章で定義される確率変数の平均と区別するために，$\overline{x}$ を**標本平均**とよぶことがある．データが表 4.1 のような k 個の階級からなる度数分布に集計されている場合，平均 $\overline{x}$ は

$$\begin{aligned}\overline{x} &= \frac{x_1 f_1 + x_2 f_2 + \cdots + x_k f_k}{n} \\ &= x_1 \frac{f_1}{n} + x_2 \frac{f_2}{n} + \cdots + x_k \frac{f_k}{n}\end{aligned} \tag{4.2}$$

で求められる．ここで，n は度数の合計 $f_1 + f_2 + \cdots + f_k$ に等しい．また (4.2) における x_i $(i = 1, 2, \ldots, k)$ は，表 4.1 に示す階級値であり，生のデータではないことに注意しよう．度数分布の階級が区間となる場合の階級値の決め方についてはp.24 を参照．

表 4.1　度数分布表

階級	階級値	度数
1	x_1	f_1
2	x_2	f_2
⋮	⋮	⋮
$k-1$	x_{k-1}	f_{k-1}
k	x_k	f_k
計	—	n

例題 4.1　右の表は，ある試験の得点を度数分布にまとめたものである．この表より，得点の平均 $\overline{x}$ を求めよ．

階級（点）	階級値	度数
20 ～ 30	25	1
30 ～ 40	35	2
40 ～ 50	45	5
50 ～ 60	55	8
60 ～ 70	65	9
70 ～ 80	75	7
計	—	32

解　(4.2) より

$$\overline{x} = \frac{25 \cdot 1 + 35 \cdot 2 + \cdots + 75 \cdot 7}{32}$$
$$= 58.4$$

4.1.2　加重平均

A 君が S 大学の入学試験（各科目 100 点満点）を受験したときの成績は，下表のとおりであった．

国語	英語	数学	社会	総点
60	80	50	60	250

S 大学では英語を 200 点満点に換算して総点を計算している．この場合，各科目の配点比率は 国語 : 英語 : 数学 : 社会 = 1 : 2 : 1 : 1 となるから，この配点比率のもとでの平均は

$$\frac{1}{5} \times 60 + \frac{2}{5} \times 80 + \frac{1}{5} \times 50 + \frac{1}{5} \times 60 = 66$$

となる．

一般に

$$\overline{x}_w = w_1 x_1 + w_2 x_2 + \cdots + w_n x_n \quad (w_1 + w_2 + \cdots + w_n = 1) \tag{4.3}$$

で表される平均を**加重平均**といい，w_i を重み（ウェイト）とよぶ．

加重平均　*weighted average*

問 4.1　平均 (4.1) は，加重平均 (4.3) の重みをどのように決めた場合になっているか．

消費者物価指数 (CPI)
Consumer Price Index

消費者物価指数は，一般的な家庭が消費する多くの商品[注3]の平均的な値上がり（値下がり）率を示す指標であるが，加重平均の応用例になっている．このことを例を用いて説明しよう．

注3　衣料品・食料品・家電製品などの財や家賃・通信料・理髪料などのサービス約600品目．

例 4.1　ここでは簡単のため，日本の世帯全体を1つの家庭とみなし，一般的な家庭が消費する3品目を取り上げ，下表の数値[注4]を用いて，その家庭の消費者物価指数を求めてみよう．

注4　西暦年の末尾が0と5の年を基準時とし，基準年は5年ごとに改定される．その際に採用する品目などの見直しも行われる．

品目	単位	基準時購入量（1カ月当たり）	比較時購入量（1カ月当たり）	基準時価格	比較時価格
米	1 kg	20 kg	15 kg	¥400	¥410
豚肉	100 g	3 kg	3.5 kg	¥140	¥130
ガソリン	1 L	50 L	45 L	¥120	¥140

上の表から

$$\text{基準時の支出額} = 400 \times 20 + 140 \times 30 + 120 \times 50 = 18200\,\text{円} \tag{4.4}$$

$$\text{比較時の支出額} = 410 \times 15 + 130 \times 35 + 140 \times 45 = 17000\,\text{円} \tag{4.5}$$

となる．物価指数を考えるときに，(4.4) と (4.5) を単純に比較することは適切ではない．消費者は商品の価格が変化すれば消費行動を変える可能性があり，(4.4) から (4.5) への変化の中には，価格の変化だけではなく購入量の変化も含まれてしまうからである．そこで価格変動の影響だけ見るために購入量を基準時の値に固定して考える．比較時価格で基準時と同じ量を購入した支出額は

$$410 \times 20 + 130 \times 30 + 140 \times 50 = 19100\,\text{円} \tag{4.6}$$

となり，(4.4) に対する (4.6) の比[注5]

$$\frac{410 \times 20 + 130 \times 30 + 140 \times 50}{400 \times 20 + 140 \times 30 + 120 \times 50} \times 100 \fallingdotseq 104.9\,\% \tag{4.7}$$

注5　(4.7) では%で表すために100倍している．

を**ラスパイレス消費者物価指数**[注6]という．(4.7) から，同じ生活レベルをすることにかかるお金が，比較年は基準年に比べ4.9パーセントポイント増えたことがわかる．

注6　購入量を比較時の値に固定して計算したものを**パーシェ消費者物価指数**という．章末問題 *4.7* を参照のこと．

次に，(4.7) が加重平均になっていることを示そう．3品目の基準時に対する比較時の価格比は，それぞれ

$$\text{価格比}_{\text{米}} = \frac{410}{400}, \quad \text{価格比}_{\text{豚肉}} = \frac{130}{140}, \quad \text{価格比}_{\text{ガソリン}} = \frac{140}{120}$$

となる．ラスパイレス物価指数では，商品の重要度（ウェイト）を基準時の総支出額に対する個別品目の支出額の比で考える．それぞれの品目のウェイト w は

$$w_{\text{米}} = \frac{400 \times 20}{(4.4)}, \quad w_{\text{豚肉}} = \frac{140 \times 30}{(4.4)}, \quad w_{\text{ガソリン}} = \frac{120 \times 50}{(4.4)}$$

となる．このように定めた価格比とウェイトを用いると (4.7) の左辺は

$$(w_{\text{米}} \times \text{価格比}_{\text{米}} + w_{\text{豚肉}} \times \text{価格比}_{\text{豚肉}} + w_{\text{ガソリン}} \times \text{価格比}_{\text{ガソリン}}) \times 100 \tag{4.8}$$

と表されるので，ラスパイレス物価指数は価格比の加重平均になっている．

問 4.2　(4.7) の左辺が (4.8) と書けることを確かめよ．

4.1.3 移動平均

時系列データには，特殊な要因により発生するデータによって大きな変動が生まれることがある．このような変動は，時系列データの基調的な動き（トレンド）をつかみ難くする．このことを解決する１つの方法が**移動平均法**である．移動平均とは，一定の期間（例えば３カ月）を定め，各期の値をその期間中のデータの平均値とし，これらの平均値を全期間について順次移動させたものである．図 4.1 は，日本円に対する米ドルの為替レートの日次データ[注7]と５日間・25 日間・75 日間の３つの移動平均のグラフである．移動平均のグラフは平均をとる期間が長くなるにつれ，より滑らかになっていくことが読み取れる．

移動平均
moving average

注 7 時系列データは観測頻度によって，年次データ・四半期データ・月次データ・日次データなどの名前でよばれる．速報性が重視される経済データでは，月次と四半期が多い．

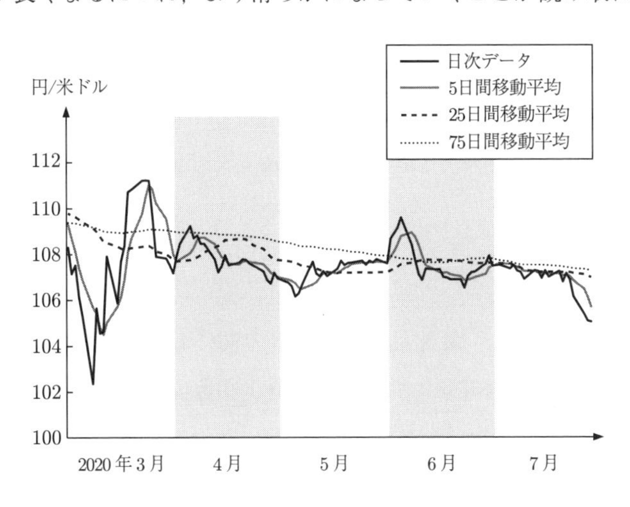

図 4.1 円/米ドルの為替レートの日次データと移動平均

例 4.2 月次データの３カ月移動平均を例に，移動平均の計算方法について説明しよう．まず，どの３カ月を採用するかで次の３つの方法がある．

a. 当該月の前後１カ月のデータを平均する方法（例えば３月の平均値は２月，３月，４月の値の平均）

b. 当該月以前の３カ月のデータを平均する方法（例えば３月の平均値は１月，２月，３月の値の平均）

c. 当該月以後の３カ月のデータを平均する方法（例えば３月の平均値は３月，４月，５月の値の平均）

次に上の **a** の場合について，具体的な計算方法を示す．ある年の１月，２月，...，12 月の観測値を $x_1, x_2, \ldots, x_{12}$ とする．２月の平均 $\overline{x}_1$ は $\overline{x}_1 = \dfrac{x_1 + x_2 + x_3}{3}$，３月の平均 $\overline{x}_2$ は，$\overline{x}_2 = \dfrac{x_2 + x_3 + x_4}{3}$ というように，１カ月ずつズラしながら 11 月の平均まで順次計算する．計算された平均を縦座標に，当該月を横座標にもつ点をとり，それらの点を線分で結んだのが図 4.2 である．この計算方法の場合，始めの１月と終わりの 12 月の平均は計算できない． ▨

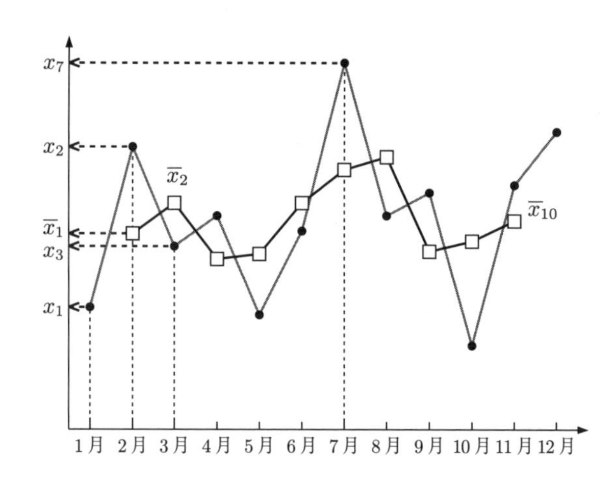

図 4.2　3 カ月移動平均

4.1.4　比率の平均

この項では，GDP の成長率や人口増加率など時系列で得られた比率の平均を求める方法について考える．

例 4.3　特殊な技術をもつ A 社は，過去 3 年間において下表のような売上高の伸び率を示している．この 3 年間における 1 年あたりの平均伸び率を求めてみよう．

年度	'17	'18	'19	'20
伸び率 (%)	–	6	12	24

2018 年度の売上高が 6 % 伸びたということは，2017 年度の売上高の 1.06 $(= 1 + 0.06)$ 倍になったということである．続く年度も同様に考えて，この 3 年間で売上高は，2017 年度の売上高の $1.06 \times 1.12 \times 1.24$ 倍になったことになるから，求める平均伸び率（毎年一定）を r $(0 < r < 1)$ とすると

$$(1 + r)^3 = 1.06 \times 1.12 \times 1.24$$

が成り立つ．右辺を計算し，小数第 3 位まで求めると，1.472 となるから

$$1 + r \fallingdotseq \sqrt[3]{1.472}$$

$\sqrt[3]{1.472}$ を計算し[注8]，小数第 3 位まで求めると，1.138 となるから，$r \fallingdotseq 1.138 - 1 = 0.138 = 13.8$ % となる．

注 8　3 乗根 1.472 と読む．Excel での計算はセルに「= 1.472^(1/3)」と入力する．

補　平均伸び率 r を (4.1) で計算し

$$r = \frac{0.06 + 0.12 + 0.24}{3} = 0.14$$

とするのは誤りである．

大きさ n のデータ $x_1,\ x_2,\ x_3,\ \ldots, x_n$ に対して

$$\sqrt[n]{x_1 \times x_2 \times x_3 \times \cdots \times x_n}$$

で定義される平均を**幾何平均**という．

幾何平均
geometric mean

問 4.3 5 年間で 15 %の成長をとげた企業の 1 年あたりの平均成長率 r を，幾何平均を使って求めよ．

4.1.5 中央値（メディアン）

データを大きさの順に並べたとき，ちょうど真ん中に位置する値を**中央値**という．いま大きさ n のデータを，大きさの順に並べたものを

中央値，メディアン
median

$$x_{(1)} \leq x_{(2)} \leq x_{(3)} \leq \cdots \leq x_{(n)}$$

と書くことにする．このとき中央値を次のように定める．

n が奇数の場合 中央値は $x_{(\frac{n+1}{2})}$ とする．

n が偶数の場合 中央値は $\dfrac{x_{(\frac{n}{2})} + x_{(\frac{n}{2}+1)}}{2}$ とする．

例 4.4

$$1,\ 2,\ 4,\ \underline{5},\ 7,\ 9,\ 10$$

$n=7$（奇数）の場合だから，中央値は $x_{(4)} = 5$ となる[注9]．

$$1,\ 1,\ 2,\ \underline{4},\ \underline{5},\ 6,\ 7,\ 9$$

$n=8$（偶数）の場合だから，中央値は $\dfrac{x_{(4)} + x_{(5)}}{2} = \dfrac{4+5}{2} = 4.5$ となる．

注 9 Excel では関数 MEDIAN を使って求めることができる．

例 4.5 次のデータの場合，中心の位置をとらえる代表値として，算術平均と中央値のどちらが適当か考えてみよう．

$$1,\ 1,\ 2,\ 3,\ 3,\ 4,\ 5,\ 6,\ 6,\ 32$$

算術平均を求めると 6.3 となり，この値より大きな値は 1 つしかない．算術平均は飛び離れた値（**外れ値**という）32 の影響を受け，中心から大きく外れた位置にあるため，このデータの場合 代表値としては適当ではない．一方，中央値は $\dfrac{x_{(5)} + x_{(6)}}{2} = \dfrac{3+4}{2} = 3.5$ であり，外れ値の影響を受けない[注10]．このデータの場合中央値が代表値として適当である．

外れ値
outlier

注 10 外れ値の影響をあまり受けないことを，統計学では外れ値に対して**頑健**（*robust*）であるという．

問 4.4 一般的に医師が患者に告げる余命は，その病気に罹った人たちの生存期間の中央値であるといわれている．この例のように，平均ではなく中央値が利用される身近な例を探してみよ．

4.1.6 最頻値（モード）

データの中で最も多く現れる値を**最頻値**という．

最頻値，モード
mode

例 4.6　度数分布では，最大度数に対する階級値を最頻値とする．例題 4.1 の試験の得点の度数分布では，最大度数 9 に対する階級値 65 が最頻値．▮

例題 4.2　右の表は第 99 回全国高校野球選手権大会での，全試合の得点の差の度数分布である．得点差の中央値 (Me) と最頻値 (Mo) を求めよ．

解　総度数が 48 だから

$$\mathrm{Me} = \frac{x_{(24)} + x_{(25)}}{2}$$

$x_{(24)}$ と $x_{(25)}$ は得点差が 4 点の階級にあるから

$$\mathrm{Me} = \frac{4+4}{2} = 4$$

最頻値は最大度数 12 に対する得点差だから Mo = 1　▮

得点差 x	度数 f	累積度数
1	12	12
2	3	15
3	8	23
4	4	27
5	3	30
6	7	37
7	2	39
8	2	41
9	3	44
10	2	46
11	0	46
12	2	48
計	48	—

4.1.7　平均・中央値・最頻値の関係

4.1.5 項で定義したように，中央値がいわゆる分布の真ん中の値であるが，世の中では，平均が真ん中であると誤認されることが多い．平均が分布の真ん中になるのは，図 4.3 a のように，左右対称で単峰の分布の場合である．ちなみにこの場合，最頻値も真ん中になる．

図 4.3 b のように，右側に裾が長い分布[注 11]の場合，平均は大きな値に引っ張られ，真ん中よりも大きくなる．所得や貯蓄高（p.27 の図 3.4 参照）の分布が右に長い裾をひいていることは有名である[注 12]．反対に図 4.3 c のような左側に裾が長い分布の場合，平均は小さな値に引っ張られ，真ん中よりも小さくなる．

図 4.3 d のような二峰の分布になった場合には，平均・中央値・最頻値のいずれも適切な代表値とはいえない．このような場合には 2 種類の異なるデータが混在していると考えられるため，データを 2 つに分けて分析するほうが適切である．例えば男女を区別しない集団の身体測定データは，男女それぞれの集団のデータに分けて考えたほうがよい．

注 11　右（左）側に裾が長い分布を右（左）に歪んだ分布という．

注 12　メタボ検診で得られた中性脂肪の測定値の分布も右に歪んでいることが確認されている．

問 4.5　所得の分布は右に長い裾をひいている．このことを厚生労働省が毎年行っている「国民生活基礎調査」の「結果の概要」`https://www.mhlw.go.jp/toukei/list/20-21kekka.html`（閲覧日：2019 年 11 月 1 日）にある所得金額階級別世帯数の相対度数分布で確認せよ．

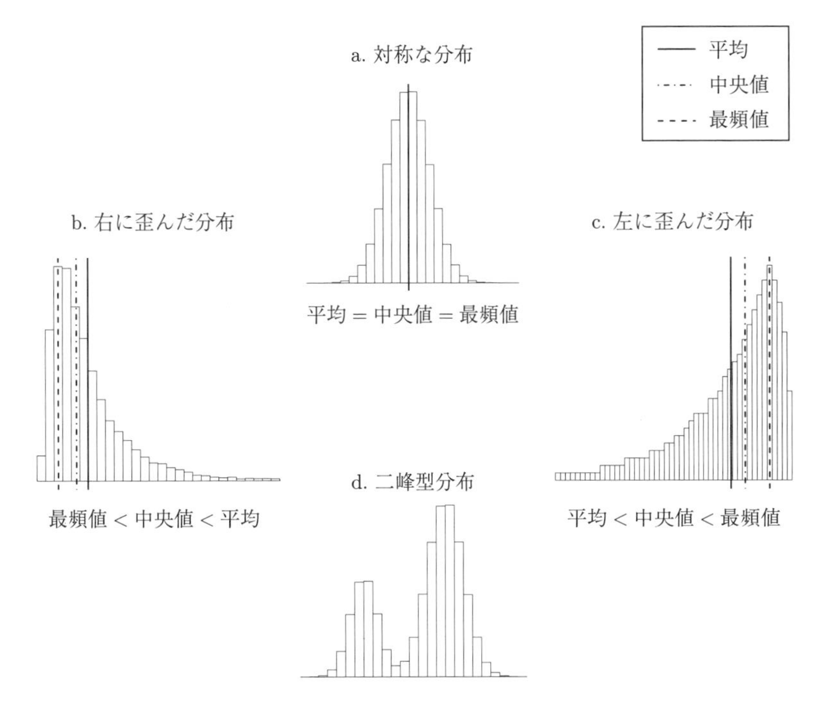

図 4.3　分布の形と 3 つの代表値

問 4.6　次の大きさ 10 の 3 つのデータ A, B, C それぞれについて算術平均・中央値・最頻値を求めよ．3 つのデータ A, B, C はこれらの代表値のみで識別できるか．

A: 3, 4, 4, 5, 5, 5, 5, 6, 6, 7
B: 0, 3, 3, 5, 5, 5, 5, 7, 7, 10
C: 0, 1, 2, 3, 5, 5, 7, 8, 9, 10

4.2　データの散らばりの程度をとらえる指標

図 4.4 は，平均・中央値・最頻値の 3 つの代表値が全く同じである 3 つデータの分布（問 4.6 のデータの棒グラフ）である．代表値が全く同じであるにもかかわらず，分布は明らかに異なる．A では平均の近くにデータが集まっているが，C では平均から遠ざかったところにもデータが散らばっている．B のデータの散らばりの程度は A より大きく C より小さい．

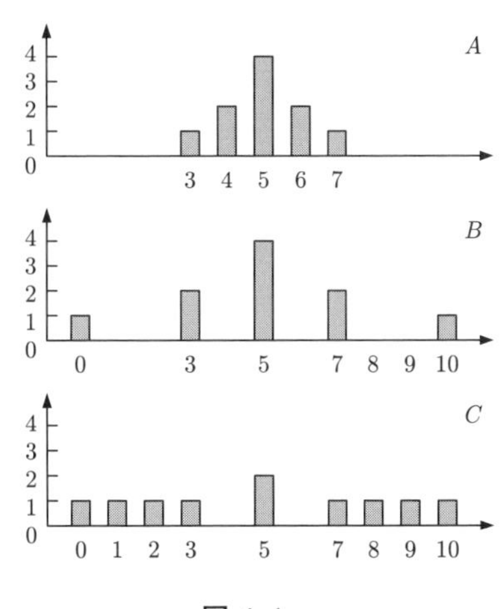

図 4.4

「平均は散らばりを隠す」といわれることがある．この言葉は，例えば次のようなことに警鐘を鳴らすものである．1800 年ごろ世界のどの地域においても，平均寿命は 30 歳位であった．この年齢を聞いて，当時の平均的な人は 30 歳位で亡くなると判断するのは誤りである．そのころ生まれた子供の約半分は，大人になる前に亡くなり，残り半分は大体 50 歳から 70 歳の間で亡くなっていた[1)]．このように，データの散らばりがあるにもかかわらず代表値としての平均はそれを隠してしまう．

上に挙げた 2 つの例からも，データの特徴をとらえるためには，代表値だけでは不十分で，その散らばりも重要であることがわかるだろう．この節では，データ（分布）の散らばりの程度[注 13]を測る指標である範囲・分散・標準偏差・四分位範囲・変動係数について説明する．

注 13　「散らばり」は文脈に応じて，「ばらつき」「変動」「散布度」などの別の用語に言い換えられる．

4.2.1　範囲

範囲，レンジ
range

データの最大値と最小値の差を**範囲**という．範囲はデータ（分布）の散らばりの程度を測るもっとも単純な指標である．定義からわかるように，範囲は極端に大きな（小さな）値の影響を受けやすい[注 14]．図 4.4 の 3 つのデータについて範囲を求めると，A の範囲が $7-3=4$ で，B と C の範囲はともに $10-0=10$ となり，代表値と範囲では B と C の分布を区別することができない．範囲はデータの大きさにかかわらず，最大値と最小値だけで計算されるため，情報量の損失が大きい．このような欠点があるため，範囲は散らばりの尺度としてあまり使われないが，度数分布の階級を決める最初の段階で必要となる情報である．

注 14　p.43 の例 4.5 において，範囲は 31 となるが，外れ値 32 を除くと，データは 1 から 6 の間にある．

4.2.2　分散・標準偏差

大きさ n のデータ $x_1,\ x_2,\ \ldots,\ x_n$ の（算術）平均を $\overline{x}$ とする．個々の値 $x_i\ (i=1,2,\ldots,n)$ の $\overline{x}$ からの隔たり $x_i-\overline{x}$ を**偏差**という．データ全体の散らばりの程度を偏差でとらえたい[注 15]が，平均より小さい値の場合，偏差は負の値になる．このため偏差を 2 乗し，負の値をなくした上でとった偏差の 2 乗の平均

$$s^2=\frac{1}{n}\{(x_1-\overline{x})^2+(x_2-\overline{x})^2+\cdots+(x_n-\overline{x})^2\} \tag{4.9}$$

を考え，これを**分散**[注 16]という．

偏差
deviation

注 15　偏差全体 $x_1-\overline{x},\ x_2-\overline{x},\ \ldots,\ x_n-\overline{x}$ を要約し，1 つの値（偏差の平均）で表したい．

分散
variance

注 16　Excel では，分散 (4.9) は関数 VAR.P で，分散 (4.10) は関数 VAR.S で求める．

補　n が大きくないとき，(4.9) において n ではなく $n-1$ で割った

$$u^2=\frac{1}{n-1}\{(x_1-\overline{x})^2+(x_2-\overline{x})^2+\cdots+(x_n-\overline{x})^2\} \tag{4.10}$$

を分散とする場合がある．s^2 を**標本分散**，u^2 を**不偏（標本）分散**とよぶことがある．

> **問 4.7**　偏差の合計 $(x_1-\overline{x})+(x_2-\overline{x})+\cdots+(x_n-\overline{x})$ を計算せよ．ただし，$\overline{x}$ は (4.1) で与えられる．

---

1) この例は文献 [23] p.69 を参考にした．

データが表 4.1 のような度数分布に集計されている場合，分散 s^2 は

$$s^2 = \frac{(x_1-\overline{x})^2\ f_1 + (x_2-\overline{x})^2\ f_2 + \cdots + (x_k-\overline{x})^2\ f_k}{n} \tag{4.11}$$
$$= (x_1-\overline{x})^2\ \frac{f_1}{n} + (x_2-\overline{x})^2\ \frac{f_2}{n} + \cdots + (x_k-\overline{x})^2\ \frac{f_k}{n}$$

で求められる．ただし，$\overline{x}$ は (4.2) で与えられる．

分散は平均 $\overline{x}$ を基準にしたデータ全体の散らばりの程度をとらえる指標である．分散の単位はデータの単位とは同じにならない．例えば，データの測定単位が kg であれば，分散の単位は $(\mathrm{kg})^2$ になる．そこでデータと単位を同じにするために，分散の正の平方根をとった $\sqrt{s^2}$（または $\sqrt{u^2}$）が用いられる．この指標を**標準偏差**という．すなわち，標準偏差を s（または u）注 17 で表すとき

$$s = \sqrt{s^2} \quad （または\ u = \sqrt{u^2}） \tag{4.12}$$

である．

標準偏差
standard deviation

注 17　Excel では，(4.9) の正の平方根で与えられる標準偏差 s は関数 STDEV.P で，(4.10) の正の平方根で与えられる標準偏差 u は関数 STDEV.S で求める．

例題 4.3　下表は，競合する 2 つの商品 A と B の曜日ごとの売上げ個数を示している．この表より，A と B それぞれについて，6 日間の売上個数の分散と標準偏差を求めよ．

曜日	日	月	火	木	金	土	平均
商品 A	16	10	14	14	10	8	12
偏差	4	−2	2	2	−2	−4	
商品 B	20	16	5	10	14	25	15
偏差	5	1	−10	−5	−1	10	

解　(4.9) より，商品 A と B の分散 ${s_\mathrm{A}}^2$, ${s_\mathrm{B}}^2$ は，それぞれ

$${s_\mathrm{A}}^2 = \frac{4^2+(-2)^2+2^2+2^2+(-2)^2+(-4)^2}{6} = 8$$
$${s_\mathrm{B}}^2 = \frac{5^2+1^2+(-10)^2+(-5)^2+(-1)^2+10^2}{6} = 42$$

したがって，商品 A と B の標準偏差 s_A, s_B は，それぞれ

$$s_\mathrm{A} = \sqrt{8} \fallingdotseq 2.83, \quad s_\mathrm{B} = \sqrt{42} \fallingdotseq 6.48$$

■

補　商品 A の売上げ個数は，曜日の影響を大きく受けることなく期間を通じて比較的安定してる．一方，商品 B は土日の売上げは多いが，週の半ばあたりでは少なくなっている．その結果，s_B は s_A のおよそ 2.3 倍になったと解釈できる．

問 4.8　例題 4.2 の得点差の度数分布表から，得点差の標準偏差を求めよ．

4.2.3　四分位範囲

データを小さい順に並べ4等分するとき，小さいほうから $\dfrac{1}{4}$ に位置する値を第1四分位点 Q_1，大きいほうから $\dfrac{1}{4}$ に位置する値を第3四分位点 Q_3[注18]，また小さい（大きい）ほうから $\dfrac{2}{4}\left(=\dfrac{1}{2}\right)$ に位置する中央値を第2四分位点 Q_2 という．

四分位点
quartile

注18　Q_1 や Q_3 を求める際に，Q_2 を含める場合と含まない場合があるなど，使用する統計ソフトによって出力結果に多少違いが出るが，おおよその値がわかればよいので，あまり厳密に考えないほうがよい．

四分位点を使って次式で定義される IQR を**四分位範囲**という．

$$\mathrm{IQR} = Q_3 - Q_1 \tag{4.13}$$

四分位範囲はデータの真ん中 50 %部分がどの範囲にあるかを示している．

四分位範囲
interquartile range

補　中央値や四分位点の考え方を拡張したものに**パーセンタイル**（**パーセント点**ということもある）がある．データを小さいものの順にならべたとき，小さいほうから $100p$ % $(0 \leq p \leq 1)$ に位置する値を $100p$ パーセンタイルという．この言い方にならえば，第1四分位点は25パーセンタイルとなる．学校保健統計調査では年齢別・男女別に身体と体重の 3, 10, 25, 50, 75, 90, 97 パーセンタイルを公表[2)]している．

箱ひげ図

箱ひげ図
box plot

四分位範囲を上手く図に表したものに**箱ひげ図**がある．箱ひげ図は，最小値・Q_1・中央値・Q_3・最大値の5つの値によってデータの中心や散らばりを把握したり，外れ値の存在を確認したりするために考案されたグラフである（図 4.5）．図 4.5 において，箱の外に最大値・最小値まで伸びている破線はヒゲとよばれる．外れ値があるとヒゲが長くなり分布の様子がつかみづらいので，その場合はふつう最大値の代わりに $Q_3 + \mathrm{IQR} \times 1.5$[注19] 以下のデータでの最大値，最小値の代わりは $Q_1 - \mathrm{IQR} \times 1.5$ 以上のデータでの最小値までヒゲをのばし，それよりも外側にあるデータ（外れ値）は点を打って表す（図 4.6 参照）．ここで IQR は四分位範囲である．

注19　四分位範囲 IQR の 1.5 倍を提案したのは箱ひげ図の考案者テューキーである．

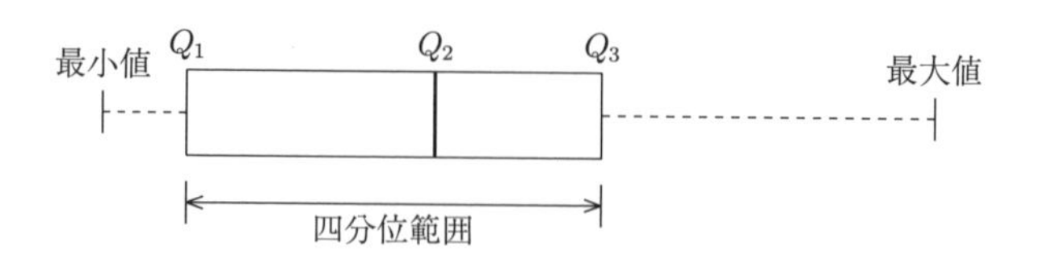

図 4.5　箱ひげ図

例 4.7　図 4.6 は，日本男子プロバスケットボール B リーグの一部（B1 リーグ）に属する 18 チームの中から 10 チームを選んで，各チームの 2018-19 年シーズン 30 試合にわたる観客動員数のデータをもとに描いた箱ひげ図[注20]である．

注20　Excel で箱ひげ図を描く場合は，シートにデータを入力しその範囲を指定したあと，［挿入］タブの［グラフ］グループから［グラフ挿入］メニューを開き［すべてのグラフ］から「箱ひげ図」を選択する．

2) 参考：学校保健統計調査 平成 27 年度以降（学校保健統計調査による身体発育値及び発育曲線（LMS 法による））`https://www.e-stat.go.jp/dbview?sid=0003146941`（閲覧日：2020 年 11 月 2 日）

ヒゲの外側に見られる白丸は外れ値を表している．この図より，最も観客動員数が多いチームは千葉ジェッツふなばしで，最も安定して観客を動員できているチームは琉球ゴールデンキングスであることなどが読み取れる，またライジングゼファー福岡は，通常よりだいぶ多くの観客を 4 回動員しているので，この 4 回については，試合の他に何か特別なイベントがあったと想像される．この例からわかるように，箱ひげ図は複数のデータ（グループ）間の特徴を比較する上で適度な情報量を持った優れたグラフである．

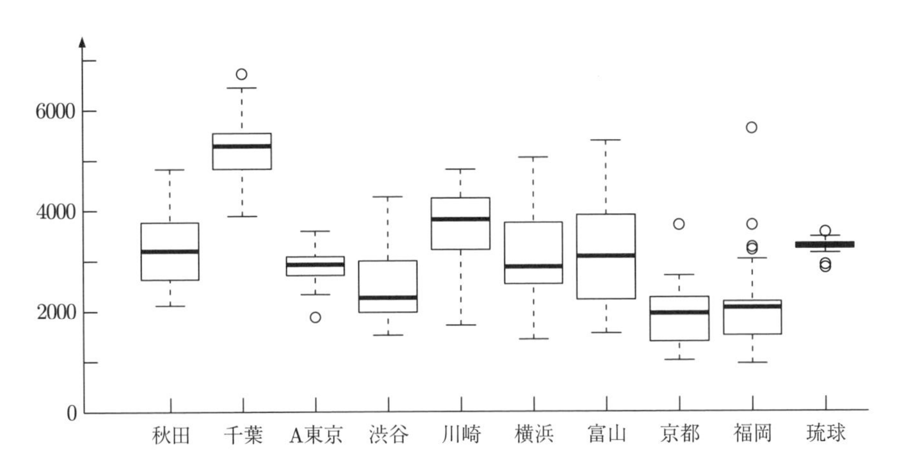

図 4.6　B1 リーグ 10 チームの観客動員数の箱ひげ図

4.2.4　変動係数

令和元年 7 月場所幕内力士 42 名の体重[3]の平均は 165.3 kg，一方 学校保健統計調査によれば幼稚園 5 歳児の体重[4]の平均は 18.9 kg で，幕内力士の約 9 分の 1 である．小さな値だけからなるデータの散らばりは大きくなりえないため，両者のデータの散らばりの程度を標準偏差で比較する場合，幕内力士のデータの標準偏差のほうが大きいことは計算するまでもなくわかることである．実際に計算してみると，幕内力士の標準偏差が 21.9 kg で 5 歳児の標準偏差が 2.62 kg となる．このような平均の大きさが著しく異なる複数のデータの散らばりの程度を比較する場合には，**変動係数**とよばれる次式で定義する指標を用いる．

変動係数
coefficient of variation

$$\text{変動係数 CV} = \frac{s}{\bar{x}} \quad \text{（100 倍して％で表されることもある）} \tag{4.14}$$

ただし $\bar{x}$ と s は，それぞれデータの（算術）平均と標準偏差である．変動係数は，比尺度の構造をもつ正の値をとるデータに対してのみ定義され，平均 $\bar{x}$ の大きさを考慮した上で散らばりの程度の大きさを相対的に比較する指標である．$\bar{x}$ と s の単位は同じであるため，変動係数は無名数[注 21]となることも都合がよい．

注 21　単位の（つか）ない数．無次元量ともいう．

上の幕内力士と 5 歳児の体重のデータについてそれぞれの変動係数を求める

[3] 出所：dmenu スポーツ `https://sumo.sports.smt.docomo.ne.jp/rikishidata/weight.html`（閲覧日：2019 年 7 月 1 日）
[4] 出所：学校保健統計調査 平成 30 年度 全国表 表番号 1

と，幕内力士の変動係数は 0.132，5 歳児の変動係数は 0.139 となり，わずかではあるが 5 歳児の体重の散らばりのほうが大きい．

問 4.9　ある月の銘柄 A の平均株価は 100 円，銘柄 B の平均株価は 5000 円で，標準偏差はともに 10 円であった．A と B いずれの銘柄の株価の変動（散らばり）が大きかったといえるか．

例 4.8　内閣府は，一人当たり県民所得における都道府県間の開差率（散らばりの程度）を変動係数（＝標準偏差/全県平均値）でみている．図 4.7 はその変動係数の時系列的変化を示している．この図から相対的な地域間所得格差は，平成 21 年以降大きな変化はないが，平成 24 年から連続で縮小していることが読み取れる．

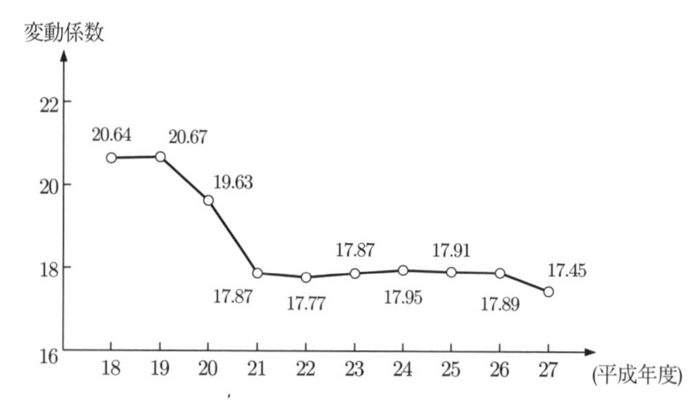

図 4.7　一人当たり県民所得の変動係数

「平成 27 年県民経済計算について」 http://www.esri.cao.go.jp/jp/sna/data/data_list/kenmin/files/contents/pdf/gaiyou.pdf より作成

例 4.9　図 4.8 は，学校保健統計調査平成 30 年度全国表（表番号 1）のデータをもとに描いたグラフで，満 5 歳から 17 歳（平成 30 年 4 月 1 日現在）までの男子児童の身長と体重のばらつき（散らばり）の大きさを示している．この年齢層では成長が著しいため，年齢ごとの体格の大きさ（平均値）を考慮してばらつきの程度の大きさを相対的に比較するため，変動係数を用いている．この図より，身長・体重ともに 12 歳時のばらつきが最も大きいことがわかる．学校保健統計調査では，年間発育量[注 22]の年齢ごとの比較も行っているが，平成 12 年生まれ（平成 30 年度 17 歳）の人について，身長の年間発育量が最大になるのは，男子では 12 歳・女子では 9 歳であり，体重の年間発育量が最大になるのは，男子 11 歳・女子 10 歳である．

注 22　例えば，平成 12 年度生まれの「5 歳時」の体重の年間発育量は，平成 19 年度調査 6 歳の者の体重から平成 18 年度調査 5 歳の者の体重を引いたものである．

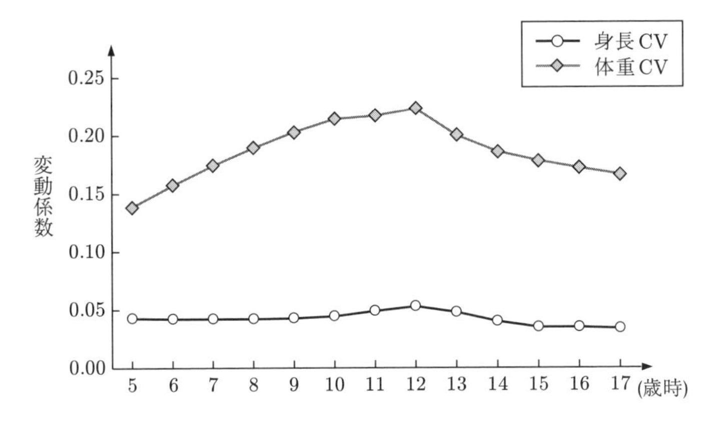

図 4.8　男子児童の身長と体重の年齢別変動係数

出所：e-Stat「学校保健統計調査　平成 30 年度 全国表 表番号 1」

問 4.10　学校保健統計調査の最新のデータを使って，その年の 4 月 1 日に満 5 歳から 17 歳になる女子児童の身長と体重に対して，図 4.8 と同じグラフを描き，何歳時のばらつきが最も大きいか調べよ．
参考：政府統計の総合窓口 (e-Stat)「学校保健統計調査 全国表 表番号 1」

4.3　データの標準化

複数のデータを比較するときに，それぞれのデータの平均と標準偏差を同じにして行うことがある．このような場合に必要となるのが**標準化**の考え方である．

標準化（基準化）
standardization

4.3.1　標準得点

大きさ n のデータ $x_1,\ x_2,\ \ldots,\ x_n$ に対して

$$z_i = \frac{x_i - \overline{x}}{s} \quad (i = 1,\ 2,\ \ldots,\ n) \tag{4.15}$$

と変換することをデータの標準化といい，z_i を**標準（化）得点**という．ただし $\overline{x}$ と s は，それぞれデータの（算術）平均と標準偏差である．定義式 (4.15) が示すように，標準得点 z_i は，データの個々の値 x_i が平均 $\overline{x}$ から標準偏差 s の何倍分だけ大きい（または小さい）かという，データ全体の中での x_i の相対的位置を表す数値で，無名数である．また標準得点 $z_1,\ z_2,\ \ldots,\ z_n$ の平均は 0 で，標準偏差は 1 となる（問 4.11，章末問題 *4.20* で確かめよ）．

標準得点
standard score

例 4.10　図 4.9 は，高校生の A 君が受けた数学と国語の試験のクラス全体の成績分布である．2 つの分布の平均点はともに 60 点であり，標準偏差は，数学が 15 点，国語が 5 点であった．A 君の成績は，数学も国語も 70 点であったが，どちらの科目がクラスの中で上位にあったのか考えてみよう．数学についてみると，70 点以上の得点をとった割合は 25 %，国語におけるその割合は 3 %で

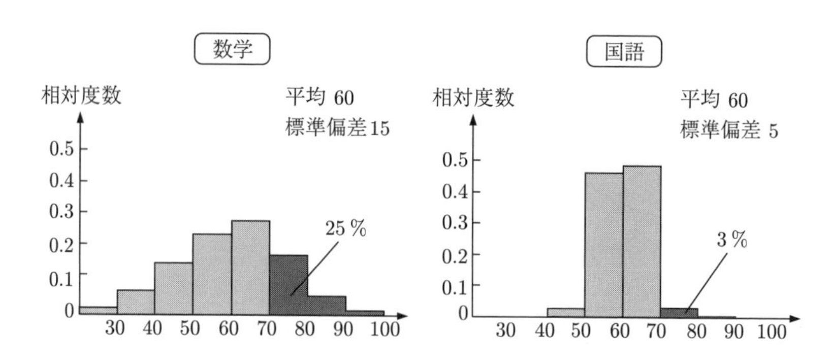

図 4.9 数学と国語の成績分布と 70 点以上の上位の割合

あった．したがって同じ 70 点でも国語のほうが上位にあったことがわかる．このような割合を比較しなくても，どちらの科目が上位にあったのかは標準得点を比較すればわかる．A 君の数学と国語の標準得点は，それぞれ

$$z_{数学} = \frac{70-60}{15} \fallingdotseq 0.67, \quad z_{国語} = \frac{70-60}{5} = 2$$

となり国語のほうが大きいので，国語の成績のほうが上位にあったといえる．■

問 4.11 下表を Excel の Sheet に作成し，空欄を埋めることによって，標準化得点 $z_1, z_2, \cdots, z_n$ の平均 $\overline{z}$ は 0，標準偏差 s_z は 1 になることを確かめよ．

i	x_i	$x_i - \overline{x}$	$z_i = \dfrac{x_i - \overline{x}}{s_x}$
1	7	−3	−1.5
2	9		
3	10		
4	11		
5	13		
平均	$\overline{x} = 10$		$\overline{z} =$
分散	${s_x}^2 = 4$	—	${s_z}^2 =$
標準偏差	$s_x = 2$	—	$s_z =$

4.3.2 偏差値

標準得点は，平均値未満の数値 x_i に対しては負の値となる．また標準得点はおおよそ −3 から 3 の範囲の値をとることが多い．教育現場では，標準得点の代わりに次式で定義される**偏差値**が用いられることが多い．

$$偏差値 = 標準得点 \times 10 + 50 \tag{4.16}$$

偏差値は標準得点と同様，データ全体の中での個々の数値の相対的位置を表す．また偏差値は，おおよそ 20 から 80 の範囲値をとり [注 23]，その平均が 50，標準偏差が 10 となるため，100 点満点の試験の得点と似通った値の範囲をとるため直観的にわかりやすい．同一の対象に対して実施した，平均点や散らばりの大きさが異なる複数の試験の得点を偏差値に変換することによって，すべての試

注 23 極端に偏った数値のデータに対してはその限りではない．章末問題 *4.22* 参照．

験の成績の平均を 50，標準偏差を 10 にそろえて比較することが可能になる．

問 4.12 例 4.10 にある A 君の数学と国語の偏差値をそれぞれ求めよ．

図 4.10 は 100 点満点の試験の成績（素点）と，その標準得点および偏差値の箱ひげ図である．素点の平均は 58.7 点・標準偏差は 18.3 点である．3 つの箱ひげ図は互いに相似形であり，素点での成績の位置（順位）は標準化得点や偏差値の位置で見ても変わらない．

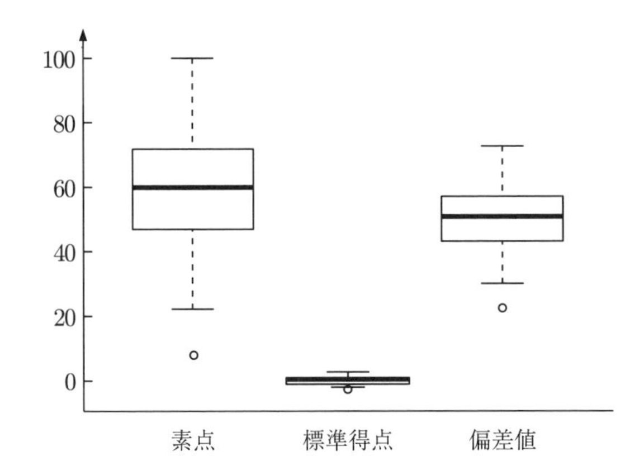

図 4.10 試験の素点とその標準得点・偏差値の箱ひげ図

章末問題

4.1 次の表は A 高校と B 高校の 3 年生に対して，同じ模擬試験を受験させた結果である．

	A 高校	B 高校
男子生徒の人数	160 人	40 人
男子生徒の得点合計	9600 点	2200 点
女子生徒の人数	40 人	160 人
女子生徒の得点合計	3000 点	11200 点

(1) 男子生徒について，A 高校 と B 高校の平均をそれぞれ求めよ．
(2) 女子生徒について，A 高校 と B 高校の平均をそれぞれ求めよ．
(3) 男女全体について，A 高校 と B 高校の平均をそれぞれ求めよ．
(4) (1), (2) の結果と (3) の結果を比較してどう思うか．

4.2 厚生労働省の HP で，平均寿命と平均余命の違いについて調べよ．

4.3 乳幼児の体重の分布は右に歪んでる（p.45 図 4.3 b 参照）といわれる．厚生労働省は 10 年ごとに乳幼児身体発育調査を行っている．直近の調査は平成 22 年 (2010) に行われた．この調査結果から年・月齢 1 年 0 ～ 1 月未満の乳幼児の体重の平均とメディアン，どちらの値が大きいか調べよ．
参考：e-Stat「平成 22 年度乳幼児身体発育調査 」

4.4 どのようなデータが左に歪んだ分布（p.45 図 4.3 c 参照）になるか種々のメディアや書籍で探してみよ．

4.5 元本 100 万円を 3 年間にわたって預金したところ，1 年後・2 年後・3 年後の預金残高は，それぞれ 101 万円・103 万円・105 万円であった．このとき，利子率の 1 年あたりの平均複利 r を預金残高の増加率の幾何平均を用いて求めよ．

4.6 200 km 離れた A 市と B 市の間を輸送会社のトラック定期便が走っており，行き便は毎時 40 km，帰り便は毎時 50 km の速さで運行している．

(1) このトラック便は往復平均して毎時何 km の速さで走っていることになるか．
(2) (1) で求めた平均の速さは，$\dfrac{1}{\left(\dfrac{\frac{1}{40}+\frac{1}{50}}{2}\right)}$ の形になっていることを確かめよ．

補 (2) のように，データの逆数の算術平均の逆数の形で表される平均を**調和平均**という．

4.7 3 つの品目 A，B，C について，2020 年（基準時）と今年（比較時）の価格と購入量は右のとおりであった．この表から，次の 2 種類の消費者物価指数を求めよ．

品目	2020 年（基準時）		今年（比較時）	
	価格	購入量	価格	購入量
A	300	1,000	500	1,500
B	500	2,000	400	2,800
C	1,000	500	1,100	600

(1) ラスパイレス物価指数 $= \dfrac{\text{基準時の購入量を比較時の価格で評価した支出額}}{\text{基準時の購入量を基準時の価格で評価した支出額}}$

(2) パーシェ物価指数 $= \dfrac{\text{比較時の購入量を比較時の価格で評価した支出額}}{\text{比較時の購入量を基準時の価格で評価した支出額}}$

補 パーシェ物価指数は，比較時の購入金額を重みとする価格比の加重調和平均になっている．

4.8 次の表は，日本における 2000 年から 2019 年までの完全失業率の年平均時系列データである．このデータを用いて 3 項（3 か年）移動平均を計算し，元の時系列データとともに折れ線グラフに表せ．3 項移動平均の計算方法はいくつかあるが，ここでは最初の 3 個（2000 年から 2002 年）の移動平均は $(4.7+5.0+5.4)/3=5.03$ と計算し，グラフの横軸を年にとった場合，この値は 2001 年のところに打点する．この操作を 1 年ずつずらしながら 2018 まで行う．Excel で折れ線グラフを描く場合は，［挿入］タブの［グラフ］グループから「2-D 折れ線」を選択する．最初に元の時系列データのグラフだけ描き，そのグラフに 3 項移動平均のグラフを追加するという手順で行うとよい．

年	完全失業率 (%)	3 項移動平均	年	完全失業率 (%)	3 項移動平均
2000	4.7	—	2010	5.1	
2001	5.0	5.03	2011	4.6	
2002	5.4		2012	4.3	
2003	5.3		2013	4.0	
2004	4.7		2014	3.6	
2005	4.4		2015	3.4	
2006	4.1		2016	3.1	
2007	3.9		2017	2.8	
2008	4.0		2018	2.4	
2009	5.1		2019	2.4	—

出所：総務省統計局「労働力調査　過去の結果の概要」

4.9 次の表は，2016 年度における新規大卒男子の都道府県別の初任給のデータ（千円）を度数分布にまとめたものである．この表より，初任給の平均・中央値・最頻値の各値を求めよ．

階級（千円）	階級値（千円）	度数	累積度数
170 以上 180 未満	175	1	1
180 以上 190 未満	185	2	3
190 以上 200 未満	195	14	17
200 以上 210 未満	205	22	39
210 以上 220 未満	215	7	46
220 以上 230 未満	225	1	47

出典：産労総合研究所編『2017 年版モデル賃金実態資料』（経営書院）

4.10 次の表の数値は令和元年度都道府県別最低賃金を示している．これらの数値を Excel のシート (Sheet) の 1 つの列に入力し，関数 MAX, MIN, STDEV.P を用いて，それぞれ最低賃金の最大値および最小値・標準偏差を求めよ．

北海道	861	東　京	1,013	滋　賀	866	香　川	818
青　森	790	神奈川	1,011	京　都	909	愛　媛	790
岩　手	790	新　潟	830	大　阪	964	高　知	790
宮　城	824	富　山	848	兵　庫	899	福　岡	841
秋　田	790	石　川	832	奈　良	837	佐　賀	790
山　形	790	福　井	829	和歌山	830	長　崎	790
福　島	798	山　梨	837	鳥　取	790	熊　本	790
茨　城	849	長　野	848	島　根	790	大　分	790
栃　木	853	岐　阜	851	岡　山	833	宮　崎	790
群　馬	835	静　岡	885	広　島	871	鹿児島	790
埼　玉	926	愛　知	926	山　口	829	沖　縄	790
千　葉	923	三　重	873	徳　島	793		

出所：厚生労働省 HP「地域別最低賃金の全国一覧」

4.11 次の表は，法文経系私立大学（昼間部）の 2016 年の年間授業料の各都道府県ごとの平均値を度数分布にまとめたものである．この表より，年間授業料の平均・中央値・最頻値・標準偏差の各値を求めよ．また平均・中央値・最頻値の位置関係から，授業料の分布はおおよそどのような形になるか考えよ．

階級（万円）	階級値（万円）	度数
50 以上 60 未満	55	4
60 以上 70 未満	65	25
70 以上 80 未満	75	16
80 以上 90 未満	85	1
90 以上 100 未満	95	0
100 以上 110 未満	105	1

出所：総務省統計局 HP「小売物価統計調査（動向編）」

4.12 4 種類のデータについて，分布を描いたところ下図のようになった．

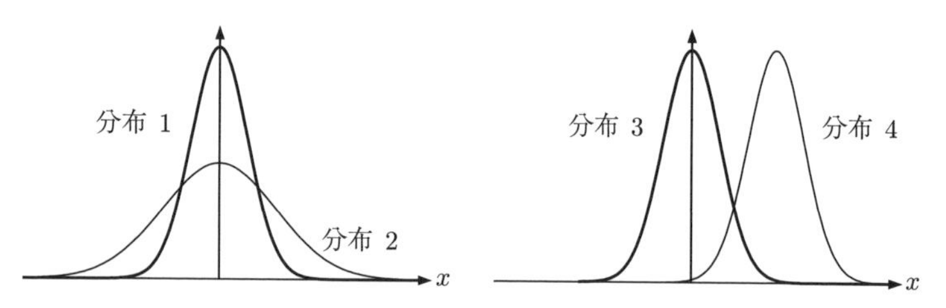

(1) 分布 1 と分布 2 について，それぞれの平均 $\overline{x}_1$，$\overline{x}_2$ の関係および標準偏差 s_1，s_2 の関係を式で示せ．

(2) 分布 3 と分布 4 について，それぞれの平均 $\overline{x}_3$，$\overline{x}_4$ の関係および標準偏差 s_3，s_4 の関係を式で示せ．

4.13 3 つの会社 A, B, C の給与の平均はそれぞれ $\overline{x}_\mathrm{A}, \overline{x}_\mathrm{B}, \overline{x}_\mathrm{C}$ で，標準偏差はそれぞれ $s_\mathrm{A}, s_\mathrm{B}, s_\mathrm{C}$ であった．これらの間に

$$\overline{x}_\mathrm{A} = \overline{x}_\mathrm{B} < \overline{x}_\mathrm{C}, \quad s_\mathrm{A} = s_\mathrm{C} < s_\mathrm{B}$$

という関係がある．あなたならどの会社を選ぶか，給与の平均と標準偏差の実際的な意味を考え答えよ．

4.14 次の 2 組のデータ A, B それぞれについて，算術平均と中央値を求めると共に 6 になる．この 2 組のデータを区別するためにあなたならどのような指標を用いるか．具体的な指標をあげ，それを 2 組のデータ A, B について計算せよ．

A	4	5	6	7	8
B	2	4	6	8	10

4.15 次のデータの代表値と散らばりの尺度として，どのような指標を用いるのが妥当かを説明し，それぞれの指標の値を求めよ．

2, 6, 2, 3, 9, 3, 3, 31, 4, 2, 4, 3, 7, 7

4.16 県民経済計算年報では，47 都道府県間の 1 人当たりの県民所得の地域間の格差をみる指標として変動係数を用いている．平成 27 年度の 1 人当たりの県民所得の全県にわたる平均は 2,874（千円），標準偏差は 501.4（千円）である．また平成 19 年度の平均は 2,865（千円），標準偏差は 592.2（千円）である．2 つの年度の 1 人当たりの県民所得の変動係数を比較することによって，どちらの年度のほうが県民所得の地域間格差が大きいか答えよ．

4.17 スポーツ庁による平成 29 年度体力・運動能力調査によれば，20 歳から 24 歳までの日本人男性の身長と体重の平均と標準偏差は次の表のようになる．

統計量	身長 (cm)	体重 (kg)
平均	171.56	65.74
標準偏差	5.59	9.08

身長 (cm) と体重 (kg) の散らばりの大きさを比較したいが，両者は測定単位が異なるため単純に両者の標準偏差で比較することはできない．このような場合に異なる単位を揃える 1 つの方法が 4.2.4 項で説明した変動係数にすることである．身長と体重の変動係数をそれぞれ計算し，どちらの散らばりが大きいか比較せよ．

4.18 以下の問いに答えよ．

(1) データ 3，5，4，1，7 の算術平均と標準偏差を求めよ．

(2) データ $x_1, x_2, \ldots, x_n$ を，$u_i = ax_i + b \ \ (i = 1, 2, \ldots, n)$ と変換したとき（ただし，a, b は定数で $a > 0$），$x_1, x_2, \ldots, x_n$ の平均 $\overline{x}$ と標準偏差 s_x，$u_1, u_2, \ldots u_n$ の平均 $\overline{u}$ と標準偏差 s_u について

$$\overline{u} = a\overline{x} + b, \quad s_u = as_x$$

が成り立つ．この性質と (1) の結果を利用して，次のデータの算術平均と標準偏差を求めよ．

(a) 13，15，14，11，17

(b) 0.3，0.5，0.4，0.1，0.7

(c) 10.3，10.5，10.4，10.1，10.7

4.19 摂氏ではかった温度 x ℃と華氏ではかった温度 u ℉との間には，$u = 1.8x + 32$ という関係が成り立つ．摂氏で測定した気温 $x_1, x_2, \ldots, x_n$ の平均と標準偏差をそれぞれ，$\bar{x}$, s_x とする．これらを華氏で測定した気温 $u_1, u_2, \ldots, u_n$ の平均と標準偏差 $\bar{u}$, s_u に変換する公式を作れ．

4.20 大きさ n のデータ $x_1, x_2, \ldots, x_n$ を，$z_i = \dfrac{x_i - \overline{x}}{s_x} \ (i = 1, 2, \ldots, n)$ と変換したとき（ただし $\overline{x}$, s_x はそれぞれデータの算術平均，標準偏差である）

(1) 標準得点 $z_1, z_2, \ldots, z_n$ の算術平均 $\bar{z}$ はいくらになるか．

(2) 標準得点 $z_1, z_2, \ldots, z_n$ の標準偏差 s_z はいくらになるか．

(3) 標準得点 z は単位に無関係な値になるがどうしてか．

(4) 標準得点を $T_i = 10z_i + 50 \ \ (i = 1, 2, \ldots, n)$ と変換した得点 T がいわゆる偏差値とよばれるものである．$T_1, T_2, \cdots, T_n$ の算術平均 $\overline{T}$, 標準偏差 s_T をそれぞれ求めよ．

4.21 A 君の数学と英語の成績（100 点満点），およびそれぞれの科目のクラス全体の平均と標準偏差は右の通りであった．クラスの中で，A 君はどちらの科目の成績のほうがよいか．

	A 君	平均	標準偏差
数学	65	50	15
英語	72	65	10

4.22 100 点満点の試験を 100 名の生徒が受けた．その結果，1 人の生徒だけが 100 点で，残り 99 人の生徒 はみんな 0 点であった．100 点をとった生徒のこの試験の偏差値 T_{100} および 0 点をとった生徒の偏差値 T_0 を求めよ．

プロジェクト 4

I. p.49 の図 4.6 の例を参考に，箱ひげ図を使って上手く説明できそうな事柄を考えよ．次にそのことを説得するデータを探し，見つかったデータの箱ひげ図を作成し考察せよ．

II. 異なる著者が書いた英語[注 24] の本や雑誌から，無作為に適当な長さの文章を選び，おのおの連続する 300 個の単語のデータをとり，以下の (a)～(d) を行え． 自分

注 24 単語の長さが定義できれば他の言語でもよい．中国語の場合，ピンイン数．

の興味のある2人の著者の作品とか，子供向けの本と大人向けの本，英字新聞と専門書などをペアにすると面白い．引用した文章の出典も明記すること．

(a) 各本のデータについて，単語の長さ（単語の中の文字の数）[注25] の度数分布表を作れ [注26]．

(b) 各本のデータについて，単語の長さの棒グラフ（またはヒストグラム）を描け．

(c) (a) で作成した度数分布より，各本について単語の長さの平均や最頻値・四分位範囲（自分が必要と思う指標があれば加えよ）を求めよ．

(d) (b) で作成したグラフと (c) で求めた諸量から，2つの本のデータの特徴を述べよ．

注 25　Excel では，関数 LEN を使うと単語の長さを自動的に求めることができる．

注 26　Excel で離散型データを数えるには関数 COUNTIF が便利である．

5 データの収集

本章の目標

- 正しい方法でデータ収集を行うことの重要性を認識する．
- 新聞社や政府が行う調査でよく使われる調査方法について，その特徴と調査手順を理解する．
- 因果関係を推論するために行われる実験研究と調査観察研究の違いについて理解する．

5.1 統計的探究プロセス

今日の統計教育では，問題発見からデータにもとづいた問題解決にいたる統計的探究プロセスが重視されている．ニュージーランド・カナダ・米国などの学校教育で使用されている具体的なプロセスに，**PPDAC** サイクルがある．PPDAC とは，Problem（問題の明確化）・Plan（分析を行なうための調査や実験の計画）・Data（立案した計画に沿ったデータ収集）・Analysis（問題に答えるためのデータ分析）・Conclusion（問題に対する結論）の 5 つを探究活動のサイクルとして行うことである．従来の統計の入門教育では，データが与えられた上で，統計的手法について学ぶのが標準的であったが，統計的探究プロセスにおいてはデータを収集すること，またそのための調査・実験をデザインする，すなわち PPDAC の 2 番目の P と D も重要となる．このような観点から，本章では，よく使われる標本調査の方法と，実験研究・調査観察研究の方法について簡単に説明する．またその前準備として，母集団と標本を明確に定義しておく．

5.2 母集団と標本

ある事柄についての集団全体における数や平均・比率などが知りたいが，その集団に属するすべての個体について，その事柄を調べることが不可能あるいは大変であるというのが，実際の調査ではふつうである．具体例を挙げよう．

- 日本の全有権者の中で，何％の人が現内閣を支持しているかを知りたいが，すべての有権者に聞くことは，制約のある費用や時間の下では不可能である．

- ある大規模ミカン農園には，非常にたくさんのミカンの木がある．1 本の木に平均何個のミカンがなっているか知りたいが，すべての木について調べることはとても大変である．
- クジラの資源管理のために，その生態や分布を調べたりする調査捕鯨では致死的調査が必要となる場合もあり，捕獲できるクジラの数は厳しく制限されている．
- 缶詰会社では品質管理の目的で開缶検査を行っているが，製造されたすべての缶詰の開缶検査を行ってしまったのでは商売が成り立たない．
- アンケート調査などでは調査拒否が必ず生じる．

上のような問題を解決する上で，「集団に属するすべての個体から一部を選び出し，その一部におけるある事柄についての数や平均・比率から，集団全体でのそれらの値を推測しよう」という考え方が重要となる．

母集団
population

注 1　母集団に属する各個体の特性値（例えば，クジラの体長や 1 本の木になるミカンの数）の全体を母集団という場合もある．

標本
sample

標本抽出
sampling

調査や研究の対象としての集団全体を**母集団**[注1]，そこから選び出された一部を**標本**といい，母集団から標本を選び出すことを**標本抽出**あるいは**サンプリング**という．

母集団をその成員数によって**有限母集団**と**無限母集団**に分ける．例えば，某年某月某日に京都市を訪れた外国人全体を母集団とした場合，その数は正確にはわからないが，有限であることは明らかなので有限母集団である．一方，実験室で繰り返しが可能な実験やサイコロ投げ実験は，理論上無限に繰り返し可能であるから，実験結果の全体を母集団と考えるとき，それは無限母集団とみなす．成員数が N の母集団を**大きさ N の母集団**といい，要素（観測値など）の数が n の標本を**大きさ**（または**標本サイズ**）**n の標本**という．

実際の調査・研究において，母集団が何であるかを明確に規定する，いわゆる**母集団の特定化**を行うことは極めて重要である．例えば，母集団は「ある事柄についてのツイートの全体」とするという特定化では，かなり不十分である．ツイートした場所・日時，ツイートした人の年齢・性別・国籍など，調査・研究の目的に応じて細かく規定する必要がある．明確な特定化がなされていなかったり，仮想的だったりする母集団の場合には，得られた結果の解釈は慎重に行わなければならない．

> **問 5.1**　「日本の大企業で働く若者全体」を母集団と特定化したとき，どこに問題があるか考えよ．

全数調査法
complete enumeration

国勢調査
census

標本調査法
sample survey

母集団のすべての成員（要素）について調査する方法を**全数（悉皆（しっかい））調査法**という．日本全国の個人に対し全数調査を行うのは国勢調査のみである．全数調査法に対して，母集団から抽出した標本についてだけ調査する方法を**標本調査法**という．

いま，日本の全有権者を母集団とし，母集団における政府のある政策を支持する人の割合を知るために標本抽出を行い，3000 人から有効回答を得た．このとき，大きさ 3000 の標本の中での同政策の支持者の割合と母集団におけるその割合との間には，一般に差異が生ずる．このような，母集団に対して全数調査ではなく標本調査を行うことにより生じる可能性のある誤差を**標本誤差**という．標本が無作為抽出（5.3.1 項参照）されている場合には，標本誤差の範囲を確率的に評価することができる（8.2 節「区間推定」参照）．

標本誤差
sampling error

標本誤差だけを問題にした場合，全数調査は標本調査よりも優れているといえる．しかし現実には，この節の冒頭に挙げた例で見たように全数調査を行うことが困難であるか，以下のような理由により，標本調査のほうが優れていると考えられる場合が多い．

- 調査には費用がかかる．許容される標本誤差の精度が確保されるのであれば，全数調査を行うまでもなく，費用が安くなる標本調査で十分である．
- 調査研究では，回答者の誤答や誤記入，集計・分析者のコーディング[注 2]ミスや入力ミス・計算ミスなどが避けられない．これら標本抽出以外の要因により起こる誤差を**非標本誤差**という．非標本誤差は，大量のデータを短時間で集計・分析しようとすると一般に大きくなる．綿密に計画された適度な標本サイズの標本調査のほうが，全数調査よりも標本誤差と非標本誤差を合わせた全体の誤差を小さくできる．

注 2　性別が男であれば 1，女であれば 2 というように，質的データを数値で表すことをコーディング (*coding*) という．

非標本誤差
non-sampling error

非標本誤差の大きさは，標本誤差のように理論的に把握できない．そのため「調査票の作成」「調査の実施」「調査データの収集・解析」などの各プロセスで非標本誤差の発生の要因に十分に対処しておくとともに，非標本誤差の発生をチェックできるような対策を講じておく必要がある．

5.3　標本抽出の方法

この節では標本調査における標本抽出法について説明する．

5.3.1　確率抽出と非確率抽出

標本抽出の方法は，標本が確率的に抽出されるか否かによって**確率抽出法**と**非確率抽出法**とに分けられる．

確率抽出法
probability sampling

非確率抽出法
nonprobability sampling

調査者の意図が入らないようにくじ引きや乱数などの確率的な方式を用いて標本を選ぶ方法を確率抽出法[注 3]といい，確率抽出法によって選ばれた標本を**無作為標本**という．確率抽出法の利点は，標本調査によって得られた結果の誤差を確率的に評価できることである．「標本が無作為である」とは標本を抽出する際の方式が満たすべき要件であり，実際に抽出された標本が見るからに “無作為で

注 3　無作為抽出法が確率抽出法と同義で使われることもある．

無作為標本
random sample
確率標本 (*probability sample*) ともいう．

ある" ことを意味しない．例えば，正しいサイコロを振って出る目は無作為標本となるが，このサイコロを 10 回振って出た目がすべて 2 であったとしても大きさ 10 の無作為標本である．

非確率抽出法では，確率的な方式を用いないで標本を選ぶ．例えば知人やその伝手を頼って標本を集める機縁法や標本となることを調査対象者みずからが買って出る応募法など[注4]がある．次は非確率抽出法の例である．

注 4　その他に有意抽出法・割当法などがある．

- 郊外に住む二世代家族に向けて開発予定の商品 A について，そのニーズを探るために条件に合致する家族を探し，快く応諾してくれた家族を対象に調査を行った．
- あるテレビ局は，特別番組で東京都知事に対する支持率を報道するために，放送前日にスタッフを総動員し新橋駅前と新宿駅前で通勤時間帯に道行く人々にマイクを向け，応じてくれた人に支持するか否かを質問した．その結果 1000 人以上から回答を得た．

以下の項では，最も基本的な確率的抽出法である単純無作為抽出法および新聞などのメディアが発信する記事や政府が発行する報告書によく現れる無作為抽出法について説明する．

5.3.2　単純無作為抽出

単純無作為抽出 *simple random sampling*

単純無作為抽出法とは，次の条件を満たす標本抽出法をいう．

まず条件をわかりやすくいえば

- 母集団のすべての要素が標本に選ばれる確率が等しい．

であるが，厳密にはこの条件に

- 大きさ N の母集団から大きさ n の標本を抽出する場合，選ばれ得る n 個の要素からなる組のどの組も同じ確率[注5]で現れる（抽出される）．

という条件も加わる．

注 5　n 個の要素からなる組は ${}_N\mathrm{C}_n$ 通りあるから，この確率は $\dfrac{1}{{}_N\mathrm{C}_n}$ となる．

単純無作為抽出法は，抽出された標本の標本サイズが小さくなければ標本がとられた母集団の縮図となることが期待できるという望ましい性質をもつ．また無作為抽出法によって得られた標本の平均や標準偏差などのバラつきを確率的に評価できる．

単純無作為抽出を実際に行う場合は，母集団のすべての要素に一連番号をつけておき，乱数[注6]を用いて抽出すればよい．

注 6　出現する値に規則性のない数．Excel や統計ソフトには乱数を発生させる関数が組込まれている．

例 5.1　大きさ 800 の母集団から，大きさ 20 の標本を単純無作為抽出してみよう．まず母集団の要素（個体）全体に，$001, 002, 003, \ldots, 799, 800$ と 800 個の一連番号をつける．次に 3 桁の乱数を発生させ，一連番号の中から 20 個の番号を選べばよい．Excel には，指定された範囲に一様に分布する整数の乱数を 1

個発生する関数 RANDBETWEEN がある．例えば，1 以上 800 以下の乱数を発生させるには，ワークシート内のあるセルに「= RANDBETWEEN(1, 800)」と入力すればよい．

ちなみに，選ばれ得る大きさ 20 のどの組も，標本として抽出される確率は

$$\frac{1}{{}_{800}C_{20}} = \frac{20! \times 780!}{800!} = \frac{20 \times 19 \times \cdots \times 2 \times 1}{800 \times 799 \times \cdots \times 782 \times 781} \fallingdotseq 2.68 \times 10^{-40}$$

と極めて小さい．

単純無作為抽出を現実に行う上ではいろいろな障害に阻まれる．例えば，母集団が日本の全有権者であれば，すべての有権者名簿（選挙人名簿）が手元にあることが望ましいが，それらは各区市町村が厳重に保管しており，閲覧のみしか許されないため実際の作業には不便を感じる．また全国規模の面接調査において，単純無作為抽出で被調査者を選んだ場合，選ばれた人たちは全国にまんべんなく散らばるだろう．調査には費用や時間・労力に制約があるため，できるだけ効率よく訪問する方法を考えなければならない．実際の調査では，単純無作為抽出法を一部修正して調査の精度を高めたり事務効率化を行ったりするために，以下にあげる抽出法がよく使われる．

5.3.3 層別（層化）抽出

性別や年齢・地域・産業分類・企業規模などの事柄が，調査結果に影響を与えることがわかっている場合，あらかじめそれらの事柄によって母集団をいくつかのグループ（層とよぶ）に分け，層ごとに標本を抽出する方法を**層別（層化）抽出法**という．例えば，日本全国から 1 万人の日本人を選び，好きな食べ物についてのアンケート調査を行う場合に，食べ物の好みに地域差があることがわかっていれば地域で層別（層化）し，層別された各層からまんべんなく対象を選ぶ[注7]．層別によって，調査内容に関連する諸状況が似たものが同じ層に集まり，層内での個体のばらつきが小さくなり，標本全体での標本誤差は単純無作為抽出の場合より小さくなる．層別抽出を行うときは，層内の個体のバラつきは小さく，層間のバラつきが大きくなるように層別することが望ましい．

層別抽出
stratified sampling

注 7　各層へ割り振る標本サイズを決める方法には，均等割当法・比例配分法・最適配分法の 3 つの方法がある．

5.3.4 二段抽出

調査対象が広い地域に散らばっている調査では，労力や時間・費用を軽減するために，標本抽出の作業を 2 段階に分けて行う．例えば，全国から直接 3000 人を単純無作為抽出する代わりに，まず 150 の市町村を選び，選ばれた各市町村から 20 人ずつ選んで大きさ 3000 の標本を抽出し調査を行う．この場合に，第 1 段階で選ばれる市町村を**第 1 次抽出単位**，第 2 段階で選ばれる個人を**第 2 次抽出単位**という．一般に，母集団がいくつかの集団の集まりからなるとき，まず集団を単純無作為抽出し，次に抽出された集団の中から個々のものを単純無作為

二段抽出
two-stage sampling

抽出する．このように二段階に分けて行う標本抽出法を**二段抽出法**という．

二段抽出法と層別抽出法の違いに気を付ける必要がある．母集団をいくつかの集団（層）に分ける点では，両者は同じである．しかし，層別抽出では，すべての集団から標本が抽出されるが，二段抽出では，選ばれた集団だけから抽出され，選ばれなかった集団から標本は 1 つも抽出されない．一般に二段階以上に分けて行う標本抽出法を**多段抽出法**という．

問 5.2　母集団を地域によって分割した場合，層別抽出法では心配ないが，二段抽出法では懸念されることを考えよ．

5.3.5　系統抽出

系統抽出
systematic sampling

注 8　**等間隔抽出**とよばれることもある．

系統抽出[注 8]について具体的な例で説明しよう．いま，大きさ 9800 の母集団から，大きさ 20 の標本を系統抽出法で抽出するものとする．母集団の成員（個体）全体には

$$0001,\ 0002,\ 0003,\ \ldots,\ 9798,\ 9799,\ 9800$$

の 9800 個の一連番号が付けられているとする．母集団の大きさ 9800 を標本サイズ 20 で割った値 490 を，系統抽出法では**抽出間隔**という．まず最初の 490 個の個体 $(0001, 0002, \ldots, 0490)$ から，個体を 1 つ単純無作為抽出する．その個体の番号をスタート番号という．乱数によってスタート番号が 0167 に決まったとしよう．次の標本は 167 に抽出間隔 490 を足した 657 となる．以下同様に，490 番目ごとに標本を選ぶ．すなわち，抽出された大きさ 20 の標本は

$$0167,\ 0657,\ 1147,\ 1637,\ 2127,\ 2617,\ 3107,\ 3597,\ 4087,\ 4577,$$
$$5067,\ 5557,\ 6047,\ 6537,\ 7027,\ 7517,\ 8007,\ 8497,\ 8987,\ 9477$$

となる．このような標本を抽出間隔 490 の系統抽出標本という．

母集団の成員が一定の周期をもって並んでるとき，抽出間隔がその周期と同じまたは周期の倍数・約数になる場合には，系統抽出による標本誤差は非常に大きくなるので注意が必要である．系統抽出法を実施する上での注意点については，文献 [14] pp.131-132 が詳しい．

5.3.6　層別二段抽出

層別二段抽出
stratified two-stage sampling

全国規模の世論調査をはじめとして，ほとんどの大規模調査は，**層別（層化）二段抽出法**を用いて実施されている[1]．

注 9　統計数理研究所が，1953 年以来 5 年ごとに行っている社会調査．

例 5.2　日本人の国民性調査[注 9]の第 12・13 次調査では，層別二段抽出法で標本を選んでいる（図 5.1）．この調査における層別二段抽出法では，まず全国の市区町村を，区部・人口 20 万人以上の市部・人口 10 万人以上の市部・人口 10 万人未満の市部・郡部・沖縄県の 6 つに層別し，次に各層から合計 400 町丁字

[1] 総務省統計局が実施している家計調査では，層化三段抽出法により調査世帯を選出している．`http://www.stat.go.jp/data/kakei/1.html#kakei_1`（閲覧日：2021 年 11 月 27 日）

など（第1次抽出単位）を確率比例抽出法[注10]で選ぶ．最後に抽出した町丁字などの住民基本台帳から，その地点に割り当てた人数（平均16人）の標本（第2次抽出単位）を系統抽出法で選んでいる．

注10　例えば，第1次抽出単位が市町村の場合，その人口規模や有権者数などに比例した抽出確率で第1次抽出単位を抽出する方法．

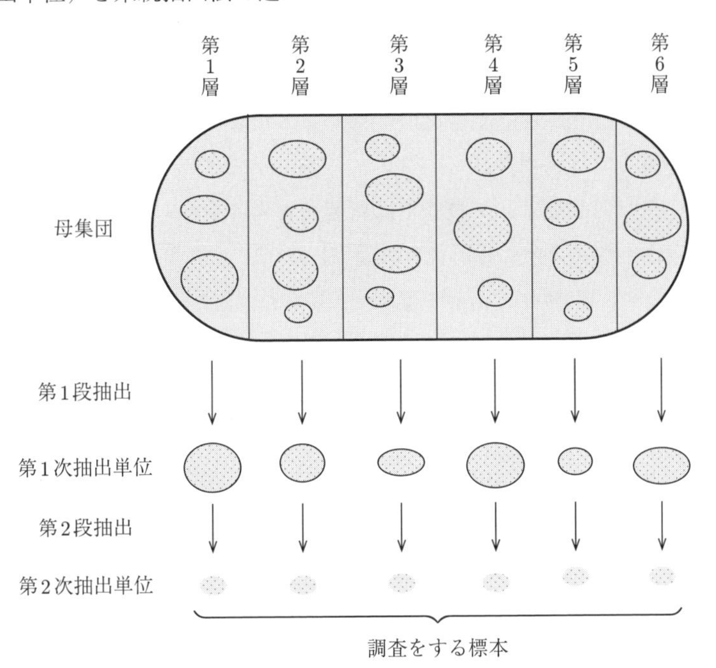

図5.1　層別二段抽出（母集団が6つに層別されている場合）

5.4　インターネット調査

インターネット調査[注11]は，パソコンやモバイル端末（タブレット・スマートフォンなど）を通じて行われる．質問と回答データはインターネット回線を利用して送受信し，回答者はWebブラウザを利用して調査票を見ながら回答する．インターネット調査では調査票は電子媒体のため，従来の紙媒体の調査では実現できなかった，例えば

注11　Web調査･オンライン調査ということもある．

- 誤った回答方法をした回答者に修正などを促すメッセージを出す．
- 動画や音声の機能を使った調査票を作る．
- 回答結果の回収・集計の手間を大幅に減らす．
- 回答者が回答に要した時間[注12]を計測・記録する．

などのことが可能となった．

注12　回答時間が極端に短い回答を，不正回答のリスクが高いと判定することがある．

調査協力者を募る方法は，大きくオープン型とパネル型に分けられる．オープン型はWebサイト上にバナー広告[注13]などを用意して，調査サイトに誘導する方法である．パネル型は事前に調査協力者を募集・登録した集団を構築する方法であり，登録者集団をパネルあるいは調査モニター・リソースなどという．

注13　検索エンジンやWebページが提供する枠に表示する広告で，広告の枠内をユーザがクリックすることで，設定しているWebページへ誘導することができる．

日本では2000年にインターネット専業の調査会社が登場し，以降パネル型のインターネット調査が定着してきている．パネル型のインターネット調査は，その調査モニター（パネル）に対して実施される場合が多い．調査モニターは日本全体から無作為抽出された人たちの集団ではなく，積極的に応募してきた人たちの集団であるため，インターネット調査の結果から日本全体のことについての統計的推測を行うことはできない[注14]．このためインターネット調査は世論調査や社会調査では利用されていない．一方，マーケティング調査での利用は非常に多い．マーケティング調査では新製品購入者や特定のサービスの利用者など，特定の条件に合致する消費者に調査したいことが多いためである．

注14　一般的に，インターネット調査と訪問留置調査などの従来型の調査とでは同じ質問項目に対して結果が大きく異なることが知られている．

インターネット調査では，同数の標本サイズをもつ他の調査に比べ費用が安くすむこと・結果が得られるまでの時間が短縮できることのメリットが強調されることが多い．しかし実際の調査にあたっては，調査目的の明確化と調査対象者集団（母集団）の特定化[注15]を，従来型の調査方法以上に入念に行い実施する必要がある．

注15　p.60参照．

5.5　ビッグデータの偏り

調査対象全体から無作為に抽出した標本（データ）の場合，標本サイズが十分に大きければ，その標本は調査対象全体の縮図になる．一方，ビッグデータの場合，データの量は膨大ではあるが，それらが必ずしも想定する調査対象全体の縮図にならないことがある．例えば，インターネット通信販売やクレジットカード・ポイントサービス・電子マネーなどから得られる販売・購買データは，個々の企業の顧客から得られた情報であり，データに含まれる商品・サービスの範囲も個々の企業の事業範囲のみに限定されるなど，企業（業界）全体の属性を反映したものではない．SNSデータについてもバイアス（偏り）がある．日本におけるSNS利用率の調査では，Twitterは10〜20代に利用者が偏っており，Instagramのユーザーは女性が多い状況が確認されている（文献[34] pp.23-26）．またSNSデータは，SNSを利用して意見を発信したい人に偏ったデータであり，日本人全体の意見が反映されているわけではない．このようなバイアス[注16]のあるビッグデータの解析においては，調査対象全体がどのような集団であるかを明確にするか，何らかの方法でバイアスを修正[注17]して解析にあたる必要がある．

注16　本来対象とする集団から一部の個体（被験者など）が選択されている状況で，通常の単純な統計解析を行うことによって生じる結果の偏りを**選択バイアス**（*selection baias*）とよんでいる．

注17　選択バイアスを除去する方法については，文献[24] pp.143-190が参考になる．

5.6　実験研究と調査観察研究

因果関係[注18]を推論するために行われる研究は，研究者が操作したり，比較したいグループに被験者を無作為に割り当てたりすることができるか否かによっ

注18　原因と結果の関係

て，**実験研究**（**介入研究**）と**調査観察研究**に分けられる．実験研究では，特別な条件を与えたグループを**実験群**とよび，それと対照的に特別な条件を与えないグループを，**対照群**とよぶのがふつうである．しかし，経済学や経営学・心理学・教育学などの分野では，実験群とよぶと実際に実験が行われたかのような誤解が生じることから，かわりに何らかの特別な条件が与えられた群，または何らかの介入が行われた群を**処置群**とか**介入グループ**（p.9 参照）とよぶことが多い．

実験研究
experimental study

調査観察研究
observational study

実験群
experimental group

対照群
control group

処置群・介入グループ
treatment group

第 1 章の例 1.1 の臨床試験 (p.8) と例 1.2 のフィールド実験 (p.9) は実験研究であるが，ここでは「新薬が既存薬より効果がある」という処理効果を調べるための臨床試験の例で改めて説明しよう．このような試験では，被験者は新薬を投与されたグループ（実験群）と既存薬[注 19]を投与されたグループ（対照群）に無作為に割り当てられる．**無作為割り当て**ができることが，実験研究たらしめる重要な点である．無作為割り当てが行われず，例えば実験群には健康状態が良い人たちが割り当てられ，対照群には健康状態が良くない人たちが割り当てられてしまった場合，被験者の健康状態が処理効果に反映されてしまい，新薬の真の効果が過大評価されてしまう可能性がある．

注 19　既存薬がない場合には，プラセボとよばれる偽薬が投与される．

無作為割り当て
random assignment

社会科学や臨床医学の研究では，無作為割り当てができないことがふつうである．このことをマーケティングの例で説明しよう．ある自動車メーカーはテレビ CM が新型高級車の購買量に与える効果について調べるために，自社の自動車購入者 1000 人にアンケート調査を行い，CM を見た人のグループと見ていない人のグループに分け，各グループでの高級車の購入率を比較することにした．この自動車メーカーは，新型高級車の CM をターゲットである 50 代から 60 代の男性が視聴する可能性が高い午後 11 時のニュース番組中に集中的に流している．

実験協力者を 2 つのグループに無作為に割り当てる目的は，関心のある変量（要因）以外の変量の分布を，偶然的な差異を除いて 2 つのグループで同じにすることである．しかしこの例では

- この CM を見るグループの年齢層は 50 代から 60 代が多いだろう．
- この CM を見るグループは，女性よりも男性のほうが多いだろう．
- この CM を見るグループの人たちの所得は見ていないグループの人たちの所得より高く，管理職である割合も高いだろう．

など，調査協力者の年齢や性別・所得などの変量が 2 つのグループで同等になっていないと考えられる．したがって統計分析の結果，CM を見た・見ていないによって分けた 2 つのグループの高級車の購入率に差が出たとしても，その差が本当に CM の影響によるものか，年齢や性別などの他の要因によるものなのかがわからない．

このような無作為割り当てが行えない調査観察研究においては，関心のある変量に影響を与えるさまざまな変量の影響を除去しないと，2 つのグループの関心のある変量についての本来の差はわからない．調査観察研究において，このような影響を調整する方法については文献 [24] などを参照されたい．

章末問題

5.1 アンケート調査において生じうる非標本誤差の例を，回答者によるものと調査・分析者によるもの，それぞれについて挙げよ．

5.2 日本の国立大学の入試制度に関するアンケート調査において，「あなたは，現在の国立大学の入試制度を改善し，入学定員を増員することに賛成ですか．」という質問を作成した．この質問の仕方にはどこに問題があるか考えよ．

5.3 ある地区に居住する全世帯を対象に公共サービスの改革に関する調査を行った．この調査では全世帯のリストを作成し，そこから系統抽出法（p.64 参照）で対象世帯を選び，528 世帯から回答を得た．この調査における母集団と標本は何か次の中から選べ．

(a) 母集団：国内に居住する全世帯　標本：ある地区に居住する全世帯
(b) 母集団：調査で選ばれた対象世帯　標本：調査に回答した世帯
(c) 母集団：調査で選ばれた対象世帯　標本：ある地区に居住する全世帯
(d) 母集団：ある地区に居住する全世帯　標本：調査で選ばれた対象世帯
(e) 母集団：ある地区に居住する全世帯　標本：調査に回答した世帯

5.4 ある政策について賛否の割合が同じ母集団がある．この母集団から大きさ 1000 の標本を単純無作為抽出し，賛否の調査をすることにした．いま賛成者の 80 % が調査に協力し，反対者は 40 %しか調査に協力しないことがわかっているものとする．単純無作為抽出法によって抽出した標本においても賛否の割合が同じであると仮定して，調査に協力した人たちの中での賛成者対反対者の比を求めよ．

5.5 層別（層化）二段抽出法による調査結果（調査方法の説明に層別二段抽出法と書かれているもの）を発信している新聞やインターネット上の記事をさがし報告せよ．新聞の場合は新聞社名・掲載日，インターネットの場合は記事のタイトル・URL・閲覧日，それぞれを付記すること．

プロジェクト 5

内閣府は政府の施策に関する国民の意識を把握するために世論調査を行い，その結果を Web ページ「世論調査（内閣府）`https://survey.gov-online.go.jp/index.html`」に公開している．この Web ページにリンクしている各調査の報告書は，「1 調査の概要」「2 調査の結果の概要」「3 調査票」「4 集計表」「5 標本抽出方法」の 5 つの項目からなっている．同 Web ページに公表されている「過去の世論調査」にある「世論調査」または「世論調査（付帯調査）」の「全調査表示」に掲載されている調査は，面接によって行うため層別（層化）二段無作為抽出法が使われてる．掲載されているそれぞれの調査において，層別二段無作為抽出が具体的にどのように実施されているのかを報告書の「標本抽出方法」で調べ報告せよ．

6 確　　率

本章の目標

- 事柄の起こる確からしさを数量的に表したものが確率であるが，その定め方は 1 つではなく，確率を定めることはモデルを立てることに等しいことを理解する．
- 条件付き確率と事象の独立性について理解を深める．
- ベイズの定理について理解する．

6.1　確率を定義するための枠組み

この節では，確率を定義するために必要な基本的な概念とその用語について説明する．

6.1.1　試行と事象

1 個のサイコロを振るとき，出る目は

$$1,\ 2,\ 3,\ 4,\ 5,\ 6$$

のうちのどれかであるが，そのどれであるかは偶然によって決まる．サイコロを振ることのように，その結果が偶然によってきまる行為を**試行**[注1]という．試行により起こりうる結果の一つひとつを**標本点**といい，すべての標本点の集合を**標本空間**または**全事象**といい Ω（ギリシャ文字のオメガ）で表す．Ω は試行により起こりうるすべての結果を表したものである．また標本空間の部分集合を**事象**という．事象は A, B, C など，アルファベットの大文字で表すのがふつうである．

注 1　株価指数や国民総生産 GNP などの定点観察も試行とみなす．

標本空間
sample space

事象
event

例 6.1　1 個のサイコロを振り，出る目に関心がある場合

標本点は 1, 2, 3, 4, 5, 6 の 6 個あり，標本空間 Ω は

$$\Omega = \{1,\ 2,\ 3,\ 4,\ 5,\ 6\}$$

である．また，偶数の目が出るという事象 A と 3 の倍数の目が出るという事象 B は，それぞれ

$$A = \{2,\ 4,\ 6\}, \quad B = \{3,\ 6\}$$

と表せる．

問 6.1　硬貨を投げて表が出れば 1，裏が出れば 0 で示すことにする．硬貨を 2 回投げて，1 回目が表，2 回目が裏であることを (1, 0) と表すとき，硬貨を 2 回投げる試行の標本空間 Ω を表せ．

1 個のサイコロを振り偶数の目が出るという事象は，「2 の目が出る」「4 の目が出る」「6 の目が出る」の 3 つ事象に分けることができる．一方「2 の目が出る」という事象はそれ以上分けることができない．このようにそれ以上分けることができない事象を**単一事象**[注 2]（または**根元事象**）という．

単一事象
simple event

注 2　一般的な統計学の書籍では，標本点と単一事象を同一視している場合が多い．

6.1.2　いろいろな事象

以下に挙げるような事象相互の演算の結果得られる事象や起こりえない事象なども確率を考える対象となる[注 3]．

注 3　図 6.1 のような図はベン図とよばれ，事象間の関係を理解する上で役立つ．

積事象
intersection of events

積事象　事象 A と B が同時に起こる事象で，$A \cap B$ と表す．$A \cap B$ は A と B に共通の標本点の集合である．

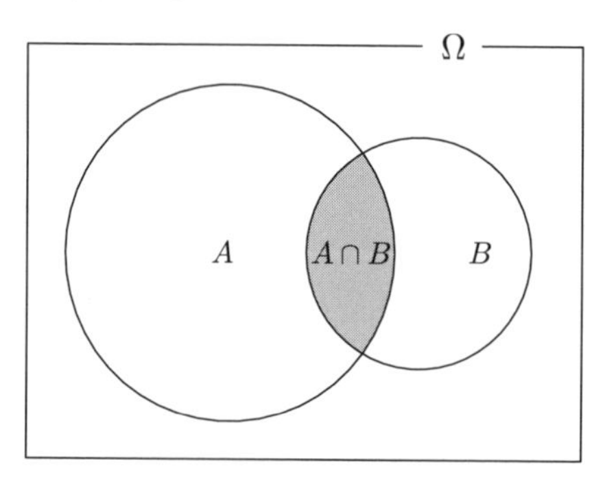

図 6.1　積事象 $A \cap B$

例 6.1 の事象 $A = \{2,\ 4,\ 6\}$ と事象 $B = \{3\ ,6\}$ に対して

$$A \cap B = \{6\}$$

である．

和事象
union of events

和事象　事象 A と B の少なくとも一方が起こる事象で，$A \cup B$ と表す．$A \cup B$ は A と B の少なくとも一方に含まれる標本点の集合である．

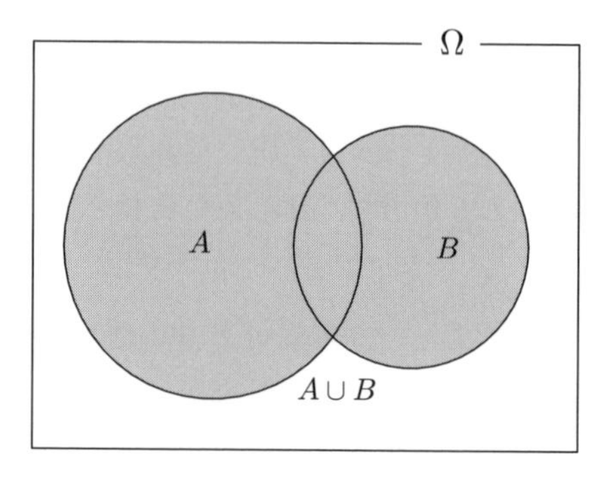

図 6.2　和事象 $A \cup B$

例 6.1 の事象 $A=\{2,\ 4,\ 6\}$ と事象 $B=\{3\ ,6\}$ に対して

$$A\cup B=\{2,\ 3,\ 4,\ 6\}$$

である．

補事象　事象 A が起こらないという事象で，A^c と表す．A^c は A に含まれない Ω の標本点の集合である．

補事象
complementarly event

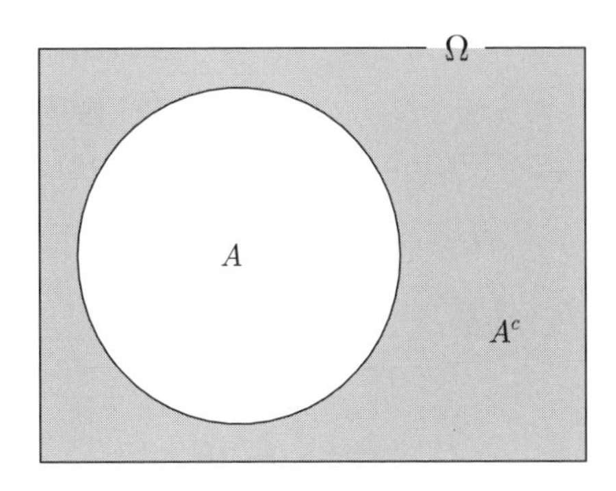

図 6.3　補事象 A^c

例 6.1 の事象 $A=\{2,\ 4,\ 6\}$ に対して

$$A^c=\{1,\ 3,\ 5\}$$

である．

空事象　決して起こらない事象で，$\emptyset$ で表す．$\emptyset$ は標本点を 1 つも含まない集合である．

空事象
empty event

事象 A とその補事象 A^c に対して，$A\cap A^c=\emptyset$ が成り立つ．一般に事象 E と F が $E\cap F=\emptyset$ を満たすとき，2 つの事象は**互いに排反**であるという．

互いに排反
mutually exclusive

問 6.2　1 から 10 までの数字を記入した札 10 枚があり，それらの札をよく切ったのち 1 枚を取り出し，札の数字を確認する．この試行において

(1) 標本空間 Ω を示せ．

(2) 取り出した札の数字が，奇数であるという事象を A，10 の約数であるという事象を B とするとき，積事象 $A\cap B$，和事象 $A\cup B$，A の補事象 A^c をそれぞれ示せ．

6.2　確率の定義とモデリング

「日常使っている硬貨 1 枚を投げたとき，表の出る確率はいくらか？」という問いに対して，高校までに確率について学んだことのある人の多くは $\dfrac{1}{2}$ と答えるだろう．しかし盲目的にこう答えることはやめるべきである．この確率 $\dfrac{1}{2}$ は，表と裏の出る可能性が同程度に確からしい [注 4] という仮定のもとで定めた

注 4　日常使っている硬貨を投げたときに，表と裏の出る可能性が「同程度に確からしい」のは，硬貨がそのように作られているからである．竹内（文献 [15] p.60）は「『同様に確からしい』ということは，そのことを保証する物理的メカニズムが存在することを意味している」と述べている．

ものであり，こう定めると日常使っている硬貨を投げる実験がうまく説明できるからである．確率は人間が不確実な現象を説明するために主体的に定めたモデルといえる．本節では，確率が満たすべき条件を規定する確率の公理と確率（モデル）の定め方を紹介する．

6.2.1　確率の公理

注 5　A.N.Kolmogorov　ソ連の数学者．1933 年に『確率論の基礎概念』を著わし，現代確率論を樹立した．

確率　*probability*

注 6　公理とは，数学の理論をつくるときの出発点におかれる仮定で，それ自身は自明の理として証明する必要がない事柄．

コルモゴロフ[注5]は確率の概念を公理[注6]化し，以下のように確率を定義した．

確率とは，事象に対して定義され，次の 3 つの公理（**確率の公理**という）を満足する関数 P のことをいう．

公理 1　どんな事象に対しても，その事象が起こる確率は 0 以上 1 以下の値をとる．すなわち任意の事象 A に対して

$$0 \leq P(A) \leq 1$$

公理 2　標本空間 Ω の標本点のいずれかは必ず起こる．すなわち

$$P(\Omega) = 1$$

公理 3　互いに排反な事象 A, B に対して，それらのいずれかが起こる確率は，それぞれの事象が起こる確率の和に等しい．すなわち

$$A \cap B = \emptyset \text{ ならば } P(A \cup B) = P(A) + P(B)$$

確率の公理において，関数 P には具体的な意味は付与されていない．引き続く 2 つの項では，関数 P（確率）を不確実な現象を説明するモデルとして定める．

6.2.2　等可能性原理に基づく確率（モデル）

ある試行の標本空間 Ω に標本点が全部で N 個あって，それらが起こる可能性が同程度に確からしいとする．そのような試行によって起こる事象 A の標本点が R 個あるとき

$$P(A) = \frac{R}{N}$$

と定める．このように定められた確率を**先験的確率**または**数学的確率**という．

例 6.2　どの目も出る可能性が同程度に確からしい 1 個のサイコロを振ったとき，偶数の目が出る確率を考える．この試行の標本空間 Ω は

$$\Omega = \{1,\ 2,\ 3,\ 4,\ 5,\ 6\}$$

偶数の目がでるという事象 A は，$A = \{2,\ 4,\ 6\}$ だから

$$P(A) = \frac{3}{6} = \frac{1}{2}$$

である

問 6.3　袋の中に赤玉 4 個，白玉 3 個，合わせて 7 個の玉が入っている．どの玉が取り出されることも同様に確からしいものとして，この袋の中から玉を 1 つ取り出すとき，それが白玉である確率を求めよ．

6.2.3　相対度数に基づく確率（モデル）

事象 A を生みうる試行を n 回繰り返して，A が n_A 回起こるとする．n を大きくすると，相対度数 $\dfrac{n_A}{n}$ が次第に安定し，一定の値 α に限りなく近づく傾向を示すとき

$$P(A) = \alpha$$

と定める．このように定められた確率を**経験的確率**または**統計的確率**という．

例 6.3　ある硬貨を投げ，表が出るという事象を A とする．この硬貨を $n = 1000$ 回投げて，表が出た回数 n_A を，途中の $n = 10, 50, 100, 500$ の場合も含め記録した．この実験を 3 回行った結果を表 6.1 に示す．また図 6.2 は，n の大きさごとの相対度数 $\dfrac{n_A}{n}$ の変化を示している．この図から n が大きくなるとき，$\dfrac{n_A}{n}$ が次第に安定し 0.7 に近づいていく様子が読み取れる．この結果から確率を $P(A) = 0.7$ と定める．■

表 6.1　表が出やすく作られた硬貨投げ実験の結果

n	10	50	100	500	1000
第 1 回目　n_A	8	39	71	341	693
第 2 回目　n_A	5	31	66	346	687
第 3 回目　n_A	6	36	71	354	705

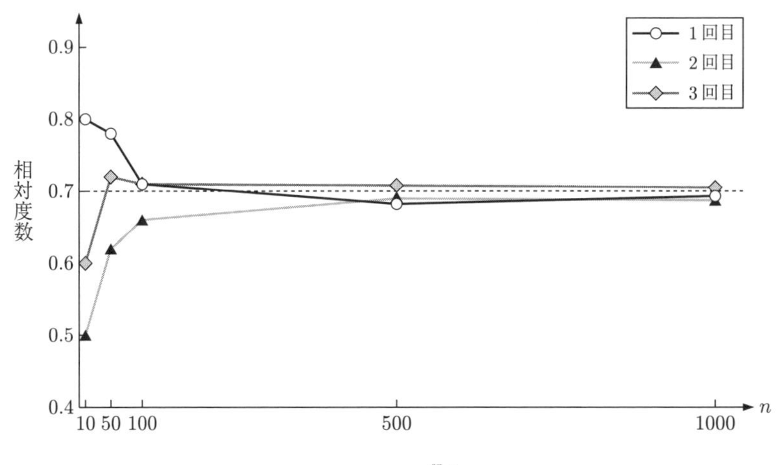

図 6.4　相対度数 $\dfrac{n_A}{n}$ の変化

例 6.4　表 6.2 は，2008 年から 2017 年までの 10 年間の日本人の出生について，総数と性別の人数・出生比の推移を示す．この表から，性別の出生比はほぼ一定であり，男が生まれる確率は 0.513，女が生まれる確率は 0.487 と考えられる．■

表 6.2　性別出生比の 10 年間の推移

年次	出生数 男	出生数 女	出生数 総数	出生性比 男	出生性比 女
2008	559,513	531,643	1,091,156	0.513	0.487
2009	548,993	521,042	1,070,035	0.513	0.487
2010	550,742	520,562	1,071,304	0.514	0.486
2011	538,271	512,535	1,050,806	0.512	0.488
2012	531,781	505,450	1,037,231	0.513	0.487
2013	527,657	502,159	1,029,816	0.512	0.487
2014	515,533	488,006	1,003,539	0.514	0.486
2015	515,452	490,225	1,005,677	0.513	0.487
2016	501,880	475,098	976,978	0.514	0.486
2017	484,449	461,616	946,065	0.512	0.488
計	5,274,271	5,008,336	10,282,607	0.513	0.487

出所：国立社会保障・人口問題研究所「人口統計資料集 2019 年版 IV. 出生・家族計画」

繰り返し観察（実験）が不可能であるような事象については，この仕方では確率を定めることができない．

6.3　確率の性質

ここでは，確率の計算を行う上で役に立つ基本的な性質を紹介する．

6.3.1　加法定理

任意の事象 A, B に対して

$$P(A \cup B) = P(A) + P(B) - P(A \cap B) \tag{6.1}$$

が成り立つ．

証明　事象 B は，互いに排反な事象 $A \cap B$ と $A^c \cap B$ の和事象で表されるから，公理 3 より

$$P(B) = P(A \cap B) + P(A^c \cap B) \tag{6.2}$$

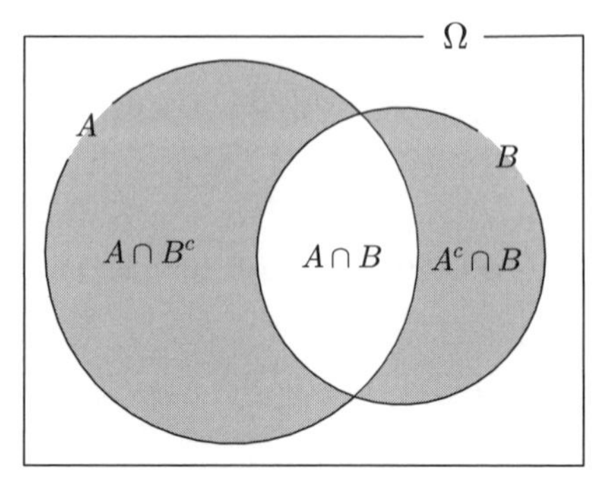

図 6.5　互いに排反な 3 つの事象 $A \cap B^c$, $A \cap B$, $A^c \cap B$

また，事象 $A \cup B$ は，互いに排反な事象 A と $A^c \cap B$ の和事象で表されるから，公理 3 より

$$P(A \cup B) = P(A) + P(A^c \cap B) \tag{6.3}$$

が成り立つ．(6.2) と (6.3) から $P(A^c \cap B)$ を消去すると，(6.1) を得る． **証明終**

(6.1) を確率の**加法定理**という．

加法定理
addition rule

補 ベン図では，事象の表す図形の面積を，その事象が起こる確率とみなすと，確率の性質が理解しやすい．

6.3.2 補事象の確率

任意の事象 A とその補事象 A^c に対して

$$P(A^c) = 1 - P(A) \tag{6.4}$$

が成り立つ．

証明 標本空間 Ω は，互いに排反な事象 A と A^c の和事象で表されるから，公理 2 と公理 3 より

$$1 = P(\Omega) = P(A) + P(A^c)$$

これより，(6.4) を得る． **証明終**

問 6.4 事象 A と B は互いに排反であり，それぞれの起こる確率は $P(A) = 0.4$, $P(B) = 0.3$ である．このとき次の確率を求めよ．
(1) $P(A \cup B)$ (2) $P(A \cap B)$ (3) $P(A^c)$ (4) $P(A^c \cap B)$ (5) $P(A^c \cap B^c)$

6.4 条件付き確率と乗法定理

原油価格と日本の株式相場には関係があるといわれている．日本の株式相場が上昇する可能性を考える場合に，原油価格の動きの情報を持っているかいないかでその可能性の判断は変わってくる．このようにある情報を知った上で問題とする事象が起こる確率を考えることがある．

事象 A, B について $P(A) > 0$ [注7] とする．A が起こったという条件のもとで B が起こる確率を，A が起こったという条件のもとで B が起こる**条件付き確率**といい，$P(B|A)$[注8] で表す．条件付き確率 $P(B|A)$ は，次式で定義される．

$$P(B|A) = \frac{P(A \cap B)}{P(A)} \tag{6.5}$$

注 7 $P(A) = 0$ の場合は，A が起こったという条件を考えること自体意味がなくなる．

条件付き確率
conditional probability

注 8 条件（ここでは A）は $|$ の右側に書くことに注意しよう．

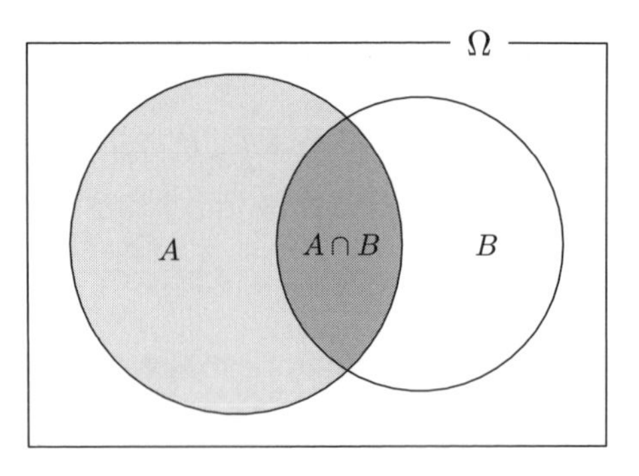

図 6.6　A が起こったという条件のもとでは，標本空間 Ω は A に縮小される．

A が起こったことがわかっているから，(6.5) は事象 A を標本空間と考え，A の中で事象 B が起こる確率ととらえることができる．

例題 6.1　どの目も出る可能性が同程度に確からしい 2 個のサイコロを振り，出た目の和が 6 であることがわかっているとする．このとき出た目のうち少なくとも一方が 5 以上である確率を求めよ．

解　2 個のサイコロを振り出た目が x, y のとき，$(x,\ y)$ と書くことにすると，標本空間 Ω は

$$\Omega = \left\{ \begin{array}{cccc} (1,1) & (1,2) & \cdots & (1,6) \\ (2,1) & (2,2) & \cdots & (2,6) \\ \vdots & \vdots & \ddots & \vdots \\ (6,1) & (6,2) & \cdots & (6,6) \end{array} \right\}$$

とかけ，36 個の標本点からなる．出た目の和が 6 であるという事象を A とすると

$$A = \{(1,5),\ (2,4),\ (3,3),\ (4,2),\ (5,1)\}$$

また，出た目のうち少なくとも一方が 5 以上であるという事象を B とすると

$$A \cap B = \{(1,5),\ (5,1)\}$$

求める確率は，条件付き確率 $P(B\,|\,A)$ だから，(6.5) より

$$P(B\,|\,A) = \frac{P(A \cap B)}{P(A)} = \frac{2/36}{5/36} = \frac{2}{5}$$ ∎

補　事象 A を標本空間と考え，A と $A \cap B$ それぞれの標本点の数を数えて，$P(B\,|\,A) = \dfrac{2}{5}$ としてもよい．

例 6.5　触っただけでは全く区別のつかない赤玉 3 個と白玉 3 個（計 6 個）が入っているつぼがある．玉には 1 または 2 の数字が目立たない大きさで書かれており，3 個の赤玉のうち 2 個に 1 が，他の 1 個に 2 が書かれており，白玉については 1 個に 1，他の 2 個に 2 が書かれている．

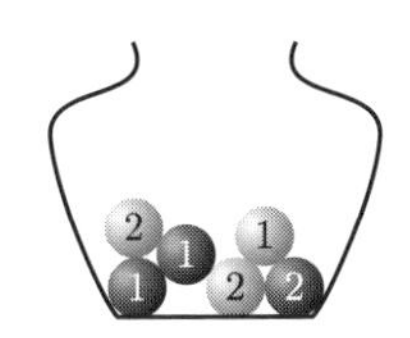

つぼの中は外からは見えないものとし，中の玉をよくかき混ぜ玉を 1 個を取り出す．このとき，取り出した玉の数字だけに着目し，それが 1 であるか 2 であるかの賭けを次の 2 つのやり方で行う．

(I) 玉を取り出す前に（色も数字もわからない状態で）賭ける数字を決める．

(II) 取り出した玉の色がわかった（数字は見えない）上で賭ける数字を決める．

(I)，(II) それぞれのやり方で，取り出した玉の数字が 1 になる確率を計算してみよう．取り出した玉について，それが赤玉であるという事象を A，書かれた数字が 1 であるという事象を B とする．

(I) の場合，1 が書かれた玉は全部で 3 個あるから，$P(B) = \dfrac{3}{6} = \dfrac{1}{2}$

(II) で取り出した玉が赤玉であることがわかった場合，$P(B\,|\,A) = \dfrac{2}{3}$

となる．玉の色がわからない場合は，どちらの数字に賭けても変わらないが，赤玉であることがわかっている場合は，当然 1 に賭けるほうが有利になる． ▮

条件付き確率の定義式 (6.5) を積の形に変形した

$$P(A \cap B) = P(A)P(B\,|\,A) \tag{6.6}$$

を確率の**乗法定理**という．$A \cap B$ と $B \cap A$ は同じ事象だから，(6.6) において，A と B を入れ替えることから

乗法定理
multiplication rule

$$P(A \cap B) = P(B)P(A\,|\,B)$$

が得られる．

6.5 独立な事象の確率

事象 B の起こる確率が他の事象 A（ただし，$P(A) > 0$）に影響されない，すなわち

$$P(B\,|\,A) = P(B) \tag{6.7}$$

が成り立つ場合，事象 A と B は（確率的に）**独立**であるという．

独立の
independent

このとき乗法定理 (6.6) から

$$P(A \cap B) = P(A)P(B) \tag{6.8}$$

が成り立つ．逆に，$P(A) > 0$ のとき，(6.8) が成り立てば，(6.7) は成り立つ [注 9]．すなわち，A と B は互いに [注 10] 独立である．

注 9 (6.8) では $P(A) > 0$ が不要となるため，こちらを独立の定義とする場合が多い．

注 10 (6.7) の A と B を入れかえても同じ議論ができるから．

注 11　一般の有限個の事象の独立については，文献[1] p.27 などを参照されたい．

補　3 つ以上の事象[注 11]の独立の定義は複雑になる．3 つの事象 A, B, C の場合で説明しよう．2 つの事象の独立の式 (6.8) に対応する

$$P(A \cap B \cap C) = P(A)P(B)P(C) \tag{6.9}$$

の他に

$$P(A \cap B) = P(A)P(B),\ P(A \cap C) = P(A)P(C),\ P(B \cap C) = P(B)P(C)$$

のすべてを満たすとき，A, B, C は互いに独立であるという．

(6.8) や (6.9) は，同じ硬貨を繰り返し投げる実験や標本の無作為抽出など，同一条件のもとで独立に繰り返す試行の概念を確率でとらえる上で重要な式である．

例 6.6　例 6.5 と同じ賭けの問題を考える．ただし今度は，つぼの中に赤玉 4 個と白玉 2 個（計 6 個）が入っている．そして 4 個の赤玉のうち 2 個に 1 が，他の 2 個に 2 が書かれており，2 個の白玉には，1 と 2 の数字がそれぞれ書かれている．この条件のもとで例 6.5 の (I)，(II) それぞれの場合について，取り出した玉の数字が 1 になる確率を計算してみる．

(I) の場合，1 が書かれた玉は全部で 3 個あるから，$P(B) = \dfrac{3}{6} = \dfrac{1}{2}$

(II) で取り出した玉が赤玉であることがわかった場合，$P(B|A) = \dfrac{2}{4} = \dfrac{1}{2}$ となり

$$P(B|A) = P(B)$$

が成り立つので，事象 A と B は独立である．この問題では玉の色がわかっても，書かれている数字を当てる賭けには有利にならない．　■

問 6.5　52 枚のトランプから 1 枚のカードを引くとき，A をハートを引くという事象，B を絵札を引くという事象とする．このとき 2 つの事象 A と B は独立であることを示せ．

問 6.6　事象 A と B が独立で，$P(A) = 0.4$, $P(B) = 0.2$ のとき，$P(A \cup B)$ を求めよ．

問 6.7　赤玉 3 個と白玉 2 個が入っている袋がある．それらの玉をよくかき混ぜたのち，1 個ずつ 3 回玉を取り出すとき，取り出し方には次の 2 通りがある．

(I)　取り出した玉の色を調べて袋へ戻し．つぎの玉を取り出す．

(II)　取り出した玉を袋に戻さないで，次の玉を取り出す．

白玉が出ない確率を，(I)，(II) それぞれの場合について求めよ．

補　(I) の取り出し方を**復元抽出**，(II) の取り出し方を**非復元抽出**という．

復元
with replacement

非復元
without replacement

6.6　ベイズの定理

まず，次の問題を考えてみよう．

例題 6.2　外見からは全く区別のつかない 2 つの箱（箱 1・箱 2 とよぶ）がある．箱 1 には白玉 3 個，赤玉 1 個が，箱 2 には白玉 1 個，赤玉 2 個が入っており，それらの玉は手で触っただけでは区別がつかない．この条件のもとで，次の手順で玉を取り出す．

第 1 段階　2 つの箱のうち 1 つを無作為に選ぶ．

第 2 段階　第 1 段階で選ばれた箱から玉を 1 つ取り出す．

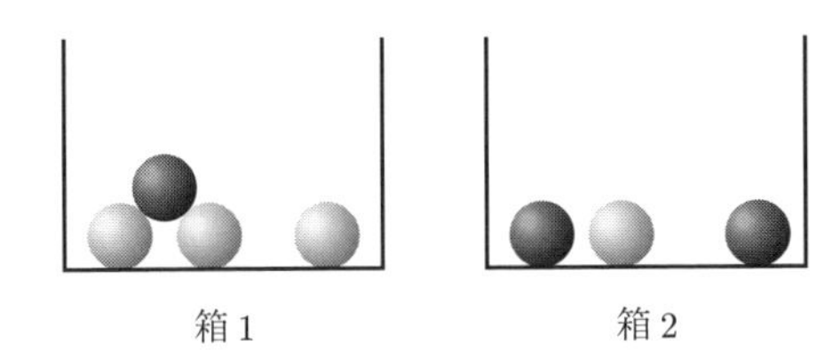

このとき，取り出した玉が白玉であったとき，その玉が箱 1 からのものである確率[注 12]を求めよ．

注 12　この例のように，得られた結果から原因をさかのぼって推量する確率を**原因の確率**または**逆確率**とよんでいる．

この問題を初めて読んだとき，「取り出した玉が白玉であることがわかった段階では，いずれかの箱は既に選ばれているから，その玉が箱 1 からのものである確率は 0 か 1 であり，このような確率を求めることに意味がない」と考える人もいるだろう．箱 1 と箱 2 それぞれに含まれる白玉の割合は，$\dfrac{3}{4}$ と $\dfrac{1}{3}$ で，箱 1 の割合の方が大きい．このことと，2 つの箱が選ばれる可能性が同程度に確からしいことを考え合わせると，取り出した白玉が箱 1 からのものである可能性のほうが大きいと考えられる．この問題は，このような可能性の見積もりとしての確率を計算するものである．

解　箱 1 を選ぶという事象を E_1，箱 2 を選ぶという事象を E_2，箱から取り出した玉が白玉であるという事象を A とする．求める確率は条件付き確率 $P(E_1 \mid A)$ である．箱は無作為に選ばれるから

$$P(E_1) = P(E_2) = \frac{1}{2}$$

箱 1 が選ばれ白玉が取り出される確率 $P(A \mid E_1)$，箱 2 が選ばれ白玉が取り出される確率 $P(A \mid E_2)$ は，それぞれ

$$P(A \mid E_1) = \frac{3}{4}, \quad P(A \mid E_2) = \frac{1}{3}$$

条件付き確率の定義から

$$P(E_1 \mid A) = \frac{P(E_1 \cap A)}{P(A)} \tag{6.10}$$

事象 A は，互いに排反な事象 $E_1 \cap A$ と $E_2 \cap A$ の和事象で表されるから

$$P(A) = P(E_1 \cap A) + P(E_2 \cap A) \tag{6.11}$$

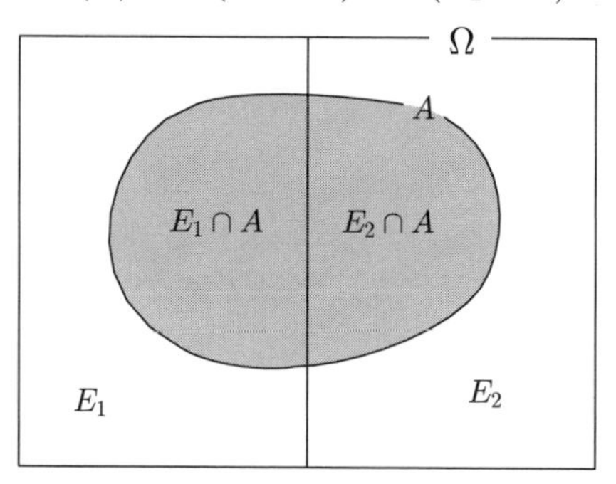

乗法定理により

$$P(E_1 \cap A) = P(E_1)P(A\,|\,E_1) = \frac{1}{2} \times \frac{3}{4}$$
$$P(E_2 \cap A) = P(E_2)P(A\,|\,E_2) = \frac{1}{2} \times \frac{1}{3} \tag{6.12}$$

(6.10), (6.11), (6.12) より

$$P(E_1\,|\,A) = \frac{\frac{1}{2} \times \frac{3}{4}}{\frac{1}{2} \times \frac{3}{4} + \frac{1}{2} \times \frac{1}{3}} = \frac{9}{13} \fallingdotseq 0.692$$

例題 6.2 と同種類の問題を系統的に解くための公式を与えよう．

ベイズの定理
Bayes' formula
イギリスのプロテスタント牧師トーマス・ベイズによって 1763 年に発見された．

ベイズの定理

2 段階実験において，第 1 段階の実験の標本空間 Ω が，互いに排反な k 個の事象 E_1，E_2，...，E_k の和事象で表される，すなわち

$$\Omega = E_1 \cup E_2 \cup \cdots \cup E_k, \quad E_i \cap E_j = \emptyset \ (i \neq j)$$

であり，第 2 段階の実験で起こる Ω のある事象を A（ただし，$P(A) > 0$）とするとき

$$P(E_i\,|\,A) = \frac{P(E_i)P(A\,|\,E_i)}{P(A)}$$
$$= \frac{P(E_i)P(A\,|\,E_i)}{P(E_1)P(A\,|\,E_1) + P(E_2)P(A\,|\,E_2) + \cdots + P(E_k)P(A\,|\,E_k)} \tag{6.13}$$

ただし，$i = 1, 2, \ldots, k$

が成り立つ．この公式を**ベイズの定理**という．

ベイズの定理を基礎におく統計的手法を**ベイズ法**という．ベイズ法では，$P(E_i)$ を**事前確率**，$P(E_i\,|\,A)$ を**事後確率**とよんでいる．

事前確率
prior probability

事後確率
posterior probability

例題 6.3　受信したメールが迷惑メールかどうかを判定することを考えよう．受信したメールが迷惑メールであるという事象を A とする．迷惑メー

ルの判定のため，「当選」という単語がメールに含まれているかどうかに着目し，「当選」という単語が含まれている事象を B とする．受信した迷惑メールの中に「当選」という単語が含まれている確率 $P(B\,|\,A)$ などがデータベースから計算でき

$$
\begin{aligned}
P(B\,|\,A) &= 0.11 \\
P(B\,|\,A^c) &= 0.02
\end{aligned}
$$

となった．また，ある地域で交わされている全メールのうち，迷惑メールの割合が 6 割 $\bigl(P(A) = 0.6\bigr)$ であることもデータベースで確認されている．このとき，「当選」という単語が含まれているメールが迷惑メールであるという事後確率 $P(A\,|\,B)$ を求めよ．

解 ベイズの定理により

$$
\begin{aligned}
P(A\,|\,B) &= \frac{P(A)P(B\,|\,A)}{P(A)P(B\,|\,A) + P(A^c)P(B\,|\,A^c)} \\
&= \frac{0.6 \times 0.11}{0.6 \times 0.11 + (1 - 0.6) \times 0.02} \quad \fallingdotseq 0.892
\end{aligned}
$$

受信したメールに「当選」という単語が含まれていることがわかった場合，そのメールが迷惑メールであるという確率は 0.892 となり，受信したメールが迷惑メールである確率は 0.6 から大きく更新される．■

例題 6.4 3 人の囚人が幽閉されている．その 3 人の名前は，アラン（Alan）・バーナード（Bernard）・チャールズ（Charles）である．アランは翌日 3 人のうち 2 人が処刑され，1 人が釈放されることを知ってはいるが，だれが釈放されるかについては全くわからない．アラン・バーナード・チャールズのそれぞれが釈放される事象を A, B, C とする．A, B, C の可能性に差がないので

$$
P(A) = P(B) = P(C) = \frac{1}{3}
$$

としよう．このような状況において，アランは看守に対し「3 人のうち 2 人が処刑されるのだから，バーナードとチャールズのうち少なくとも 1 人は処刑されるのは確実である．バーナードとチャールズのうち処刑される者の名前を 1 人だけ教えてくれても，自分（アラン）の釈放については全く情報を与えないはずだからその名前を教えてほしい．」といったところ，看守はアランの言い分を納得し「バーナードは処刑される．」と答えた．アランが釈放される確率は，看守から「バーナードは処刑される．」と聞く前と後で異なるか．看守から「バーナードは処刑される．」と聞くという事象を D とするとき，条件付き確率 $P(A\,|\,D)$ を計算することによって確かめよ．ただし，アランが釈放されるとき，看守がバーナードとチャールズの名前のどちらかをいう特別な理由がない限り $P(D\,|\,A) = \dfrac{1}{2}$ が妥当であろう．看守は嘘をつ

かないものとして，B が真の場合 $P(D\,|\,B)=0$．また C が真の場合，看守はバーナードの名前をいわざるをえず $P(D\,|\,C)=1$ となる．

解 A, B, C は互いに排反な事象であり，それらの和事象は標本空間になるので，事象 D が起こったという条件の下でアランが釈放される確率 $P(A\,|\,D)$ は，ベイズの定理により

$$
\begin{aligned}
P(A\,|\,D) &= \frac{P(A)P(D\,|\,A)}{P(A)P(D\,|\,A)+P(B)P(D\,|\,B)+P(C)P(D\,|\,C)} \\
&= \frac{\dfrac{1}{3}\cdot\dfrac{1}{2}}{\dfrac{1}{3}\cdot\dfrac{1}{2}+\dfrac{1}{3}\cdot 0+\dfrac{1}{3}\cdot 1} = \frac{1}{3}
\end{aligned}
$$

となり，看守から「バーナードは処刑される．」と聞く前のアランが釈放される確率 $P(A)=\dfrac{1}{3}$ に等しい． ■

章末問題

6.1 半径 r の円内で 1 本の弦を引くとき，次の 2 つの引き方を考える．それぞれの引き方に対して，引いた弦の長さが r より長くなる確率を求めよ．

(1) AB をこの円の直径とする．直径 AB 上に点 C をランダムにとり，C を通り AB に垂直な弦を引く（図 I）．直径 AB 上の各点は同様な確からしさで選ばれると仮定する．

(2) 円内にランダムに 1 点 C を選び，この点を中点とする弦を引く（図 II）．円内の各点は同様な確からしさで選ばれると仮定する．なお，半径 r の円の面積は，円周率を π として πr^2 である．

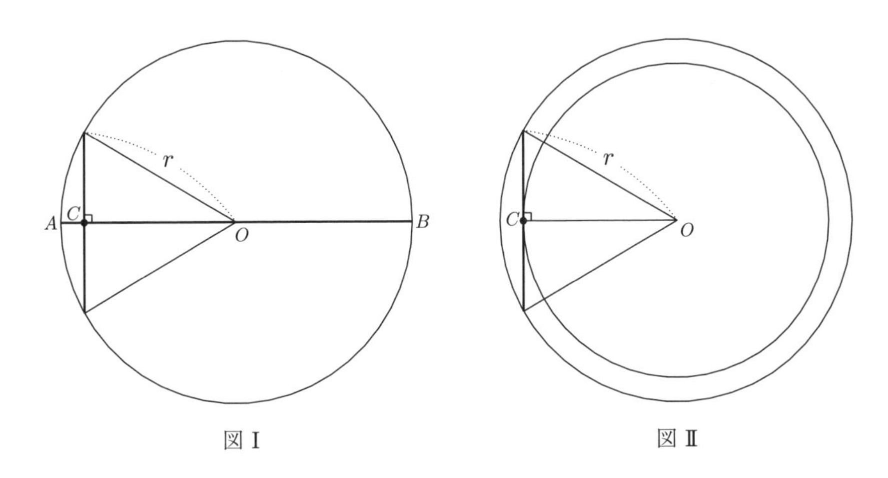

図 I　　　図 II

補 同じ確率を計算するのに「何を同様に確からしいとみなすか」によって答えが異なってくることに注意しよう．

6.2 ある選挙では，夫婦のうち夫が投票する確率は 0.6，妻が投票する確率は 0.5，夫が投票したことがわかったとき，その妻が投票する確率は 0.8 であるという．夫が投票するという事象を A，妻が投票するという事象を B とするとき

(1) 夫婦がともに投票する確率 $P(A \cap B)$ を求めよ．

(2) 夫婦のうち少なくとも一方が投票する確率 $P(A \cup B)$ を求めよ．

(3) 妻が投票したことがわかったとき，その夫が投票する確率 $P(A|B)$ を求めよ．

6.3 集団健康診断において，ある病気にかかっているかどうかを調べるため検査を行った．ここで病気にかかっているという事象を A，検査で陽性と出る事象を B としよう．この検査では病気にかかっている人が正しく陽性と出る確率 $P(B|A)$ は 99 %，病気ではないのに検査で誤って陽性と出てしまう確率 $P(B|A^c)$ は 10 % であるという．年齢に関係なく一般の人を対象に健康診断を行ったので，病気にかかっている確率 $P(A)$ は日本人全体の資料から 2 %と考えられる．

(1) 確率 $P(A \cap B)$, $P(A^c \cap B)$ をそれぞれ求めよ．

(2) ある人が検査で陽性と出た場合に，その人が病気にかかっている確率 $P(A|B)$ はいくらか．ベイズの定理を用いて求めよ．

補 「病気にかかっている人が検査で正しく陽性と出る確率 $P(B|A)$」と「検査で陽性と出た人が病気にかかっている確率 $P(A|B)$」の違いを考えよう．

6.4 某都市銀行で住宅ローンの返済不履行の状況を調査したところ，返済不能になった人のうち 3 割は審査を優良でパスしていた．他方，返済上の問題がなかった人のうち 8 割は審査を優良でパスしていることもわかった．ちなみに，返済不能になる人は全体の 3 %，返済上の問題がない人は 97 %だとわかっている．これら

の情報をもとに，審査を優良でパスしながら返済不能に陥る人の確率を計算せよ．審査を優良でパスするという事象を A，返済不能になるという事象を B，返済を完了するという事象を B^c として考えよ．

プロジェクト 6

ベイズ更新について，イソップ寓話の「嘘をつく子供」の題材で考えてみよう．話は次のようなものである．

ある村の羊飼いの少年は羊の番に飽き，「オオカミが来た！」と村人たちに嘘をつき，その声に慌てて駆けつける大人たちを見て面白がった．その後何度も少年が同じいたずらを繰り返したため，村人たちは少年の声を聞いても本気にしなくなった．ところがある日，オオカミが本当に村に来た．少年は驚き大声で「オオカミが来た！」と叫んだが，誰の助けも得られず，少年の羊はオオカミに食べられてしまう．

ここでは，「オオカミの被害を抑えるには，意思決定者である村長が，少年の嘘をどこまで信じるべきか」という問題を考える．まず，次のように事象を記号で表しておく．

「オオカミが来た！」が，嘘であるという事象を A・嘘でないという事象を A^c．

少年が「オオカミが来た！」と叫んだときに，村人がオオカミを発見しないという事象を B・発見するという事象を B^c．

ベイズの定理を適応するためには，まず村長は少年が嘘をつく確率を事前に決めなければならない．

- 当初，村長は少年が正直者であるとみて，事前確率 $P(A) = 0.1$ とする．

また条件付き確率 $P(B^c\,|\,A)$, $P(B^c\,|\,A^c)$ も決めなければならない．

- オオカミが来ていないにもかかわらず，少年が「オオカミが来た！」と嘘をついても，村人がオオカミに偶然に出くわす可能性はあるので，$P(B^c\,|\,A) = 0.05$ とする．このとき $P(B\,|\,A) = 1 - P(B^c\,|\,A) = 0.95$ である．
- 「オオカミが来た！」と少年が本当のことを言っても，見間違ってオオカミが来たと判断する可能性もあり，少年が嘘をつかなかったときに村人がオオカミを発見する確率は 1 にならないので， $P(B^c\,|\,A^c) = 0.8$ とする．このとき $P(B\,|\,A^c) = 1 - P(B^c\,|\,A^c) = 0.2$ である．

以上の設定のもとで，次の問いに答えよ．

(1) オオカミが発見されなかったときに「オオカミが来た！」が嘘であった事後確率 $P(A\,|\,B)$ を求めよ．計算には次のベイズの公式を用いよ．

$$P(A\,|\,B) = \frac{P(A)P(B\,|\,A)}{P(B)} \tag{6.14}$$

ただし，$P(B) = P(A)P(B\,|\,A) + P(A^c)P(B\,|\,A^c)$ である．

(2) 1 度目に加え 2 度目もオオカミが発見されなかったときに「オオカミが来た！」が嘘であった事後確率を求めよ．k $(k = 1,\ 2,\ \ldots)$ 度目にオオカミが発見されないという事象を B_k とすると，求める事後確率は $P(A\,|\,B_1 \cap B_2)$ と表せる．計算には次式[注13]を用いよ．

$$P(A\,|\,B_1 \cap B_2) = \frac{P(A\,|\,B_1)P(B_2\,|\,A)}{P(B_2)} \tag{6.15}$$

ただし，$P(B_2) = P(A)P(B_2\,|\,A) + P(A^c)P(B_2\,|\,A^c)$ である．

(6.15) は事実 B_1 が与えられたときの A の事後確率 $P(A\,|\,B_1)$ を，新たな A の事前確率としてベイズの定理を新しい事実 B_2 に適用している式とみなせる．このような確率の更新の方法を**ベイズ更新**という．

注 13　B_1 と B_2 が，独立かつ A が与えられた条件の下で独立のとき成り立つ．

ベイズ更新
Bayesian updating

(3) 村長は，(1) → (2) のような確率の更新を繰り返し，オオカミが発見されなかったときに「オオカミが来た！」が嘘であった事後確率が 75 %を超えたら，「少年が嘘つきである」と断定すると事前に決めていた．3 度目以降もすべてオオカミが発見されなかっときに，少年が何回嘘をついた段階で村長はその判断をするか．

補 (3) では，「オオカミが見つからなかった」という事実を証拠として，「少年が嘘つきである」と確信する度合いが大きくなってゆくことを確認しよう．このような単純な繰り返し計算は，Excel のワークシートで行うとよい．このプロジェクトは，文献 [31] ベイズ応用編 pp.52-53 を参考にして作成した．

7 不確実な現象のモデリング

本章の目標

- 統計学では，不確実な現象を確率変数でとらえることを理解する．
- 確率変数は，それがとる値が離散的であるか連続的であるかによって扱いが異なることを理解する．
- 確率分布は確率変数の振る舞いを確率でとらえ，数式で表したものであることを理解する．
- 確率変数と確率分布を用いた不確実な現象のモデリングについて理解する．
- 代表的な確率分布である二項分布と正規分布の性質を理解し，それらの使い方を身につける．
- 標本分布とは何かを理解し，統計的推測におけるその役割について理解する．

数理モデル
mathematical model

確率モデル
probability model

「複雑な現象のメカニズムを客観的な方法で解明したい」「データを用いて未来のことを予測・制御したい」「コンピュータに高度な処理やデータ生成をやらせたい」，このような課題を解決する上で重要な役割を演ずるのが**数理モデル**である．数理モデルとは，「数学的な手段を用いて記述された，対象のデータ生成ルールを模擬したもの」（文献 [4] p.22）であり，通常そこでは現象のメカニズムが単純化されている．数理モデルの 1 つに**確率モデル**がある． 確率モデルは確率変数・確率分布といわれる数学的道具を用いて，対象とするデータ生成の確率的なメカニズムを模擬するものである．

本章では，確率変数と確率分布を用いた不確実な現象のモデリングについて学ぶ．

7.1 確率変数と確率分布

第 6 章で確率についての基本事項について説明したが，不確実な現象のモデリングには，さらに確率変数と確率分布の考え方が必要となる．

いま 1 個のサイコロを振って，出た目に関心があるとしよう．1 から 6 のいずれかの目が出ることはわかっているが，どの目が出るかは振ってみないとわからない．サイコロの目の出方は，決定的なものではなく，偶然に左右されるものである．統計学では，サイコロの出目のように，偶然に左右されてその値が決まるものを**確率変数**[注1]でとらえる．

確率変数
random variable

注1 確率変数の厳密な定義は，測度論的確率論で学ぶ．数学に興味のある読者は文献 [11] などを参照されたい．

サイコロの出目を確率変数 X[注2] とすると，X のとりうる値は，1, 2, 3, 4, 5, 6 である．確率変数 X を用いると，例えば「1の目が出る」という事象は「$X = 1$」と表すことができ，この 1 を確率変数 X の**実現値**という．サイコロを何度も振り，各目が出る相対度数を求めると，どれも同じくらいの割合になることを，われわれは経験上理解している．したがって，サイコロを多数回振って出る各目の相対度数を観察することからわかる法則を確率で表現すると

注2 統計学では通常，確率変数はアルファベットの大文字で表す．

$$P(X = x) = \frac{1}{6} \quad (x = 1,\ 2,\ 3,\ 4,\ 5,\ 6) \tag{7.1}$$

実現値
experimental value

となる．一般に，確率変数 X のとりうる値が $x_1,\ x_2,\ \ldots, x_k$[注3] であり，確率変数 X の実現値が x_i $(i = 1,\ 2,\ \ldots,\ k)$ となる確率が

$$P(X = x_i) = p(x_i) \quad (i = 1,\ 2,\ \ldots,\ k) \tag{7.2}$$

注3 $k = \infty$，すなわち可算無限個の場合もある．k 個の値が離散的（トビトビ）であることに注意しよう．

で表されるとき，X を**離散型確率変数**という．ここで，$p(x_i)$ $(i = 1,\ 2,\ \ldots,\ k)$ は**確率関数**[注4]とよばれ，次の条件を満たす．

離散型確率変数
descrete random variable

$$0 \leq p(x_i) \leq 1 \quad (i = 1,\ 2,\ \ldots,\ k), \qquad p(x_1) + p(x_2) + \cdots + p(x_k) = 1 \tag{7.3}$$

注4 確率質量関数 (*probability mass function*) とよぶこともある．

(7.1) のグラフは図 7.1 のようになる．

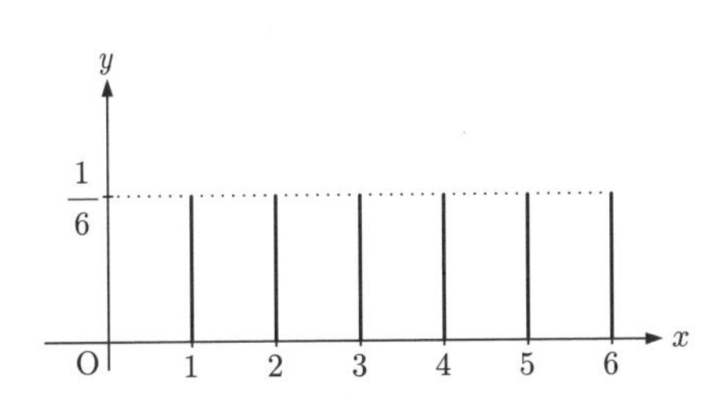

図 7.1 (7.1) の確率関数のグラフ

> **問 7.1** (7.1) の確率関数 $p(x) = \frac{1}{6}$ $(x = 1,\ 2,\ \ldots,\ 6)$ が，(7.3) を満たすことを確認せよ．

(7.1) や (7.2) のような，離散型確率変数のとる値とそれらの起こる確率との対応を**離散型確率分布**という．

確率分布
probabilty distribution

> **問 7.2** 度数分布（p.24 参照）と確率分布の違いを，ふつうのサイコロを振る実験を例に説明せよ．
>
> **問 7.3** 偏りのない硬貨を投げる実験で，表が出たら確率変数 X に 1 を，裏が出たら 0 をそれぞれ対応させるとき，この実験に想定される確率分布を導け．

第 2 章 p.20 で説明したように，長さや重さのような計量値は連続変量である．連続変量と同様に連続的な値をとる確率変数を**連続型確率変数**という．連続変量は区間でとらえること（p.20 参照）から，連続型確率変数 X の確率分布は，

連続型確率変数
continuous random variable

Xが区間$a \leq X \leq b$の値をとる確率で考え，その確率が

$$P(a \leq X \leq b) = \int_a^b f(x)\,dx \tag{7.4}$$

注 5　(7.4) の右辺の積分 $\int_a^b f(x)\,dx$ は，図 7.2 の網掛け部分の面積を表す．

と表される[注 5]とき，(7.4) の右辺の関数$f(x)$を**確率密度関数**という．確率密度関数$f(x)$は

$$\text{任意の実数 } x \text{ に対して } \ f(x) \geq 0, \qquad \int_{-\infty}^{\infty} f(x)\,dx = 1 \tag{7.5}$$

を満たす．連続型確率変数Xの確率分布を**連続型確率分布**という．

確率密度関数
probability density function

連続型確率分布
continuous distribution

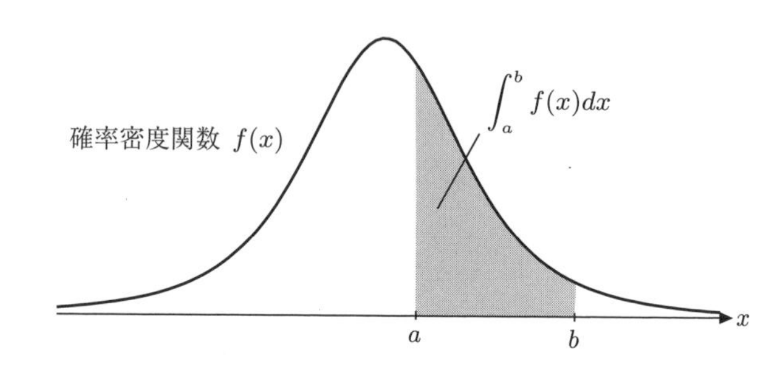

図 7.2　確率密度関数

身長データは連続型確率変数（Xとする）でとらえるが，例えば連続型確率変数Xが 170 にぴったり一致するとは，整数部分が 170 に一致するだけではなく，無限に続く小数部分のすべての位の数が 0 に一致した場合に限り起こる事象であり，このようなことはまず起こらないと考えられる．すなわち，連続型確率変数Xが，ある実数xにぴったり一致する確率$P(X = x)$は 0 である．したがって，連続型確率変数の場合，区間の両端の等号はあってもなくてもそれらの確率は同じになる．式で表すと

$$P(a \leq X \leq b) = P(a < X \leq b) = P(a \leq X < b) = P(a < X < b) \tag{7.6}$$

が成り立つ．

例 7.1　適当にいくつかの実数を選び，それらを掛け合わせた結果の小数点以下を四捨五入して得られる整数値から四捨五入前の値を引くこと[注 6]を何回も繰り返すと，-0.5 と 0.5 の間のいろいろな数値が得られる．この数値を確率変数Xとすると，Xは区間 $(-0.5,\ 0.5)$ に一様に分布し，その確率密度関数のグラフは図 7.3 のようになる．

注 6　例えば
・計算結果が 8.786 のとき
$9 - 8.786 = 0.214$
・計算結果が 531.35746 のとき
$531 - 531.35746$
$= -0.35746$

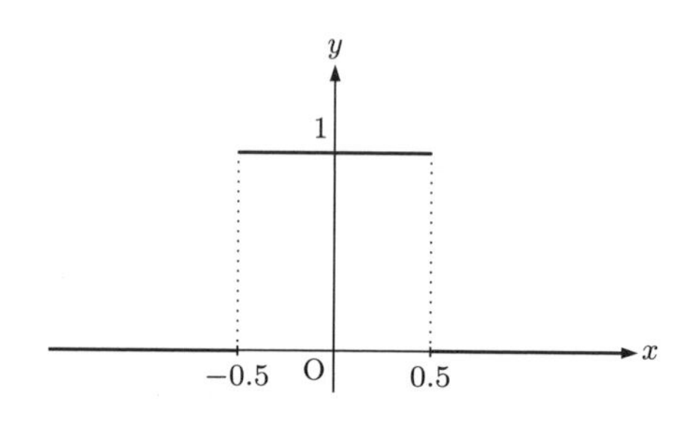

図 7.3　一様分布の確率密度関数

上図で表される確率密度関数 $f(x)$ は，次式で与えられる．

$$f(x) = \begin{cases} 1 & (-0.5 < x < 0.5) \\ 0 & (\text{その他}) \end{cases}$$

問 7.4　例 7.1 の分布は，連続一様分布とよばれる．同分布について下図を参考に確率 $P(0 < X < 0.25)$ を求めよ．

一様分布
uniform distribution

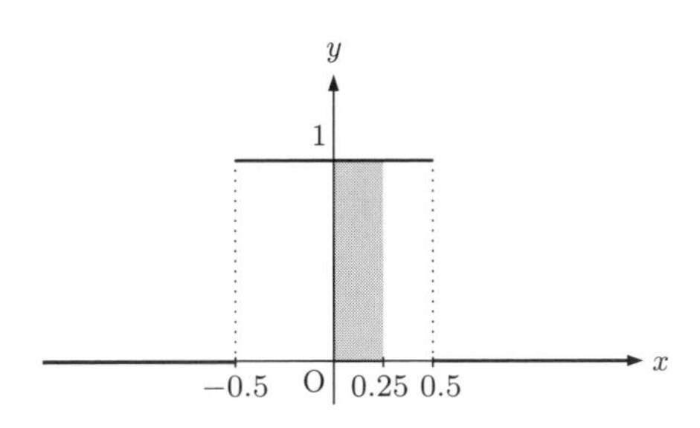

離散型と連続型それぞれの確率変数が，どのようなタイプのデータに対する確率モデルに使われるか，表 7.1 に例を示す．

表 7.1　離散型・連続型確率変数とデータ

離散型確率変数	連続型確率変数
サイコロの目や災害・事故の件数など，主に計数（数えた）データ	長さや重さ・待ち時間・気温・ガソリンの消費量など，主に計量（測定した）データ

X を確率変数，x を実数とする．このとき

$$F(x) = P(X \leq x) \tag{7.7}$$

で定義される x の関数 $F(x)$ を，確率変数 X の**累積分布関数**（あるいは単に**分布関数**）という．離散型確率分布 (7.1) の累積分布関数を図示すると図 7.4 のようになる．

累積分布関数
cumulative distribution function

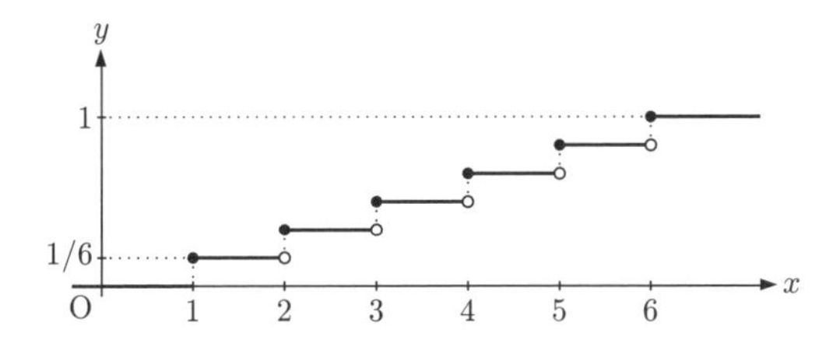

図 7.4　確率分布 (7.1) の累積分布関数

図 7.2 の確率密度関数の場合，累積分布関数 $F(x)$ は図 7.5 の網掛け部分の面積（確率）を表す．x が大きくなるにつれ，$F(x)$ の表す確率は大きくなるので $F(x)$ は単調非減少関数で，そのグラフは図 7.6 のようになる．

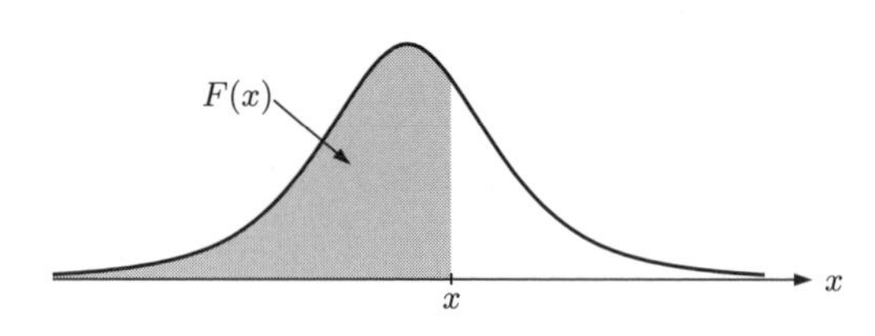

図 7.5 確率密度関数とその累積分布関数 $F(x)$ の表す確率

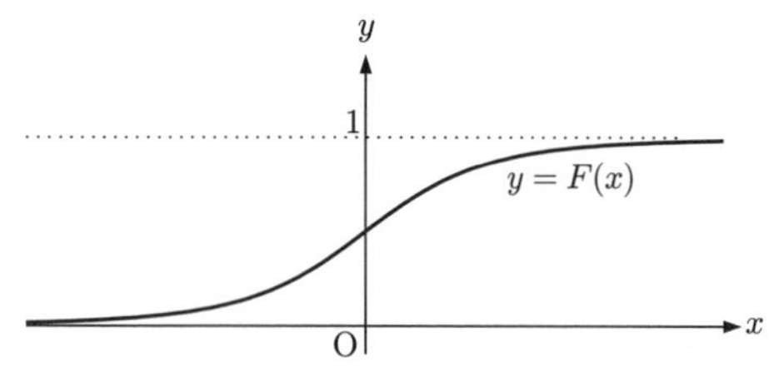

図 7.6 累積分布関数 $F(x)$ のグラフ

累積分布関数は，確率変数が離散型・連続型の区別なく定義されるため，これを用いると確率分布についての理論を統一的に記述できる．

問 7.5 例 7.1 の累積分布関数のグラフを描け．

統計学では「確率変数 X の分布が○○分布である」ことを，よく「確率変数 X は○○分布に従う」という．例えば例 7.1 の場合，確率変数 X は連続 一様分布に従うという．

7.2 確率変数の期待値と分散・標準偏差

ここでは，確率分布の特徴を数値で表すことを考える．4.1.1 項 (p.38) で，データが度数分布にまとめられている場合（ p.39 の表 4.1)，平均 $\overline{x}$ は

$$\overline{x} = x_1 \frac{f_1}{n} + x_2 \frac{f_2}{n} + \cdots + x_k \frac{f_k}{n} \tag{4.2}$$

と表せることを示した．この式において，標本サイズ n を十分に大きくすると相対度数 $\dfrac{f_i}{n}$ は一定の値に近づく[注7] ことが期待される．このデータの値を実現値にとる確率変数 X の確率分布が (7.2) の場合，この一定値は確率 $p(x_i)$ であるから，X の平均 μ[注8] を

$$\mu = \sum_{i=1}^{k} x_i p(x_i) = x_1 p(x_1) + x_2 p(x_2) + \cdots + x_k p(x_k) \tag{7.8}$$

と定義する．確率変数 X の平均は**期待値**[注9] とよばれ，記号 $E[X]$ で表す．すなわち

$$E[X] = \sum_{i=1}^{k} x_i p(x_i) = x_1 p(x_1) + x_2 p(x_2) + \cdots + x_k p(x_k) \tag{7.9}$$

である．また，連続型確率変数 X の確率密度関数が $f(x)$ のとき，X の期待値 $E[X]$ は

$$E[X] = \int_{-\infty}^{\infty} x f(x)\, dx \tag{7.10}$$

で定義される．

確率変数 X 期待値の定義において，(7.9) では確率関数・(7.10) では確率密度関数のみが使われた．したがって実際には確率変数にかかわりなく，これらの関

注 7 例えば，偏りのないサイコロを振る実験では，1/6 に近づく．

注 8 確率分布や母集団の特性値は，ギリシア文字で表すのが統計学では慣例である．

期待値
expectation

注 9 データの平均は期待値とはよばないので注意しよう．

数について期待値（平均）を定義したことになる．このことから，確率変数 X の期待値 $E[X]$ を，X が従う確率分布[注10]の平均とよぶこともある．

注10　確率関数または確率密度関数と確率分布の持っている情報は等価である．

例題 7.1　ある企業では 3 通りの経営戦略 A, B, C を考えていて，A を実行した場合は 1 億円，B の場合は 2 億円，C の場合は 3 億円の年間利益があると試算されている．実際には，このうちの 1 つの戦略を実行することになるが，企業内のいろいろな不確実要因によって，A, B, C が実行できる可能性はそれぞれ 50 %, 30 %, 20 % と見込まれている．現時点で，この企業は幾らの年間利益を期待できるか．年間利益（億円）を確率変数 X としたとき，X の確率分布を表にし，X の期待値 $E[X]$ を求めよ．

解　X の確率分布は

x	1	2	3	計
$P(X = x)$	0.5	0.3	0.2	1

X の期待値 $E[X]$ は，(7.9) を用いて

$$E[X] = 1 \times 0.5 + 2 \times 0.3 + 3 \times 0.2 = 1.7\,(\text{億円})$$

補　この例題での期待値は，不確実な状況において想定されるすべての状況を，それぞれが起こる確率を反映させて平均化した利益といえる．

問 7.6　1 個のサイコロを振ったときに出る目を確率変数 X とするとき，X の確率分布は (7.1) で与えられる．X の期待値 $E[X]$ を求めよ．

4.2.2 項 (p.46) で，データの散らばりの程度をとらえる分散を定義した．そして，データが表 4.1 のような度数分布に集計されている場合，分散 s^2 は

$$s^2 = (x_1 - \overline{x})^2\,\frac{f_1}{n} + (x_2 - \overline{x})^2\,\frac{f_2}{n} + \cdots + (x_k - \overline{x})^2\,\frac{f_k}{n}$$

と表された．ただし，$\overline{x}$ はデータの平均で (4.2) で与えられる．いま，このデータの値を実現値にとる確率変数 X の確率分布が (7.2) の場合，標本サイズ n を十分に大きくすると，相対度数 $\dfrac{f_i}{n}$ は確率 $p(x_i)$ に，$\overline{x}$ は X の期待値 μ[注11]に近づくことが期待される．したがって，離散型確率変数 X の**分散** σ^2 を

注11　X がサイコロの出目の場合 $\mu = 3.5$（問 7.6 参照）．

$$\sigma^2 = \sum_{i=1}^{k}(x_i-\mu)^2 p(x_i) = (x_1-\mu)^2 p(x_1)+(x_2-\mu)^2 p(x_2)+\cdots+(x_k-\mu)^2 p(x_k) \tag{7.11}$$

と定義する．ただし，μ は (7.9) で与えられる．

また，連続型確率変数 X の密度関数が $f(x)$ のとき，分散 σ^2 は

$$\sigma^2 = \int_{-\infty}^{\infty}(x-\mu)^2 f(x)\,dx \tag{7.12}$$

で定義される．ただし，μ は (7.10) で与えられる．(7.11)，(7.12) において，X の分散であることを明示的に示す場合は，σ^2 の代わりに記号 $V[X]$[注12]を使う．

注12　V は *variance*（分散）の頭文字．

データの標準偏差を定義した（p.47 参照）ときと同様，分散 $V[X]$ の正の平

方根 $\sqrt{V[X]}$ を確率変数 X の**標準偏差**という．標準偏差 $\sqrt{V[X]}$ は X と同じ測定単位をもつ．分散 $V[X]$ を σ^2 で表すとき，標準偏差は σ で表すことが多い．すなわち

$$\sigma = \sqrt{V[X]} \tag{7.13}$$

確率変数 X の期待値と同様に，確率変数 X の分散・標準偏差は，X が従う確率分布の分散・標準偏差とよばれることもある．

例題 7.2　例題 7.1 について，年間利益 X の分散 σ^2 と標準偏差 σ を求めよ．

解　平均 $\mu = 1.7$（億円）だから，分散は (7.11) より

$$\sigma^2 = (1-1.7)^2 \times 0.5 + (2-1.7)^2 \times 0.3 + (3-1.7)^2 \times 0.2 = 0.61$$

また，標準偏差は (7.13) より，$\sigma = \sqrt{0.61} \fallingdotseq 0.78$（億円）　▮

問 7.7　ある株式の株価（1 万円）は確率 1/3 で 2 倍に，確率 2/3 で半分になると予想される．この株価を確率変数 X とするとき，X の期待収益（期待値）とリスク（分散）を計算せよ．

補　投資の期待収益（リターン）とリスクは，それぞれ確率変数 X の期待値と分散（または標準偏差）でとらえる．

7.2.1　確率変数の関数の期待値

確率変数 X の関数 [注 13] $g(X)$ を考え，その期待値 $E[g(X)]$ を次のように定義する．

注 13　厳密には可測関数．文献 [11] などを参照のこと．

離散型確率変数 X の確率分布が (7.2) のとき

$$E[g(X)] = \sum_{i=1}^{k} g(x_i)p(x_i) = g(x_1)p(x_1) + g(x_2)p(x_2) + \cdots + g(x_k)p(x_k) \tag{7.14}$$

連続型確率変数 X の密度関数が $f(x)$ のとき

$$E[g(X)] = \int_{-\infty}^{\infty} g(x)f(x)\,dx \tag{7.15}$$

例えば，$g(X) = (X-\mu)^2$（ただし，$\mu = E[X]$）とおくと，$E[g(X)] = E[(X-\mu)^2]$ は X の分散 $V[X]$ に等しい，すなわち

$$V[X] = E[(X-\mu)^2] \tag{7.16}$$

分散 $V[X]$ は偏差の平方 $(X-\mu)^2$ の期待値である．

問 7.8　X の確率分布が (7.2) でその期待値が μ のとき，$g(X) = (X-\mu)^2$ とおくと (7.14) が X の分散 (7.11) になることを確かめよ．

例 7.2　A 氏は新規に会社を設立した．業績が不安定なため，A 氏の 1 カ月の所得も不確定である．しかし A 氏の所得は，100 万円，36 万円，25 万円の 3 通りの可能性があり，それらの所得が得られる確率は，それぞれ 0.1，0.4，0.5

であることがわかっている．このことから，A 氏が受け取る不確実な所得を確率変数 X（万円）とするとき，X の確率分布は

x	100	36	25	計
$P(X=x)$	0.1	0.4	0.5	1

となる．所得 X に関する**効用関数**[注 14] を $g(X)=\sqrt{X}$ とする．

注 14　財の消費や個人の所得の関数として個人の満足度の程度を表したものを，経済学では効用関数とよぶ．

(7.14) を用いて A 氏の期待効用（効用関数の期待値）を求めると

$$E[g(X)] = \sqrt{100}\times 0.1 + \sqrt{36}\times 0.4 + \sqrt{25}\times 0.5 = 5.9$$

となる．

7.2.2　期待値と分散の性質

確率変数 X の 1 次関数 $aX+b$（a, b は定数）について，次の関係が成り立つ．

$aX+b$ の期待値と分散

a, b を定数とするとき，期待値と分散について

$$E[aX+b] = aE[X]+b \tag{7.17}$$

$$V[aX+b] = a^2V[X] \tag{7.18}$$

が成り立つ．

ここでは，離散型確率変数 X の確率分布が (7.2) の場合について，(7.17)，(7.18) が成り立つことを証明する．

証明 [注 15]

注 15　$\sum$の計算に不慣れな読者は，補章 A.1 節（pp.180-183）を参照されたい．

$$\begin{aligned}E[aX+b] &= \sum_{i=1}^{k}(ax_i+b)p(x_i)\\ &= a\sum_{i=1}^{k}x_ip(x_i) + b\underbrace{\sum_{i=1}^{k}p(x_i)}_{=1}\\ &= aE[X]+b\end{aligned}$$

$E[X]=\mu$ とおくと，(7.17) より $aX+b$ の期待値は $a\mu+b$ と書けるから

$$\begin{aligned}V[aX+b] &\overset{(7.16)\text{より}}{=} E\left[\{(aX+b)-(a\mu+b)\}^2\right]\\ &= \sum_{i=1}^{k}\{(ax_i+b)-(a\mu+b)\}^2p(x_i)\\ &= \sum_{i=1}^{k}a^2(x_i-\mu)^2p(x_i)\\ &= a^2\sum_{i=1}^{k}(x_i-\mu)^2p(x_i)\\ &= a^2V[X]\end{aligned}$$

証明終

補　(7.17)，(7.18) において，X を a（定数）倍することの具体例としては，測

定単位を変えることが考えられる．例えば X の測定単位が cm のときに，10 倍することは測定単位を mm に変更することを意味する．また，$Z = aX$ とおくと，Z に定数 b を加えることは，Z の分布の表すグラフを z 軸方向に平行移動させることに相当する．したがって定数 b を加えることによって，Z の分布の中心的位置を表す期待値は b だけ変化し，グラフを平行移動するだけでは分布の形は変わらないから分散は b の影響を受けない．

例題 7.3 確率変数 X に対して，その期待値 μ と標準偏差 σ を用いた次の変換を確率変数の**標準化**という．

$$Z = \frac{X-\mu}{\sigma} \tag{7.19}$$

Z は標準化変数とよばれる．Z の期待値 $E[Z]$ と分散 $V[Z]$ を求めよ．

解

$$E[Z] = E\left[\frac{X-\mu}{\sigma}\right] = E\left[\frac{1}{\sigma}X - \frac{\mu}{\sigma}\right] \overset{(7.17)\text{ より}}{=} \frac{1}{\sigma}E[X] - \frac{\mu}{\sigma} = 0$$

$$V[Z] \overset{(7.18)\text{ より}}{=} \frac{1}{\sigma^2}V[X] = 1$$

すなわち，Z の期待値は 0，分散は 1 になる． ▮

補 標準化変数 Z は，無名数（p.49 の傍注参照）である．

ここまで，1 つの確率変数の期待値と分散の性質について述べてきたが，次に 2 つ以上の確率変数（多次元確率変数）の期待値と分散の性質について，結果のみを示す．多次元確率変数の分布の考え方やここで述べる性質についての証明などは，必要に応じて補章 A.2 節 pp.183-187 を参照されたい．

確率変数 X, Y について，$X+Y$ の期待値は

$$E[X+Y] = E[X] + E[Y] \tag{7.20}$$

$X+Y$ の分散は

$$V[X+Y] = V[X] + V[Y] + 2\mathrm{Cov}[X,Y] \tag{7.21}$$

となる[注 16]．ここで，$\mathrm{Cov}[X,Y]$ は X と Y の間の直線的な関係の度合い[注 17]を表す量で

$$\mathrm{Cov}[X,Y] = E[(X-E[X])(Y-E[Y])] \tag{7.22}$$

で定義され，**共分散**とよばれる．$\mathrm{Cov}[X,Y]=0$ のとき，X と Y は**無相関**であるという．

さらに X, Y が独立[注 18]のときは

$$V[X+Y] = V[X] + V[Y] \tag{7.23}$$

が成り立つ[注 19]．

n 次元確率変数 $(X_1,\ X_2,\ \ldots,\ X_n)$ の場合も，2 次元の場合と同様に，期待値については

注 16 (7.21) の導出は補章 p.186 を見よ．

注 17 確率変数 X, Y の実現値の関係の度合いの例を p.155 の図 10.3 に示す．

共分散
covariance

無相関
uncorrelated

注 18 確率変数の独立の定義については，補章 A.2 節参照．ここでは事象の独立の定義 (p.77) から想像される直観的イメージでとらえておけばよい．

注 19 実は (7.23) は，無相関であれば成り立つ．独立は無相関より強い条件である（p.186 参照）．

$$E[X_1 + X_2 + \cdots + X_n] = E[X_1] + E[X_2] + \cdots + E[X_n] \tag{7.24}$$

分散については，X_1，X_2，…，X_n が（互いに）独立のとき

$$V[X_1 + X_2 + \cdots + X_n] = V[X_1] + V[X_2] + \cdots + V[X_n] \tag{7.25}$$

が成り立つ．

7.3　代表的な確率分布

不確実な現象にはそれを表すのにふさわしい確率分布があり，多くの確率分布があるが，この節では確率分布の応用や統計的推測において特に重要と思われる**二項分布**と**正規分布**を取り上げ，その性質と使い方について説明する．二項分布と正規分布は，それぞれ離散型と連続型を代表する確率分布である．

7.3.1　二項分布

二項分布について考える前に，まず**ベルヌーイ試行**を定義しておく．ベルヌーイ試行とは，次の3つの条件を満たす試行[注20]のことである．

ベルヌーイ試行
Bernoulli trials

注 20　試行の定義は p.69 参照．

- 1回の試行結果は，ある事象 A が起こるか起こらないかのいずれかしかない．
- 事象 A の起こる確率 $P(A) = p \quad (0 < p < 1)$ は，試行を通して変わらない．
- 各回の試行は，それ以前の試行の結果に依存しない（試行の独立性）．

まず，ベルヌーイ試行を1回行ったときの確率分布について考えてみよう．確率変数 X を，事象 A が起こったとき1の値をとり，起こらなかったとき0の値をとると決める．このとき X の確率分布[注21]は

注 21　**ベルヌーイ分布**とよばれる．

$$P(X = 1) = p, \quad P(X = 0) = 1 - p \tag{7.26}$$

となり，X の期待値と分散は，それぞれ

$$E[X] = 0 \times (1 - p) + 1 \times p = p \tag{7.27}$$

$$V[X] = (0 - p)^2 \times (1 - p) + (1 - p)^2 \times p = p(1 - p) \tag{7.28}$$

となる．

例 7.3　偏りのない硬貨を投げる試行をベルヌーイ試行とみなし

表が出たとき $X = 1$ とすると，$P(X = 1) = \dfrac{1}{2}$

裏が出たとき $X = 0$ とすると，$P(X = 0) = \dfrac{1}{2}$

X の期待値と分散は (7.27)，(7.28) より，それぞれ

$$E[X] = \frac{1}{2},\ V[X] = \frac{1}{2} \times \frac{1}{2} = \frac{1}{4}$$

となる．

ベルヌーイ試行でとらえることができる試行は

- 日本の大学に通うすべての学生から無作為に学生を選んだとき，その学生が運転免許を持っているかいないか．
- ある植物の種子を植えたとき，その種子が発芽するかしないか．
- 車通勤のある人が通勤路にある特定の交通信号機が赤で停止させられるか否か．

など，硬貨投げ以外にもたくさんある．

次にベルヌーイ試行を何回か繰り返したときの試行結果（それぞれ 0 または 1 の値をとる）の和の確率分布について考える．

例 7.4 表が出る確率が p である硬貨を 3 回投げたとき，表の出る回数を確率変数 X[注 22] とする．X の確率分布を求めよう．X のとりうる値は 0, 1, 2, 3 の 4 通りある．$X=1$ となる事象は，3 回のうち表が 1 回出るということである．いま k 回目に表が出るという事象を A_k と書くと，$X=1$ となるのは

$$E_1 = A_1 \cap {A_2}^c \cap {A_3}^c, \quad E_2 = {A_1}^c \cap A_2 \cap {A_3}^c, \quad E_3 = {A_1}^c \cap {A_2}^c \cap A_3$$

の 3 通り[注 23] のうちのいずれかの場合だから，$X=1$ となる事象は $E_1 \cup E_2 \cup E_3$ と表せる．通常 硬貨を投げる試行は独立と考えられるから

$$P(E_1) \overset{\text{p.78の (6.9) より}}{=} P(A_1)P({A_2}^c)P({A_3}^c) = p(1-p)^2$$

同様にして

$$P(E_2) = P(E_2) = p(1-p)^2$$

となる．E_1, E_2, E_3 は互いに排反だから

$$\begin{aligned} P(X=1) &= P(E_1 \cup E_2 \cup E_3) \qquad (7.29)\\ &\overset{\text{p.72の確率の公理 3 より}}{=} P(E_1) + P(E_2) + P(E_3) \\ &= 3p(1-p)^2 \end{aligned}$$

(7.29) の最後の式の係数 3 は，3 回の試行中 何回目の試行で表が 1 回出るかを考えた場合の数 ${}_3\mathrm{C}_1$[注 24] に等しい．$X = 0$, 2, 3 の場合も同様に考えて，X の確率分布は

$$P(X=x) = {}_3\mathrm{C}_x\, p^x(1-p)^{3-x} \quad (x = 0, 1, 2, 3) \qquad (7.30)$$

となる．■

図 7.7 は $p = 0.2$, $p = 0.5$ の場合の確率分布 (7.30) のグラフ[注 25] である．

一般に事象 A の起こる確率 p のベルヌーイ試行を n 回行ったときに，事象 A が起こる回数を確率変数 X とすると，X の確率分布は

$$P(X=x) = {}_n\mathrm{C}_x\, p^x(1-p)^{n-x} \quad (x = 0, 1, 2, \ldots, n) \qquad (7.31)$$

となる．(7.31) で与えられる確率分布を**二項分布**という．二項分布 (7.31) の平均と分散は，それぞれ

注 22 3 回のベルヌーイ試行の結果を，X_1, X_2, X_3 とすると，$X = X_1 + X_2 + X_3$ と書ける．

注 23 注 22 の流儀に従えば，例えば E_1 は $(X_1, X_2, X_3) = (1, 0, 0)$ と同値．

注 24 異なる 3 個のものから 1 個を選ぶ仕方は ${}_3\mathrm{C}_1 = \dfrac{3!}{(3-1)!\,1!} = 3$ 通り．Excel では，組合せの数 ${}_n\mathrm{C}_r$ は関数 COMBIN で計算する．

注 25 $p = 0.5$ の場合，グラフは左右対称であることに注意．

二項分布
binomial distribution

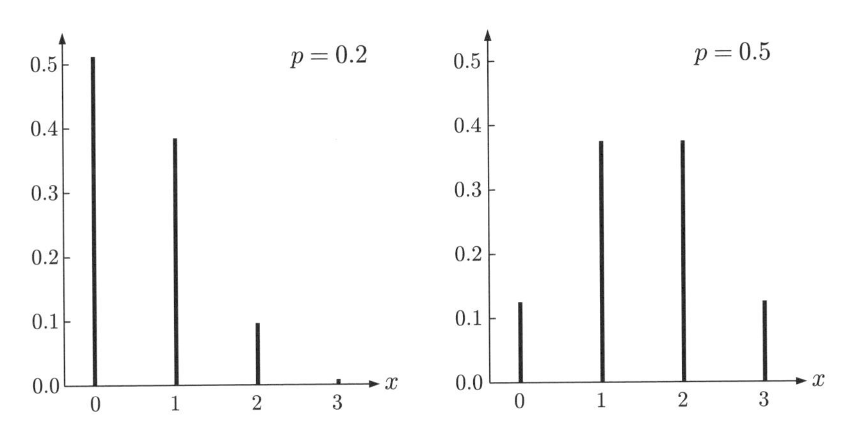

図 7.7　二項分布 (7.30) の棒グラフ

$$E[X] = \sum_{x=0}^{n} x \cdot {}_n\mathrm{C}_x \, p^x \, (1-p)^{n-x} = np \tag{7.32}$$

$$V[X] = \sum_{x=0}^{n} (x-np)^2 \cdot {}_n\mathrm{C}_x \, p^x \, (1-p)^{n-x} = np(1-p) \tag{7.33}$$

となる[注26]．二項分布 (7.31) は n と p に依存して確率が決まる．このような変数を**確率分布のパラメータ**という．パラメータ n と p をもつ二項分布 (7.31) を記号 $B(n, p)$ と表すことが多い．

注 26　例えば，偏りのない硬貨を 100 回投げたら，$100 \times 1/2 = 50$ 回くらい表がでることを，平均 (7.32) は示唆している．

問 7.9　A 君はコンピュータを相手とする囲碁対局をよく行う．過去の対局結果から，A 君がコンピュータに勝つ確率は 1/3 である．A 君がコンピュータと n 回対戦し勝つ回数を確率変数 X とすると，X は $B(n, 1/3)$ に従うものとする．このとき A 君が 5 回中 3 回コンピュータに勝つ確率を求めよ．

例題 7.4　ある調査会社によると，ラグビーワールドカップの放送番組の平均視聴率は約 40 %という高率であった．別の調査会社がその放送番組を視聴したか否かの電話調査を行った．その結果はまだ報告されていないが，調査した集団における視聴率を 40 %と仮定した場合，この調査で 20 人に聞いたとき，その中に視聴者が 11 人以上いる確率はいくらになるか．ただし，調査対象集団の大きさは調査人数 20 人に比べかなり大きいものとする．

解　視聴者数を確率変数 X とする．調査対象集団の大きさは調査人数 20 人に比べかなり大きいので，X は二項分布 $B(20,\ 0.4)$ に従うと考えてよい．求める確率は

$$\begin{aligned} P(X \geq 11) &= \sum_{x=11}^{20} {}_{20}\mathrm{C}_x \, 0.4^x \, 0.6^{20-x} \\ &= 1 - \sum_{x=0}^{10} {}_{20}\mathrm{C}_x \, 0.4^x \, 0.6^{20-x} \\ &\fallingdotseq 1 - 0.873 = 0.127 \end{aligned}$$

補 $P(X \leq 10) = \sum_{x=0}^{10} {}_{20}\mathrm{C}_x\ 0.4^x\ 0.6^{20-x}$ を筆算で求めるのは大変であるが，Excel では関数 BINOM.DIST をセルに呼び出し，BINOM.DIST(10, 20, 0.4, TRUE) と入力することで簡単に求まる（使い方は補章 p.201 参照）．母集団の大きさが小さいときの非復元抽出（p.78 参照）の場合，X は超幾何分布に従う．超幾何分布については文献 [21] p.109-111 などを参照のこと．

問 7.10 偏りのない硬貨（表の出る確率が 0.5）を 20 回投げ，表が 18 回以上出る確率を二項分布を用いて計算せよ．

7.3.2 正規分布

正規分布
normal distribution

正規分布は代表的な連続型確率分布であり，その確率密度関数のグラフの形は図 7.8 のような釣鐘型である．

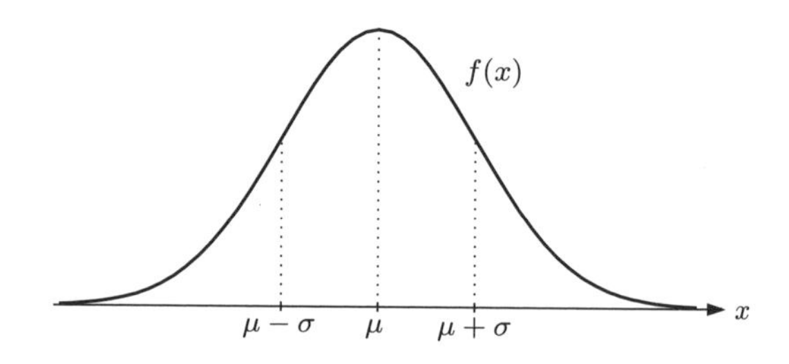

図 7.8 平均 μ・分散 σ^2 の正規分布の確率密度関数のグラフ

正規分布で説明できる現象は多い [注 27]．例えば

- 偶然誤差の分布 [注 28]
- 生物体の形態に関する各種の測定値の分布
- 心理学的な測定値の分布
- 測定値の分布が歪んでいる（p.45 の図 4.3b・4.3c 参照）場合，その測定値を対数変換 [注 29] した数値の分布
- 大きさ n の無作為標本 $X_1, X_2, \cdots, X_n$ の標本平均 $\overline{X} = \dfrac{1}{n}\sum_{i=1}^{n} X_i$ の n が大きいときの分布（p.105 中心極限定理を参照）

などがあげられる．また二項分布 $B(n,\ p)$ は n が大きいとき，平均 np・分散 $np(1-p)$ の正規分布で近似できる [注 30]．二項分布以外にも多くの確率分布の近似分布が正規分布になることが知られている．

図 7.8（平均 μ・分散 σ^2 の正規分布）の確率密度関数 $f(x)$ のグラフは

(i) $x = \mu$ に関して対称である．

(ii) $x = \mu$ で最大値をとる．

(iii) $x = \mu \pm \sigma$ で変曲点 [注 31] となる．

注 27 しかし，実際のデータを扱う場合には，それが正規分布に従うとみなすことが妥当であるか必ず確認すべきであり，正規分布を盲目的に仮定してデータ解析を行うことは好ましくない．

注 28 正しく計測された測定値は，真の値から大きく外れる確率は低く，真の値のまわりに集中する確率は高くなることから想像できよう．

注 29 関数 $\log_e(\cdot)$ による変換のこと．Excel では関数 LN を使えばよい．

注 30 このことの証明とここでの近似の意味については文献 [17] pp.113-114 を参照されたい．

注 31 その点を境にグラフの凹凸が変わる点

(iv) $x \to \pm\infty$ のとき $f(x) \to 0$

などの特徴をもち，$f(x)$ は

$$f(x) = \frac{1}{\sqrt{2\pi\sigma^2}} \exp\left[-\frac{(x-\mu)^2}{2\sigma^2}\right] \quad (-\infty < x < \infty) \tag{7.34}$$

で与えられる[注32]．(7.34) の平均（期待値）と分散は

$$E[X] = \int_{-\infty}^{\infty} xf(x)\,dx = \mu, \quad V[X] = \int_{-\infty}^{\infty} (x-\mu)^2 f(x)\,dx = \sigma^2 \tag{7.35}$$

となる．(7.34) に含まれる（確率分布の）パラメータは μ と σ^2 のみであり，これらは (7.35) より，それぞれ分布の平均と分散であるから，正規分布の形は平均 μ と分散 σ^2 のみに依存して決まる．平均 μ・分散 σ^2 の正規分布を記号 $N(\mu,\ \sigma^2)$ で表す．

注 32 e^a において，指数 a が複雑な式の場合には $\exp(a)$ と書く．また e はネイピア数とよばれる無理数でその値はおおよそ 2.718 である．

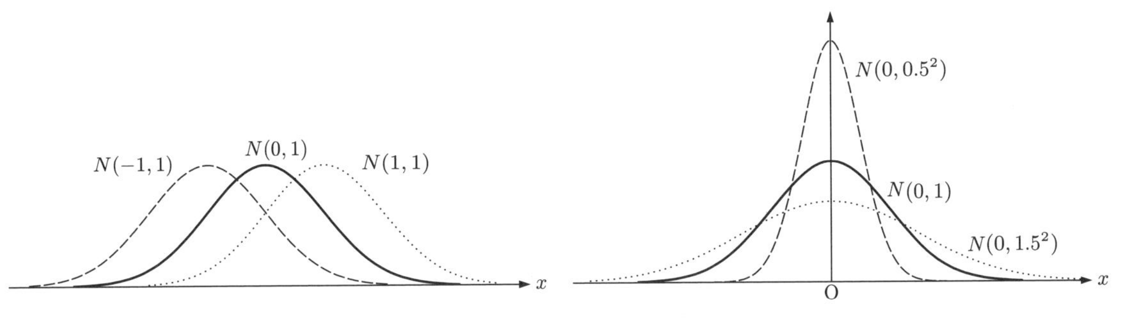

図 7.9 分散が同じで平均が異なる正規分布たち

図 7.10 平均が同じで分散が異なる正規分布たち

正規分布には次の性質がある．

正規分布と線形変換

確率変数 X が $N(\mu,\ \sigma^2)$ に従うとき

(I) X の線形変換 $Y = aX + b$ は正規分布 $N(a\mu + b,\ a^2\sigma^2)$ に従う．

(II) 標準化された確率変数 $Z = \dfrac{X-\mu}{\sigma}$ は平均 0・分散 1 の正規分布 $N(0,\ 1)$ に従う．

補 線形変換 $Y = aX + b$ の aX の部分は，x 軸の尺度の単位を変えることに相当し，密度関数のグラフを x 軸方向に伸縮すること，また $+b$ の部分は伸縮されたグラフを平行移動することを意味する．したがってこの変換によって，釣鐘型の形は維持されるというのがこの性質の直観的なイメージである．

p.93 の (7.17) と (7.18) から，Y の期待値が $a\mu + b$ で分散が $a^2\sigma^2$ となり，Z の期待値は 0，分散が 1 となることはわかるが，線形変換された変数 Y, Z が再び正規分布に従うことが重要である．平均 0・分散 1 の正規分布をとくに**標準正規分布**という．性質 (II) は標準化によって，どんな正規分布も標準正規分布に帰着させることができることを示している．

標準正規分布 *standard normal distribution*

標準正規分布について，その確率密度関数と累積分布関数をそれぞれ $\phi(z)$, $\Phi(u)$ で表す．すなわち

$$\phi(z) = \frac{1}{\sqrt{2\pi}}\exp\left(-\frac{z^2}{2}\right) \qquad (-\infty < z < \infty)$$

$$\Phi(u) = \int_{-\infty}^{u} \frac{1}{\sqrt{2\pi}}\exp\left(-\frac{z^2}{2}\right) dz$$

$\Phi(u)$ は図 7.11 の網掛け部分の面積（確率）を表す．

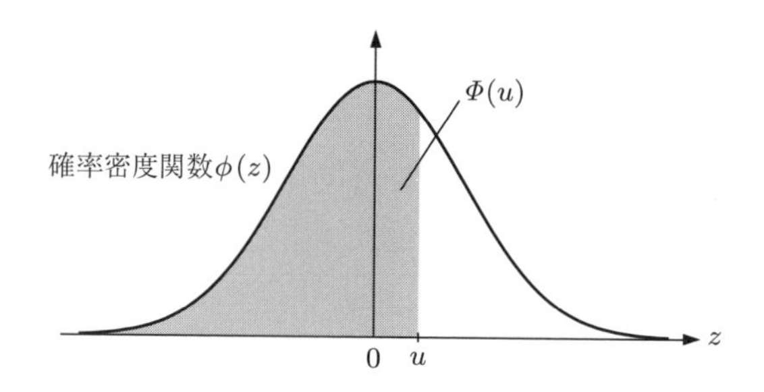

図 7.11　標準正規分布 $N(0,\ 1)$ と累積分布関数 $\Phi(u)$

例題 7.5　確率変数 X が $N(2,\ 3^2)$ に従うとき，確率 $P(X > 5)$ を求めよ．

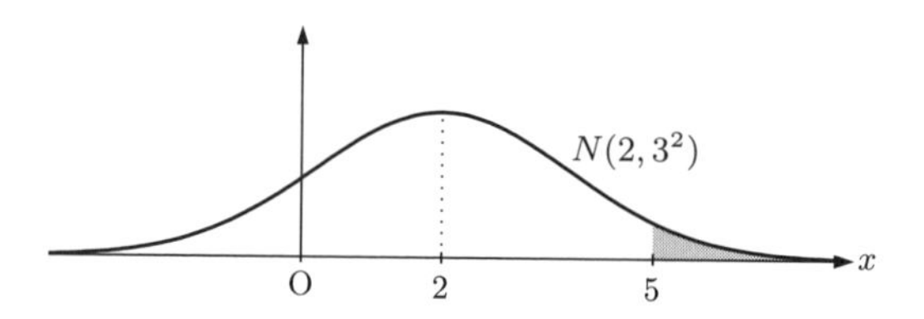

解

$$P(X > 5) = 1 - P(X \leq 5)$$

確率 $P(X \leq 5)$ は，Excel の関数 NORM.DIST(5, 2, 3, TRUE) で求まり，その近似値は 0.8413 となるから

$$P(X > 5) \fallingdotseq 1 - 0.8413 = 0.1587$$

補　Excel には X が $N(\mu,\ \sigma^2)$ に従うとき，確率 $P(X \leq a)$ の値を求める関数 NORM.DIST(a, μ, σ, TRUE) がある．X は連続型確率変数だから，$P(X < a)$ も同関数で求まる．

問 7.11　確率変数 Z が $N(0,\ 1)$ に従うとき，次の確率を Excel の関数 NORM.DIST[注 33] を用いて求めよ．

(1) $P(Z < 1.24)$　　　(2) $P(1.51 < Z < 2.16)$

注 33　Excel には，標準正規分布の確率を計算する NORM.S.DIST もある．

例題 7.6　確率変数 X が $N(\mu,\ \sigma^2)$ に従うとき，確率 $P(\mu - 3\sigma < X < \mu + 3\sigma)$ を求めよ．

解 正規分布の性質 (II) より，$Z = \dfrac{X-\mu}{\sigma}$ は標準正規分布 $N(0,\ 1)$ に従う．

$$\mu - 3\sigma < X < \mu + 3\sigma \Leftrightarrow -3\sigma < X - \mu < 3\sigma \overset{\sigma>0\text{ だから}}{\Longleftrightarrow} -3 < \frac{X-\mu}{\sigma} < 3$$

と不等式を同値変形できるから

$$P(\mu - 3\sigma < X < \mu + 3\sigma) = P(-3 < Z < 3) = \Phi(3) - \Phi(-3)$$

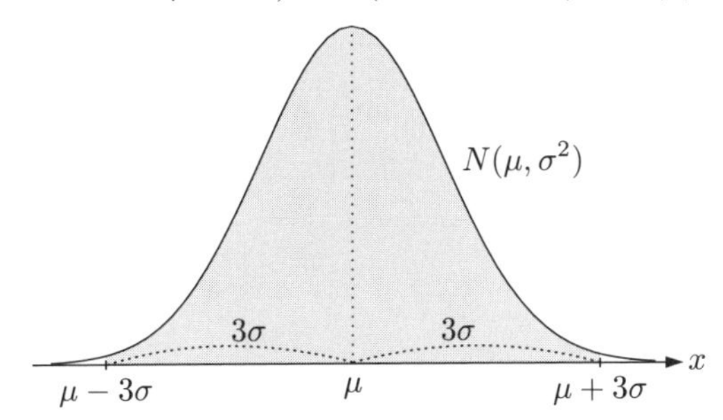

確率 $\Phi(3)$ は，Excel の関数 NORM.DIST(3, 0, 1, TRUE) で求まり，その近似値は 0.99865 となる．同様の方法で $\Phi(-3) \fallingdotseq 0.00135$ と求まるから

$$P(\mu - 3\sigma < X < \mu + 3\sigma) \fallingdotseq 0.99865 - 0.00135 = 0.9973$$ ▮

補 上の結果から，X が $N(\mu,\ \sigma^2)$ に従うとき，事象 $\mu - 3\sigma < X < \mu + 3\sigma$ が起こる確率は 0.9973 で，事実上必ず起こる事象と考えてよい．この意味で区間 $[\mu - 3\sigma,\ \mu + 3\sigma]$ を **3 シグマ範囲**とよんでいる．このような範囲は工場における製品の品質管理において，製造工程が安定しているかどうかを判断するために使われる**管理図** (*control chart*) に応用されている．

問 7.12 確率変数 X が $N(\mu,\ \sigma^2)$ に従うとき，確率 $P(\mu - 2\sigma < X < \mu + 2\sigma)$ を求めよ．

7.4 母集団分布とそのモデリング

多くの場合，調査・研究をしたい母集団 [注 34] の真の分布は未知である．母集団から無作為抽出された標本をもとに，前節までに紹介した確率変数・確率分布などの数学的道具を用いて，母集団の真の分布やその平均・比率などについて推測することを統計的推測という [注 35]．

統計的推測の一般的なアプローチは以下のようになる．

① データをよくみて，母集団の真の分布としてありえそうな確率分布の集合（**分布族** [注 36]）を設定し，

② ①の分布族のなかから，標本に最もあてはまりのよい確率分布を求め，

③ その確率分布を，母集団の真の分布をよく近似しているもの（=母集団の真の分布のモデル）とみなす．

注 34 母集団については，p.60 を見よ．

注 35 機械学習などの分野では統計的学習ということもある．

注 36 例えば，正規分布の族は，集合 $\left\{ N(\mu,\ \sigma^2) \mid -\infty < \mu < \infty,\ 0 < \sigma \right\}$ で表される．

統計的推測では，①においてどのような分布族を設定するか，②において分布の標本へのあてはまりのよさをどのように評価するか 注[37]，が問題になる．

注 37　あてはまりのよさの尺度の 1 つに，付録 A.5 節で紹介する尤度がある．

①の段階で設定する分布族を**母集団分布**という 注[38]．母集団分布は母集団の真の分布のモデルであることに注意すること 注[39]．実際問題における母集団分布の想定は，扱っている量が離散変量であれば離散型確率分布を，連続変量であれば連続型確率分布を選択し，そのうえで

注 38　母集団分布を想定して統計的推測を行う方法をパラメトリック法，想定しないで行う方法をノンパラメトリック法という．本書では後者は扱っていない．

注 39　書籍によっては，本書でいう母集団分布を統計モデル，母集団の真の分布を母集団分布とよぶものもある．

- ヒストグラムや経験分布関数 注[40] の形，標本平均と標本分散の関係 注[41] などから判断する．
- 理論的に決定する．
- 類似現象から類推する．
- 仮定する．

などの方法によって，分布族を選択する 注[42]．

注 40　データに対して定義される累積分布関数．

注 41　例えば，ポアソン分布を想定する場合にこれらが等しいことを確認する．

注 42　本書で紹介した一様分布・二項分布・正規分布以外にも多種多様な確率分布（族）がある．これらについては，蓑谷『統計分布ハンドブック』（朝倉書店，2010）やインターネットで調べてほしい．

伝統的な統計学では，パラメータの値を指定することで分布が定まるような分布族を母集団分布に設定する．例えば，正規分布族 $\left\{ N(\mu,\, \sigma^2) \mid -\infty < \mu < \infty,\ 0 < \sigma \right\}$ に属する各分布は期待値 μ と分散 σ^2 の値を指定することで定まるので，正規分布族のパラメータは μ と σ^2 である．このように設定することで，母集団の真の分布の推測の問題は，母集団分布のパラメータを推測する問題に帰着される．母集団分布のパラメータのことを**母数**とよぶことも多い．また，正規分布の母数のようにそれが平均・分散を表す場合，それぞれ母平均・母分散という．このように，母数が特性値を表す場合，名前の頭に“母”をつけてよぶ．

母数　*parameter*

補　①で設定する分布族を広くとりすぎる（例えば，パラメータの数が標本サイズにくらべて多いものにする）と，標本には非常によくフィットするが母集団のモデルとしては現実離れした分布が得られてしまうことがある．これを**過適合**または**過学習**という．モデルの設定・選択においては，手持ちの標本に対するあてはまりがよいだけでなく，予測精度（母集団から新しくとる標本へのあてはまりのよさ）が高いものを選ぶ必要がある．

過適合　*overfitting*

過学習　*overtraining*

ある母集団の母集団分布に互いに独立に従う確率変数 $X_1,\ X_2,\ \ldots,\ X_n$ を，その母集団分布から抽出された大きさ（標本サイズ）n の無作為標本という 注[43]．統計的推測では，母集団から得られた標本の値（データ）を，母集団分布からの無作為標本の実現値とみなして推論を行う．

注 43　「母集団分布の無作為標本」と「母集団から無作為抽出された標本」は，同じ「標本」とよばれるので紛らわしいが，別のものであるので注意されたい．とくに，「母集団から無作為抽出された標本」は母集団分布に従う確率変数の実現値ではない．

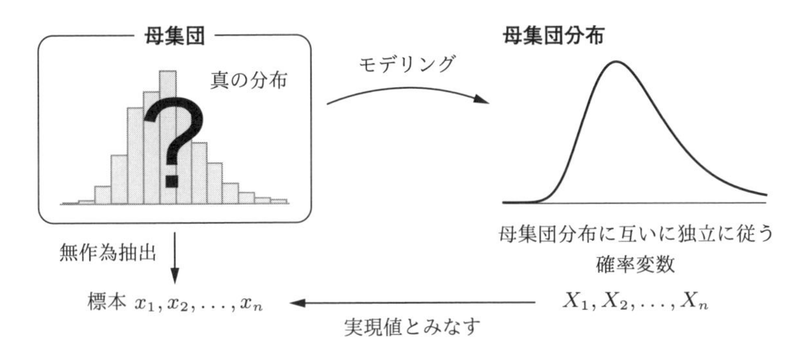

図 7.12 統計的推測では標本を母集団分布に従う確率変数の実現値とみなす.

補 母集団から得られた標本 x_1, x_2, ..., x_n を母集団分布の無作為標本 X_1, X_2, ..., X_n の実現値とみなし代入した後に得られる統計的な量や値[注44]は, 適切なモデリングが行われていることを前提とした近似値とみなすべきである.

注 44 P 値や信頼区間など.

7.5 標本分布

母集団分布からの無作為標本 X_1, X_2, ..., X_n の関数で, 未知の母数を含まないものを**統計量**という. また統計量の確率分布をその統計量の**標本分布**という. 統計的推測（第 8・9 章および第 10 章 pp.166-177）は, 推測したい母数に対して適当な統計量を選び行われる. 以下によく使われる無作為標本 X_1, X_2, ..., X_n から定まる統計量を示す.

統計量 *statistic*

標本分布 *sampling distribution*

例 7.5

- 標本平均 $\overline{X} = \dfrac{1}{n}\sum_{i=1}^{n} X_i$
- 不偏分散 $U^2 = \dfrac{1}{n-1}\sum_{i=1}^{n}(X_i - \overline{X})^2$
- 中央値
- 最大値 $= \max\{X_1, X_2, \ldots, X_n\}$, 最小値 $= \min\{X_1, X_2, \ldots, X_n\}$
- $T = \dfrac{\sqrt{n}(\overline{X} - \mu)}{U}$
- $W = \dfrac{\sum_{i=1}^{n}(X_i - \overline{X})^2}{\sigma^2}$

ただし $U = \sqrt{U^2}$, また統計量 T と W において, μ は母平均・σ^2 は母分散でともに既知[注45]とする.

注 45 未知の場合は統計量にならない.

7.5.1 標本平均 $\overline{X}$ の標本分布

母平均の統計的推測において重要となる標本平均 $\overline{X} = \dfrac{1}{n}\sum_{i=1}^{n} X_i$ の標本分布について考える．

標本平均 $\overline{X}$ の平均と分散

$X_1,\ X_2,\ \ldots,\ X_n$ を平均 μ・分散 σ^2 をもつ母集団分布からの無作為標本とする．このとき標本平均 $\overline{X} = \dfrac{1}{n}\sum_{i=1}^{n} X_i$ の期待値と分散について，次が成り立つ．

$$E\left[\overline{X}\right] = \mu, \quad V\left[\overline{X}\right] = \frac{\sigma^2}{n} \tag{7.36}$$

上の性質は母集団分布に関係なく成り立つことに注意しよう．(7.36) の証明に関心のある読者は，補章 p.186　A.2.3 項を参照のこと．

母集団分布に正規分布を想定した母集団を正規母集団という．正規母集団については次のことがいえる．

母集団分布 $N(\mu,\ \sigma^2)$ からの無作為標本の場合

$X_1,\ X_2,\ \ldots,\ X_n$ が母集団分布 $N(\mu,\ \sigma^2)$ からの無作為標本のとき，それらの標本平均 $\overline{X} = \dfrac{1}{n}\sum_{i=1}^{n} X_i$ は正規分布 $N\left(\mu,\ \dfrac{\sigma^2}{n}\right)$ に従う．

補 この性質では，$\overline{X}$ の期待値と分散につい (7.36) が成り立つだけではなく，$\overline{X}$ の標本分布も正規分布になるということが重要である．

例題 7.7　スポーツ庁は幅広い年齢層に対して体力・運動能力調査を毎年行っている．2018 年度調査結果によれば，日本人男子の握力は 30 歳から 34 歳の年齢層が最も強く，平均が 47.14 kg，標準偏差が 7.25 kg であった．この調査対象者の握力の測定値全体を母集団とみなし，母集団分布に正規分布 $N(47.14,\ 7.25^2)$ を仮定するとき，この母集団からの大きさ 16 の無作為標本の平均 $\overline{X}$ が 50 kg を超える確率を求めよ．

解 $\overline{X}$ は正規分布 $N\left(47.14,\ \dfrac{7.25^2}{16}\right)$ に従う．

$$P(\overline{X} > 50) = 1 - P(\overline{X} \leq 50)$$

確率 $P(\overline{X} \leq 50)$ は Excel の関数 NORM.DIST(50, 47.14, 7.25/4, TRUE) で求まり，その近似値は 0.9427 となるから

$$P(\overline{X} > 50) \fallingdotseq 1 - 0.9427 = 0.0573$$ ■

問 7.13　ある工場で生産される電球の寿命 X（時間）は $N(1180,\ 20^2)$ に従う．このとき，25 個の電球の無作為標本の寿命の平均 $\overline{X}$ が 1170 時間を越える確率を求めよ．

母集団分布に正規分布を仮定しないときの標本平均 $\overline{X}$ の標本分布については，例えばプロジェクト 7 を参照のこと．

7.5.2 中心極限定理

標本サイズ n が大きい場合[注 46]には，標本平均 $\overline{X}$ の標本分布についてより実用的な性質がある．

注 46 統計的推測理論では標本サイズが（十分に）大きい場合の理論を**大標本論** (*large sample theory*) という．

中心極限定理

母集団分布は平均 μ・分散 σ^2 をもつとする．この母集団分布からの無作為標本を $X_1,\ X_2,\ \ldots,\ X_n$ とする．このとき標本サイズ n が十分に大きければ，母集団分布に関係なく $\overline{X} = \dfrac{1}{n}\sum_{i=1}^{n} X_i$ の標本分布は正規分布 $N\left(\mu,\ \dfrac{\sigma^2}{n}\right)$ で近似できる．

この性質は母集団分布が何であっても成り立つことが重要である．統計の理論ではこの性質のことを**中心極限定理**とよんでいる[注 47]．また標本サイズ n が大きいときに近似的に成り立つ性質を**漸近的**性質という．この表現を使えば，中心極限定理は「標本サイズ n が十分大きいとき，$\overline{X}$ は漸近的に正規分布に従う」となる．

中心極限定理
central limit theorem

注 47 無作為標本 $X_1, X_2, \ldots, X_n$ は互いに独立に同一の分布に従う確率変数である．独立性の仮定を少し緩めた場合にも中心極限定理が成り立つことが今日知られている．

漸近的
asymptotic

補 大きな標本サイズの無作為標本の和をとることが中心極限定理の本質であり，母集団分布によらず標本サイズ n が十分大きいとき，無作為標本の和 $\sum_{i=1}^{n} X_i$ の分布は正規分布 $N(n\mu,\ n\sigma^2)$ で近似できる．例えば大きさ 60 の標本 $X_1,\ X_2,\ \ldots,\ X_{60}$ を無作為抽出する場合，「(a) それらの 60 個の実現値 $x_1,\ x_2,\ \ldots,\ x_{60}$ が極端に小さい値ばかりであったり，極端に大きい値ばかりであったりする」ということは起こりにくいことであり，たいていの場合は，「(b) 大小いろいろな値をとるものが混じり合う」ことが想像されよう． このような状況において和 $\sum_{i=1}^{60} x_i$ は，(a) の場合 小さな（あるいは大きな）値をとり，(b) の場合 分布の中心付近の値におさまるであろう．このようなことから，和 $\sum_{i=1}^{60} X_i$ の分布の形が釣鐘型になることが想像されよう．これが中心極限定理の直観的イメージである．また，上の定理において“十分に大きい”というのは曖昧な表現であるが，n の具体的な大きさは母集団分布の形に依存して決まる．およそ 50 程度あれば十分であるというのが通説である．詳細については補章 A.2.4 項 (p.188) を参照されたい．

例 7.6 S さんはコーヒーチェーンの店長見習いとして 90 日間熱心に働いた後，社会情勢に今後大きな変化がないという前提で，引き続く 90 日間の日々の売り上げの平均が 10 万円を超えたら店長に昇格させるという知らせを本社から受けとった．社会情勢に大きな変化がなくても日々の売り上げは，不確実な要因によって変動するので確率変数 X でとらえる．S さんが店長見習いとして働いた過去 90 日間の日々の売り上げ X_i $(i = 1, 2, \ldots, 90)$ の標本平均 $\overline{X} = \dfrac{1}{n} \sum_{i=1}^{90} X_i$ の実現値は 10.1 万円で，不偏分散 $U^2 = \dfrac{1}{89} \sum_{i=1}^{90} (X_i - \overline{X})^2$ の実現値は 5.12 万円^2 であった．S さんは引き続く 90 日間も熱心に働き，社会情勢に大きな変化がないとする．この仮定のもとで S さんが店長になれる確率はどの程度か考えよう．

X の確率分布はわからないが，標本サイズ 90 は十分に大きいから，標本平均 $\overline{X}$ は中心極限定理によって正規分布に従う．この正規分布の平均と分散は未知であるが，上記の仮定のもとで，その平均を 10.1 万円，分散を $\dfrac{5.12}{90}$ 万円^2 と見なしてもよいと考えられる．したがって求める確率は

$$\begin{aligned} P(\overline{X} > 10) &= 1 - \mathsf{NORM.DIST}(10, 10.1, 5.12/\mathsf{SQRT}(90), \mathsf{TRUE}) \\ &\fallingdotseq 1 - 0.427 \\ &\fallingdotseq 0.57 \end{aligned}$$

となる． ■

注 48　各科目の成績から特定の方式によって算出された学生の成績評価値．

例題 7.8　あるマンモス大学のある年の全学生の成績評価得点 GPA[注 48]（4 点満点）の平均は 2.52 点・標準偏差は 0.71 点であり，その分布は左に歪んでいた（p.45 の図 4.3 c のような形）．この分布を母集団分布とする母集団から無作為に選んだ 50 名の学生の GPA の平均を $\overline{X}$ とするとき，$\overline{X}$ が 2.80 点を超える確率 $P(\overline{X} > 2.80)$ を求めよ．

解　母集団分布は正規分布ではないが，標本サイズ 50 は十分大きいので中心極限定理により $\overline{X}$ の分布は $N\left(2.52, \dfrac{0.71^2}{50}\right)$ で近似される．したがって

$$\begin{aligned} P(\overline{X} > 2.80) &= 1 - \mathsf{NORM.DIST}(2.80, 2.52, 0.71/\mathsf{SQRT}(50), \mathsf{TRUE}) \\ &\fallingdotseq 1 - 0.997 \\ &= 0.003 \end{aligned}$$

■

問 7.14　平均 80・分散 10^2 の母集団から大きさ 64 の無作為標本を抽出するとき，標本平均 $\overline{X}$ が 77 を超えない確率を求めよ．

7.5.3　大数の法則

中心極限定理は，標本サイズ n が大きいときの $\overline{X}$ の標本分布の近似分布を完全にとらえたものであるが，n が大きいときの $\overline{X}$ 自身の確率的振る舞いをとらえるのが**大数**（たいすう）**の法則**である．

大数の法則
law of large numbers

大数の法則

X_1, X_2, …, X_n を平均 μ ・分散 σ^2 をもつ母集団分布からの無作為標本とするとき，それらの標本平均 $\overline{X}$ は標本サイズ n を大きくすると母平均 μ に近づく．

補 (7.36) より $\overline{X}$ の分散 $V\left[\overline{X}\right] = \dfrac{\sigma^2}{n}$ であり，この分散は n が大きくなるにつれて 0 に近づくから，$\overline{X}$ の値は母平均 μ の近くに集中し，その確率が 1 に近づく．このような収束を統計理論では**確率収束**とよんでいる．中心極限定理と大数の法則の厳密な数式表現およびそれらの証明については文献 [17] (pp.101-107) などを参照されたい．

確率収束 *convergence in probability*

図 7.13 は，例 7.1 (p.88) で取り上げた区間 (−0.5, 0.5) 上の一様分布に従う大きさ n $(= 10,\ 20,\ 50\ (50)\ 1000)$[注 49] の乱数を発生させ，$n$ の値を横軸に，n の値ごとに求めた標本平均の値を縦軸にとり描いた折れ線グラフである．n が大きくなるにつれて標本平均が真の平均 0 の回りに集中していくことが読み取れる．

注 49　50 (50) 1000 は，50 から 1000 までは 50 ずつ増やすという意味．

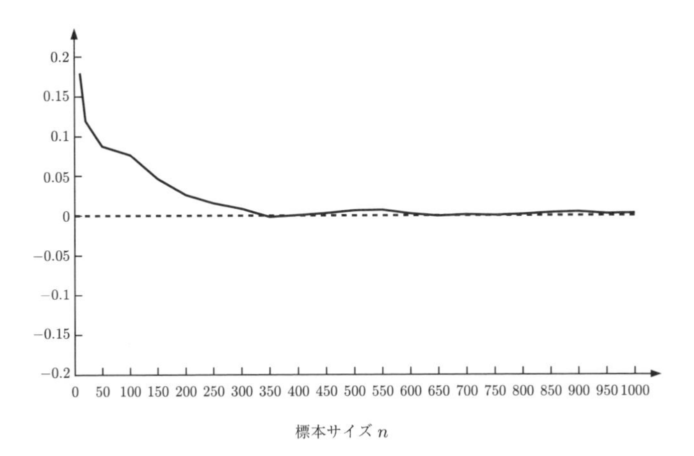

図 7.13　大数の法則のシミュレーション

7.5.4　正規母集団の場合の標本分布

この項では，母集団分布 $N(\mu,\ \sigma^2)$ から抽出した無作為標本 X_1, X_2, …, X_n を用いて，母平均や母分散の推測を行う場合によく用いられる標本分布を紹介する．

母分散 σ^2 が既知のときに母平均 μ の推測に用いられる標本分布

X_1, X_2, …, X_n が母集団分布 $N(\mu,\ \sigma^2)$ からの無作為標本のとき，$\overline{X}$ は正規分布 $N\left(\mu,\ \dfrac{\sigma^2}{n}\right)$ に従うから，$\overline{X}$ を標準化[注 50]した

$$Z = \frac{\overline{X} - \mu}{\sqrt{\sigma^2/n}}$$

は標準正規分布 $N(0,\ 1)$ に従う．

注 50　p.94 例題 7.3 参照．

母分散 σ^2 が未知のときに母平均 μ の推測に用いられる標本分布

母平均 μ を推測する際に，母分散 σ^2 が既知であるという仮定は現実的ではない．このような場合には，上記 Z に含まれる未知の母分散 σ^2 を標本から計算できる不偏分散 $U^2 = \frac{1}{n-1}\sum_{i=1}^{n}(X_i - \overline{X})^2$ で置き換えるのが自然な方法である．この方法で作られた

$$T = \frac{\overline{X} - \mu}{\sqrt{U^2/n}} \tag{7.37}$$

には $\overline{X}$ 以外にも不確実要因（確率変数）U^2 が追加される．そのため T は，標準正規分布よりも裾の重い[注51] **自由度 $n-1$ の t 分布**に従う．t 分布は自由度が大きくなるにつれて標準正規分布に近づく．詳細は補章 p.191 を参照のこと．また t 分布が使われる場面の例については，p.124（b）や p.137（a），p.141 9.2.3 項を見よ．

注 51　p.191 の図 A.8 で確認されたし．

> **問 7.15**　X が標準正規分布に従い，T が自由度 3 の t 分布に従うとき，それぞれの分布の裾の確率 $P(X < -3 \text{ または } 3 < X)$ と $P(T < -3 \text{ または } 3 < T)$ を求めよ．

上では (7.37) の精密な分布について述べたが，標本サイズ n が十分に大きい場合には，不偏分散 U^2（または標本分散 S^2）の実現値 u^2（または s^2）が母分散 σ^2 の良い近似値となるため，上記の Z に含まれる σ^2 を u^2（または s^2）で置き換えた統計量 $Z = \frac{\overline{X} - \mu}{\sqrt{u^2/n}}$ は標準正規分布 $N(0,\ 1)$ に従うとみなせる．

補　(7.37) で与えられる T は，標準正規分布に従う Z と自由度 $n-1$ の χ^2 分布に従う (7.38) で与えられる W を用いて $T = Z \Big/ \sqrt{\frac{W}{n-1}}$ と書け，Z と W が独立になることから自由度 $n-1$ の t 分布に従うことがわかる（p.191 (A.18) 参照）．

正規母集団の分散の推測に用いられる標本分布

$X_1,\ X_2,\ \ldots,\ X_n$ が母集団分布 $N(\mu,\ \sigma^2)$（σ^2 は既知とする）からの無作為標本のとき，これらの標本から作られる

$$W = \frac{n-1}{\sigma^2}U^2 \tag{7.38}$$

は**自由度 $n-1$ の χ^2 分布**に従う．ただし

$$\overline{X} = \frac{1}{n}\sum_{i=1}^{n} X_i\ , \quad U^2 = \frac{1}{n-1}\sum_{i=1}^{n}(X_i - \overline{X})^2 \tag{7.39}$$

である．χ^2 分布については，補章 p.189 を参照のこと．

2 つの正規母集団の分散の比の推測に用いられる標本分布

$X_1,\ X_2,\ \ldots,\ X_{n_1}$ を母集団分布 $N(\mu_1,\ \sigma^2)$ からの大きさ n_1 の無作為標本，$Y_1,\ Y_2,\ \ldots,\ Y_{n_2}$ を母集団分布 $N(\mu_2,\ \sigma^2)$ からの大きさ n_2 の無作為標本とし，2 種類の無作為標本は独立であるとする．このとき

$$W_j = \frac{n_j - 1}{\sigma^2} {U_j}^2 \quad (j = 1,\ 2) \tag{7.40}$$

ただし，$\overline{X} = \frac{1}{n_1}\sum_{i=1}^{n_1} X_i, \quad {U_1}^2 = \frac{1}{n_1 - 1}\sum_{i=1}^{n_1}(X_i - \overline{X})^2$

$\overline{Y} = \frac{1}{n_2}\sum_{i=1}^{n_2} Y_i, \quad {U_2}^2 = \frac{1}{n_2 - 1}\sum_{i=1}^{n_2}(Y_i - \overline{Y})^2$

とおくと，σ^2 が既知のとき W_1 と W_2 はそれぞれ，自由度 $n_1 - 1$ と $n_2 - 1$ の χ^2 分布に従う．したがって，F 分布の定義から

$$F = \frac{W_1/(n_1 - 1)}{W_2/(n_2 - 1)} = \frac{{U_1}^2}{{U_2}^2} \tag{7.41}$$

は**自由度** $(n_1 - 1,\ n_2 - 1)$ **の F 分布**に従う．F 分布の定義は補章 p.192 を参照のこと．

例題 7.9　母分散が等しい 2 つの正規母集団からそれぞれ，大きさ 14 と 16 の無作為標本を独立に抽出した．このとき，大きさ 14 の無作為標本の不偏分散 ${U_1}^2$ が大きさ 16 の無作為標本の不偏分散 ${U_2}^2$ の 2 倍以上の値をとる，すなわち (7.41) で与えられる F が 2 以上になる確率 $P(F \geq 2)$ を求めよ．

解　F は自由度 (13, 15) の F 分布に従う．

$$P(F \geq 2) = 1 - P(F < 2)$$

$P(F < 2)$ は Excel の関数 F.DIST(2, 13, 15, TRUE) で求まり，その近似値は 0.9000 となるので $P(F \geq 2) \fallingdotseq 1 - 0.9000 = 0.1000$ ▮

補　2 つの母集団の分散は等しいにもかかわらず，それぞれの母集団から抽出した無作為標本から計算した 2 つの不偏分散 ${U_1}^2$ と ${U_2}^2$ において，前者が後者の 2 倍以上になる場合がおよそ 1 割程度起こることを，上の結果は意味している．

章末問題

7.1 下表は，2019年の9月24日から10月18日に発売されたハロウィンジャンボ宝くじの当せん金額と当せん確率を示している．この表は，当せん金額を確率変数 X とするときの X の確率分布とみなせる．この表より，当せん金額の期待値 $E[X]$ を求めよ（小数第1位を四捨五入して答えよ）．

等級	当せん金額 (円)	本数	確率
1等	300,000,000	8	0.0000001
1等の前後賞	100,000,000	16	0.0000002
1等の組違い賞	100,000	792	0.0000099
2等	5,000,000	16	0.0000002
3等	1,000,000	800	0.00001
4等	100,000	16,000	0.0002
5等	3,000	800,000	0.01
6等	300	8,000,000	0.1
はずれ	0	71,182,368	0.8897796
計	——	80,000,000	1

7.2 大小2個の偏りのないサイコロを同時に振り，出た目の和を確率変数 X とするとき，X の確率分布を導け．

7.3 外からは中が見えない箱の中に4個の白球と3個の赤球が入っている．この箱から非復元抽出で赤球が出るまで球を取り出し続ける実験を行う．確率変数 X を赤球が出るまでの球の取り出し回数とするとき，以下の問いに答えよ．

(1) X の取り得る値を調べよ．

(2) X の確率分布を導け．

(3) X の期待値と標準偏差を求めよ．

7.4 確率密度関数が下図で表される $(0, 1)$ 上の連続型一様分布の平均 $E[X]$ と分散 $V[X]$ を求めよ．

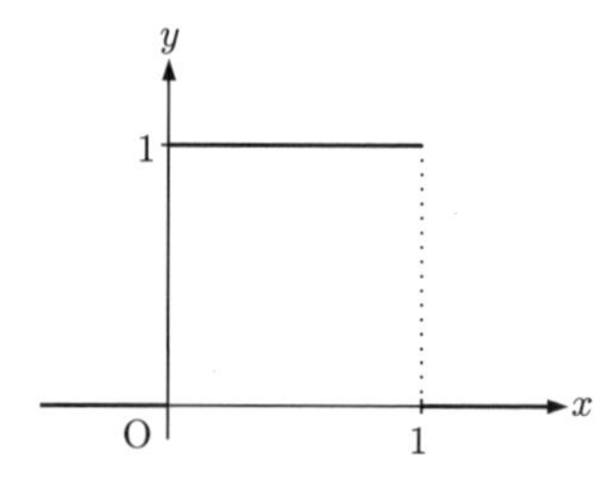

7.5 ハイリスクハイリターン型の株式 a の株価（1万円）は確率 $\frac{1}{3}$ で4倍，確率 $\frac{2}{3}$ で $\frac{1}{4}$ になるという．またローリスクローリターン型の株式 b の株価（1万円）は確率 $\frac{1}{3}$ で2倍に，確率 $\frac{2}{3}$ で半分になるという．株式 a と b の収益率をそれぞれ A，B とするとき以下の問いに答えよ．

(1) 株式 a の収益は1万円 $\times A = A$ 万円である．株式 a の期待収益 $E[A]$ とリスク $V[A]$ を求めよ[注52]．

注52 期待収益は期待値で，リスクは分散でとらえる．

(2) 株式 b の期待収益 $E[B]$ とリスク $V[B]$ を求めよ．

(3) $\sigma_A = \sqrt{V[A]}, \sigma_B = \sqrt{V[B]}$ とおくと，A と B の相関係数 ρ は $\rho = \dfrac{\mathrm{Cov}[A, B]}{\sigma_A \sigma_B}$ で表される．$\rho = -\dfrac{1}{4}$ のとき，A と B の共分散 $\mathrm{Cov}[A, B]$ を求めよ．

(4) $\rho = -\dfrac{1}{4}$ のとき，A と B を半分ずつ組み合わせたポートフォリオ[注 53]収益率 $C = \dfrac{1}{2}(A+B)$ の期待収益 $E[C]$ とリスク $V[C]$ を，次の式を用いて求めよ．

$$E[C] = \frac{1}{2}\{E[A] + E[B]\},\ V[C] = \frac{1}{4}\{V[A] + V[B] + 2\mathrm{Cov}[A, B]\}$$

補 A と B の相関係数 ρ が負であることは，a と b の株価の上下の動きが反対になりやすいことを意味する．このように反対の動きをする株式の組合せによってリスクを下げる，というのがポートフォリオの考え方である．この問題でも，$E[B] < E[C] < E[A]$，$V[B] < V[C] < V[A]$ となっている．

注 53　収益性の異なる金融資産を組み合わせることでリスクを分散させる投資手法．

7.6 ある地方公務員試験は多肢選択型問題が 50 問あって，各問題は 1 つの正答を含む 4 つの選択肢からなる．この試験では正答数が 30 問以上であれば合格になる．ある受験生は全く準備をしないでこの試験に臨むため，問題ごとに答えを無作為に選ぶ．このとき，この受験生の正答数を確率変数 X とするとき，X は $B\left(50,\ \dfrac{1}{4}\right)$ に従う．この受験生が合格する確率を Excel の関数 BINOM.DIST を使って求めよ．

7.7 ある製品の生産工程において，作られた製品の山（ロットという）からランダムに大きさ 10 の標本を抜き出して，各製品が不良品であるか否かを検査[注 54]する．過去の経験から，この製品のロットに含まれる不良品の割合（ロット不良率という）は 0.05 と想定できるとき，10 個の標本の中に不良品が少なくとも 1 個含まれる確率を求めよ．ただし，不良品の数を確率変数 X とするとき，X は $B(10,\ 0.05)$ に従うものとする．

注 54　このような検査は，**抜き取り検査**とよばれる．

7.8 あるクイズ番組では，各問題がすべて 5 つの選択肢をもつ多岐選択型の 10 個の問題からなっている．解答者は正答のときは 3 点，誤答のときは -1 点を受け取るものとし，各問題である解答者が正答をいい当てる確率を $\dfrac{1}{3}$ とするとき，10 個の問題でこの解答者が得る得点の合計が正となる確率はいくらか．

7.9 ある商品のセールスマンの基本給は月 25 万円で，商品を 1 個売るごとに歩合 5000 円がもらえる．セールスマンは毎月 100 軒の家を訪問し，彼の訪れた家がこの商品を買う確率は 0.2 であるとする．1 人のセールスマンの月間販売量 X の期待値と分散を求めよ．また，セールスマンの月間収入 Y の期待値と分散を求めよ．

7.10 確率変数 X はある株式の利回り (%) で，平均 3・分散 10 の正規分布 $N(3,\ 10)$ に従うものとする．株式投資が損となる確率 $P(X < 0)$ を求めよ．

7.11 偏差値 T とは試験などの得点を，平均 50・分散 10^2 の分布になるように変換した変数である．T の分布が正規分布 $N(50,\ 10^2)$ であるとして，偏差値が 70 を超える集団の割合 $P(70 < T)$ を求めよ．

7.12 ある統計学の試験を受けた学生の得点 X の分布は，正規分布 $N(45,\ 9^2)$ で近似できる．得点が下位のもの 30 %が不合格になるものとして，この試験の合格点は何点以上か．条件を満たす最小の整数で答えよ．

7.13 1, 2, 3 の目がそれぞれ 2 個ずつ記入されたサイコロを 2 回投げるとき，出る目を確率変数 X_1, X_2 とする．

(1) $\overline{X} = \dfrac{X_1 + X_2}{2}$ が従う確率分布を求めよ．

(2) $\overline{X}$ の期待値 $E\left[\overline{X}\right]$ と分散 $V\left[\overline{X}\right]$ をそれぞれ求めよ．

7.14 ある年の日本に住む 20 歳の男子の胸囲の分布は平均 86.9 (cm)， 標準偏差 4.80 (cm) の正規分布で近似できる．この母集団から 16 人を無作為に選ぶとき，その胸囲の平均 $\overline{X}$ が 85 (cm) 以下になる確率を求めよ．

7.15 ある工場で生産される電球の寿命 X の分布は，平均 1180 時間，標準偏差 20 時間の正規分布で近似できる．このとき以下の問いに答えよ．

(1) 25 個の電球の無作為標本の寿命の平均が 1170 時間を超える確率を求めよ．

(2) 無作為に選んだ n 個の電球の寿命の平均が，少なくとも 0.9 の確率で 1175 時間を超えるといえる n の値を求めよ．

7.16 スーパーマーケットで客がレジを通るのにかかる時間を調べたところ，通過時間 X は平均 μ，標準偏差 2 分 30 秒の正規分布に従っているとみなせることがわかった．通過する人 n 人の通過の平均時間 $\overline{X}$ が母平均 μ から 30 秒以上はずれる確率が 10 %になるようにするには，通過する人の数 n はどれだけ必要か．ただし各人の通過時間は独立である．

7.17 二項分布 $B(n,\ p)$ の期待値について，p.97 の (7.32) が成り立つことを証明せよ．

プロジェクト 7

I. どの目が出ることも同程度に確からしいサイコロを何の作為もなく投げる試行において，出る目を確率変数 X とすると，X は離散一様分布

$$P(X = x) = \frac{1}{6} \quad (x = 1,\ 2,\ \ldots,\ 6) \tag{7.42}$$

に従う．この確率分布を母集団分布とする母集団から無作為抽出された標本[注55]の標本平均 $\overline{X}$ の標本分布について，以下の問いを通して考えよ．

〔a〕 離散一様分布 (7.42) の平均 $\mu = E[X]$ と分散 $\sigma^2 = V[X]$ を求めよ．

〔b〕 X_1, X_2 を離散一様分布 (7.42) からの無作為標本とするとき，それらの標本平均 $\overline{X} = \dfrac{X_1 + X_2}{2}$ の標本分布の平均 $E\left[\overline{X}\right]$ と分散 $V\left[\overline{X}\right]$ を求めよ[注56]．

〔c〕 標本平均 $\overline{X}$ の標本分布のシミュレーション

Excel にはいろいろな確率分布に従う乱数を発生させる機能がある．この機能を使って「離散型一様分布 (7.42) から大きさ 25 の無作為標本を取り出し，その標本平均 $\overline{X}$ の実現値 $\overline{x}$ を計算する」ことを 1000 回繰り返す．その結果を度数分布にまとめ，その度数分布から $\overline{x}$ の期待値や分散を求めたり，度数分布のヒストグラムを描いたりすることによって $\overline{X}$ の標本分布を推測する．

Excel の画面（空白の Book[注57]）を立ち上げ，以下に示す手順にしたがって Excel の操作を行え．

(1) 離散一様分布 (7.42) の確率分布をワークシート「Sheet1」に作成する．セル範囲 A2:A7 に 1 から 6 までの連続する整数を，セル範囲 B2:B7 に 1/6 を入力する． セル B2 に分数 1/6 を入力する場合，まずセル B2 を選択し，［ホーム］タブの［数値］グループで 標準 ∨ （数値の書式）をクリックして図 7.14 のように「分数」を選ぶ．その後セル B2 に 1/6 と入力する．セル B2 をコピーし B3:B7 に貼り付ける．

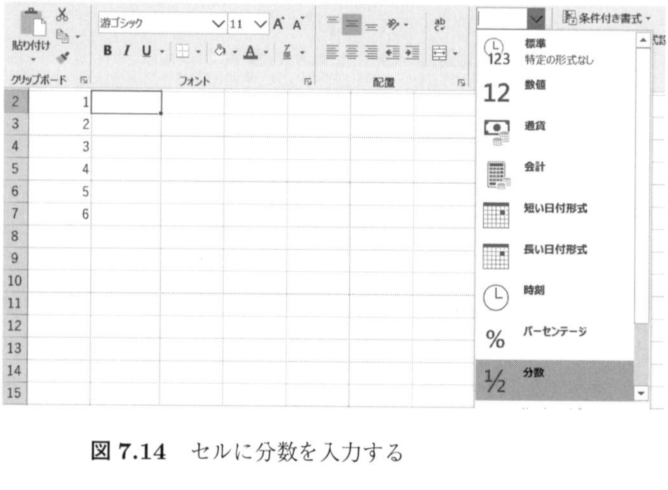

図 7.14 セルに分数を入力する

注 55 このサイコロを作為なく投げて出た目の集合．

注 56 必要があれば以下の式を用いよ．

$$E\left[\overline{X}\right] = \frac{1}{2}(E[X_1] + E[X_2]),$$
$$V\left[\overline{X}\right] = \frac{1}{4}(V[X_1] + V[X_2])$$

注 57 Excel のファイルは Book とよばれる．空白の Book とは新規ファイルのこと．

(2) Excel 2016の場合，タイトルバーにある［データ］タブをクリックして表示される［分析］グループ 注58 で［データ分析］をクリックする．現れたデータ分析画面で［乱数発生］を選択し［OK］をクリックする．「乱数発生」ダイアログボックスが現れるので，ダイアログボックスにある各項目を次のように設定する．

「変数の数 (V)」= 25　(各標本抽出における標本サイズ)

「乱数の数 (B)」= 1000　(標本抽出の回数)

「分布 (D)」= 離散　(離散型確率分布を選択)

「値と確率の入力範囲 (I)」= セル範囲 A2:B7 を指定する

「出力先 (O)」= セル A10 を指定する

注58 ［分析］グループは，使用中の Excel に分析ツールがアドインされていないと表示されない．アドインの方法についてはWeb上の解説サイトを参照せよ．

図 7.15　乱数発生のためのダイアログボックス

［OK］をクリックすると，1000 行 25 列（セル範囲 A10:Y1009）の行列形式で乱数が出力される．自分が発生させた乱数は，一般には図 7.15 のセル範囲 A10:B17 に見える乱数と同じにならないことに注意せよ．

(3) シート見出し「Sheet1」の右側にある ⊕ をクリックし「Sheet2」を作成する．次に「Sheet1」のセル範囲 A10:Y1009 をコピーし，「Sheet2」のセル範囲 A1:Y1000 に貼り付ける．

(4) 「Sheet2」のセル範囲 A1:Y1000 の各行ごとの標本平均 $\bar{x} = \frac{1}{25}\sum_{i=1}^{25} x_i$ の値をセル範囲 Z1:Z1000 に計算する．セル Z1 に「=AVERAGE(A1:Y1)」と入力する．キーボードを使わないで入力する場合は，［ホーム］タブの［編集］グループで Σ をクリックし［平均 (A)］を選択する．

(5) セル Z1 に計算された標本平均 $\bar{x}_1$ の値（計算式）をコピーし，セル範囲 Z2:Z1000 に貼り付ける．この操作はExcelのオートフィル機能を使うと次のように簡単にできる．セル Z1 を選択しマウスポインターをそのセルの右下コーナーにポイントすると，マウスポインターの形状が＋に変わるのでそれをダブルクリックする．すると Z 列の Z2 から最下行の Z1000 までのすべてのセルに各行の標本平均 $\bar{x}_2, \ldots, \bar{x}_{1000}$ の値が計算される．

(6) セル Z1001 に 1000 個の標本平均（セル範囲 Z1:Z1000）の標本平均

$\bar{\bar{x}} = \dfrac{1}{1000}\sum_{i=1}^{1000}\bar{x}_i$ の値を Excel の関数 AVERAGE(Z1:Z1000) を用いて計算する．

(7) セル Z1002 に 1000 個の標本平均（セル範囲 Z1:Z1000）の不偏分散 $u^2 = \dfrac{1}{999}\sum_{i=1}^{1000}(\bar{x}_i - \bar{\bar{x}})^2$ の値を Excel の関数 VAR.S(Z1:Z1000) を用いて計算する．Excel に組み込まれた統計関数（ここでは VAR.S）は，数式バーの左隣にある *fx* をクリックし，現れたダイアログボックス（図 7.16）で次の設定を行い，［OK］をクリックする．

「関数の分類 (C)」= 統計　「関数名 (N)」= VAR.S を選択する

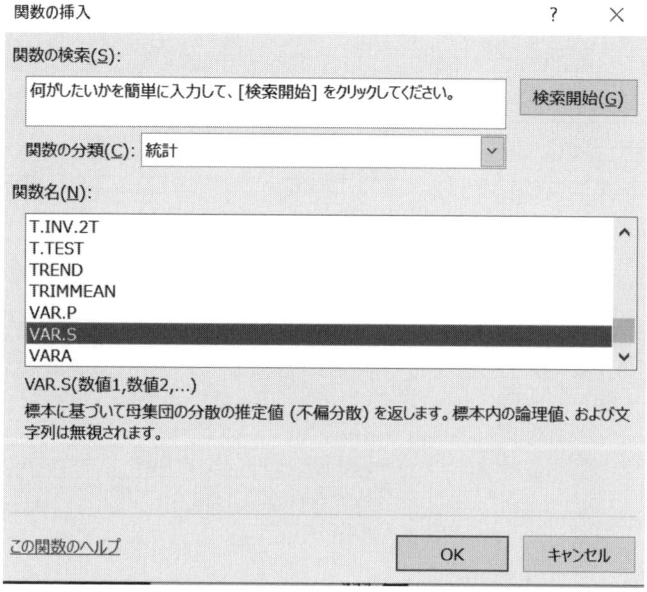

関数の挿入　?　×

関数の検索(S):

何がしたいかを簡単に入力して、[検索開始] をクリックしてください。　検索開始(G)

関数の分類(C): 統計

関数名(N):

T.INV.2T
T.TEST
TREND
TRIMMEAN
VAR.P
VAR.S
VARA

VAR.S(数値1,数値2,...)

標本に基づいて母集団の分散の推定値 (不偏分散) を返します。標本内の論理値、および文字列は無視されます。

この関数のヘルプ　OK　キャンセル

図 7.16　統計関数を選択するためのダイアログボックス

(8) Z1003 に 1000 個の標本平均（セル範囲 Z1:Z1000）の最大値を計算する．(Excel の関数 MAX を用いる)

(9) Z1004 に 1000 個の標本平均（セル範囲 Z1:Z1000）の最小値を計算する．(Excel の関数 MIN を用いる)

(10) Z1005 に 1000 個の標本平均（セル範囲 Z1:Z1000）の範囲 (= 最大値 − 最小値) を計算せよ．範囲は度数分布の階級の数を決めるときに利用する．

	Y	Z
997	6	3.16
998	1	3.28
999	2	3.64
1000	1	3.6
1001	標本平均	3.49396
1002	不偏分散	0.118645
1003	最大値	4.56
1004	最小値	2.36
1005	範囲	2.2

図 7.17　標本平均・不偏分散・最大値・最小値・範囲の計算例

(11) 〔a〕で求めた μ の値と (6) で求めた $\bar{\bar{x}}$ の値は近い値をとるはずである．あなたの実験ではどうか．

(12) 〔a〕で求めた分散 σ^2 の値を標本サイズ 25 で割った値と (7) で求めた u^2 の値は近い値となるはずである．あなたの実験ではどうか．

(13) (5) で求めた 1000 個の標本平均 $\bar{x}$ の値の度数分布（相対度数も含む）を表で表せ（p.201「関数 FREQUENCY を用いて度数を求める」参照）．ただし，分布の階級幅は 0.2 位を目安に何度か試行錯誤を繰り返し決めよ．また最初の階級には (9) で求めた最小値が，最後の階級には (8) で求めた最大値が入るように階級の両端の値を決めよ．

	階級	階級上限	度数	相対度数
1	2.2-2.4	2.4	1	0.001
2	2.4-2.6	2.6	4	0.004
3	2.6-2.8	2.8	20	0.02
4	2.8-3.0	3	58	0.058
5	3.0-3.2	3.2	136	0.136
6	3.2-3.4	3.4	198	0.198
7	3.4-3.6	3.6	229	0.229
8	3.6-3.8	3.8	180	0.18
9	3.8-4.0	4	114	0.114
10	4.0-4.2	4.2	42	0.042
11	4.2-4.4	4.4	17	0.017
12	4.4-4.6	4.6	1	0.001
		計	1000	1

図 7.18　度数分布表の作成例

(14) (13) で作成した相対度数のヒストグラムを描け（p.204「ヒストグラムの作成」参照）．このようなヒストグラム（分布）は標本抽出の回数を限りなく増やすとともに階級幅を 0 に近づければ，$\overline{X}$ の標本分布[注59]に近づく．

注 59　ここではシミュレーションによって $\bar{x}$ の多くの値を求めたためヒストグラムを描いたが，$\overline{X}$ の標本分布は離散型確率分布となるため棒グラフで表される．

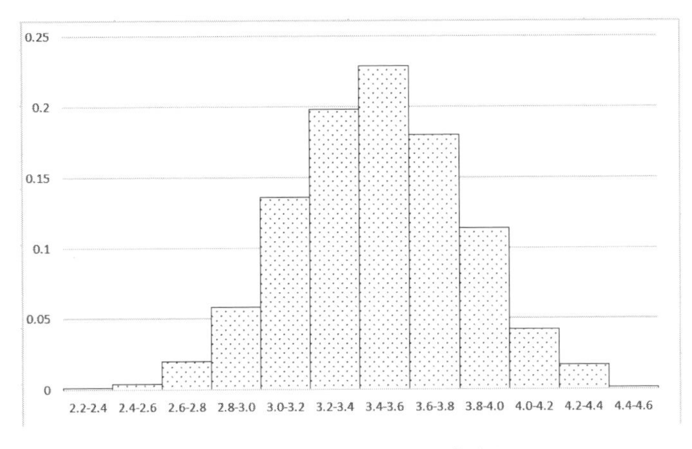

図 7.19　ヒストグラムの作成例

〔d〕〔c〕の (1) から (14) を実行し，以下を報告せよ．

(1) 1000 個の $\bar{x}_1, \bar{x}_2, \ldots, \bar{x}_{1000}$ の値およびそれらの平均 $\bar{\bar{x}}$ と不偏分散 $u^2 = \dfrac{1}{999}\sum_{i=1}^{1000}(\bar{x}_i - \bar{\bar{x}})^2$ の値．

(2) $|\bar{\bar{x}}-\mu|$ と $\left|u^2-\dfrac{\sigma^2}{25}\right|$ を計算し，〔c〕の (11) と (12) について答えよ．

(3) 1000 個の標本平均 $\overline{x}$ の相対度数の分布（階級幅は 0.2 位にする）．

(4) 1000 回の標本抽出を繰り返したときの標本平均 $\overline{x}$ の相対度数のヒストグラム．

II. 人間の身長は一般に正規分布に従うといわれている．そのため身長データを抽出した母集団の母集団分布に正規分布を安易に想定することが多い．本書のサポートページ

https://www.gakujutsu.co.jp/text/isbn978-4-7806-0916-5/

から，ある大学の新入生男子の身長の実データ（ファイル名：height.csv）をダウンロードし，このデータに対して以下の作業を行え．それらの結果をもとに，このデータを抽出した母集団の母集団分布として正規分布を想定してよいかどうかを考えよ．

(1) ヒストグラムを描け．

(2) 平均 $\overline{x}$ と標準偏差 s を求めよ．

(3) $\overline{x} \pm s$ の範囲に入るデータの割合を求めよ．
正規分布であれば，同割合は約 68.3 %である．

(4) $\overline{x} \pm 2s$ の範囲に入るデータの割合を求めよ．
正規分布であれば，同割合は約 95.5 %である．

(5) $\overline{x} \pm 3s$ の範囲に入るデータの割合を求めよ．
正規分布であれば，同割合は約 99.7 %である．

(6) 分布の非対称性（対称性）をみる**歪度**と分布の山が 1 つである分布の裾の重さ（広がり）をみる**尖度**の 2 つの尺度の値（下記の b_1 と b_2）を求めよ．歪度は分布が，左右対称であれば 0，右に歪んでいれば正の値，左に歪んでいれば負の値となる．正規分布は左右対称な分布だから歪度は 0 であり，尖度は 3 になること [注 60] が知られている．
データ $x_1,\ x_2,\ \ldots,\ x_n$ の歪度 b_1 と尖度 b_2 は次式で計算される．

$$b_1 = \frac{1}{n}\sum_{i=1}^{n}\left(\frac{x_i-\overline{x}}{s}\right)^3, \quad b_2 = \frac{1}{n}\sum_{i=1}^{n}\left(\frac{x_i-\overline{x}}{s}\right)^4$$

歪度（わいど）
skewness

尖度（せんど）
kurtosis

注 60　これらの値は確率密度関数 (7.34) を用いて計算される．

8 統計的推測（推定）

本章の目標

- 統計的推測では，得られたデータはある母集団分布に従う確率変数の実現値とみなすという考え方を理解する．
- 推定量の良さをどのような基準で見るか理解する．
- 信頼区間の構成の仕方について理解する．

統計的推測が必要となる状況下では，母集団の真の分布は未知である．この未知の分布のモデルとして想定するのが母集団分布であった（p.102 参照）．伝統的な統計的推測では，母集団分布に正規分布 $N(\mu,\ \sigma^2)$ や二項分布 $B(n,\ p)$ などのパラメータ（母数）で規定される確率分布（モデル）を想定する．このようなモデル化を行うことによって，母集団の真の分布の推測問題は，母集団分布のパラメータ（母数）の推測問題に置き換わる．

統計的推測とは，母集団分布の母数について標本から推測することであり，大きく**推定**と**仮説検定**に分けられる．本章では推定について説明する．推定には**点推定**と**区間推定**がある．

統計的推測　*inferential statistics*
推定　*estimation*
仮説検定　*hypothesis testing*
点推定　*point estimation*
区間推定　*interval estimation*

統計的推測では，得られたデータはある母集団分布に従う確率変数の実現値とみなし，確率変数がいろいろな値をとる中その実現値が得られる確率を考慮した判断を行う．

8.1 点推定

p.19 の図 2.4 に示したように，NHK は毎月全国の 18 歳以上の男女を対象に RDD[注1] という方法で世論調査を行っている．2020 年 3 月の調査では有効回答数が 1240 で，現内閣を支持する人の割合は 43 %であった．この値を全国の全有権者の支持率の**推定値** という．推定値はこのように母数を 1 つの数値で推定したものである．ところで，仮に全く同じ方法で同じ時期にもう一度調査できた（有効回答数も同じ）として同支持率を求めた場合，その値はほぼ確実に最初の推定値とは異なるだろう．

注1　コンピュータで無作為に発生させた固定電話と携帯電話の番号に電話をかけて行う調査．*Random Digit Dialing*

推定値　*estimate*

推定値は上のようにバラつくため，推定値はある確率分布に従う確率変数の実現値ととらえるのが統計的推測の考え方である．母平均 μ を大きさ n の無作為標

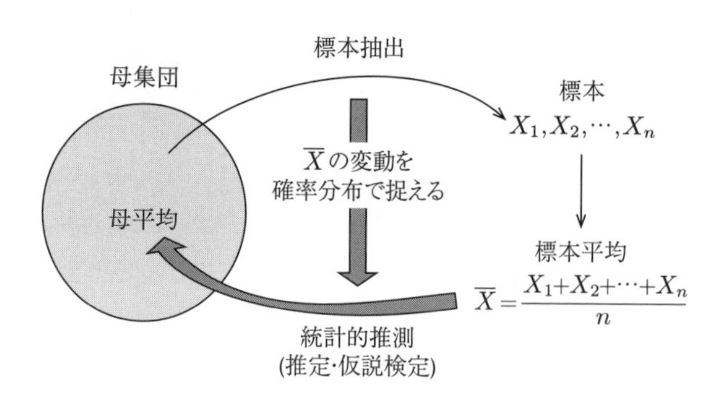

図 8.1 母平均に対する標本平均 $\overline{X}$ による統計的推測

本 $X_1, X_2, \ldots, X_n$ [注2] から求めた標本平均 $\overline{X} = \frac{1}{n}\sum_{i=1}^{n} X_i$ で推定する場合を考えよう．母集団分布が正規分布 $N(\mu, \sigma^2)$ の場合，$\overline{X}$ は $N\left(\mu, \frac{\sigma^2}{n}\right)$ に従った（p.104 参照）．この場合，標本平均 $\overline{X}$ を母平均 μ の**推定量**という．推定量は確率変数であることに注意しよう．そして，実際に得られたデータ $x_1, x_2, \ldots, x_n$ を $X_1, X_2, \ldots, X_n$ の実現値とみなして計算した $\overline{x} = \frac{1}{n}\sum_{i=1}^{n} x_i$ が母平均 μ の**推定値**である．一般に母数 θ を推定するために使われる統計量を推定量といい，$\hat{\theta}$ [注3] のように表すことが多い．いま考えている例では $\hat{\mu} = \overline{X}$ である．

注 2 無作為標本 $X_1, X_2, \ldots, X_n$ は互いに独立に同一の分布に従う確率変数である．

推定量 *estimator*

注 3 ^ はハットと読む．

8.1.1 推定量の性質

母平均の推定で標準的に用いられるのは標本平均であるが，中央値や刈り込み平均 [注4] なども推定量の候補である．しかし，実用的な観点からすべてが推定量として適当であるとは限らない．この項では推定量として満たすことが望まれる性質について述べる．

注 4 大きさの順に並べた標本（データ）の両端から決められた割合を捨て残った標本について求めた算術平均．体操競技やフィギュアスケートなどでは，複数の審判がつけた最高点と最低点を除いた得点の刈り込み平均を採用している．

不偏性

推定量の標本分布の平均が推定したい母数に一致する，式で表すと

$$E\left[\hat{\theta}\right] = \theta \tag{8.1}$$

となる性質を**不偏性**といい，これを満たす推定量 $\hat{\theta}$ を θ の**不偏推定量**という．

不偏推定量 *unbiased estimator*

補 $\hat{\theta}$ はバラつくが平均的には θ を過大・過小推定しないことを (8.1) は意味している．

一致性

この性質では標本サイズ n が問題になるので，推定量を $\hat{\theta}_n$ と表す．「標本サイズ n が大きくなるにつれて，推定量 $\hat{\theta}_n$ が母数 θ に近づく．」という性質を**一致性**といい，これを満たす推定量 $\hat{\theta}_n$ を θ の**一致推定量**という．

一致推定量
consistent estimator

補 「推定量 $\hat{\theta}_n$ が母数 θ に近づく」をより正確にいうと，「$\hat{\theta}_n$ が母数 θ の近傍にある確率が限りなく1に近づく」となる．

母平均 μ の推定量 $\overline{X}$ の性質

p.104 の (7.36) より，$E\left[\overline{X}\right] = \mu$ が成り立つので $\overline{X}$ は母平均 μ の不偏推定量である．また大数の法則 (p.106) より，標本平均 $\overline{X}$ は μ の一致推定量である．

母比率 p の推定量 $\hat{p}$ の性質

政府のある政策についての賛否を全国の有権者にたずねる場合のように，母集団の各要素（成員）が特定の性質を持つか否かである[注5]非常に大きな母集団（無限母集団とみなせる）を考える．このような母集団を**二項母集団**とよぶ．母集団における特定の性質を持つものの比率を p とし，n 回の非復元無作為抽出によって選ばれた特定の性質を持つものの数を X とすると，X は（近似的に）二項分布に従う．母比率 p の推定量として $\hat{p} = \dfrac{X}{n}$ を用いるとき，$E[X] = np$（p.97 の (7.32) 参照）より $E[\hat{p}] = p$ となるので，$\hat{p}$ は p の不偏推定量となる．また X を n 回のベルヌーイ試行の結果の和とみなす（p.96 の例 7.4 参照）と，$\dfrac{X}{n}$ は n 回の試行結果の標本平均であるから，大数の法則より $\hat{p} = \dfrac{X}{n}$ は母比率 p の一致推定量となる．

注5 特定の性質を持つ要素を1，持たない要素を0とすると二項母集団は0と1からなる集合である．

二項母集団
binomial population

母分散 σ^2 の推定量の性質

母分散 σ^2 の推定量として，標本分散 $S^2 = \dfrac{1}{n}\sum_{i=1}^{n}(X_i - \overline{X})^2$ と不偏分散 $U^2 = \dfrac{1}{n-1}\sum_{i=1}^{n}(X_i - \overline{X})^2$ のどちらの推定量が良いか考えよう．ある条件[注6]のもとで両推定量が母分散 σ^2 の一致推定量であることが知られている．次に不偏性について考える．標本分散 S^2 と不偏分散 U^2 の平均を求めると，それぞれ

$$E\left[S^2\right] = \frac{n-1}{n}\sigma^2, \quad E\left[U^2\right] = \sigma^2 \tag{8.2}$$

となり，U^2 は母分散 σ^2 の不偏推定量であるが，$E\left[S^2\right]$ は σ^2 を過小評価[注7]していることがわかる．(8.2) の証明は章末問題とし，ここでは，シミュレーションによって $E\left[S^2\right]$ と $E\left[U^2\right]$ の推定値を求め，それらの比較を行う．具体的には

1. 標準正規分布 $N(0, 1)$ に従う大きさ5の乱数 $x_1, x_2, \ldots, x_5$ を発生する．

注6 母集団分布が母平均 μ の回りの4次のモーメント $E\left[(X-\mu)^4\right]$ をもつ．文献 [1] p.123 などを参照されたい．

注7 $\dfrac{n-1}{n} < 1$ より $E\left[S^2\right] < \sigma^2$ となるから．

2. 標本分散 $s^2 = \dfrac{1}{5}\sum_{i=1}^{5}(x_i - \overline{x})$ と不偏分散 $u^2 = \dfrac{1}{4}\sum_{i=1}^{5}(x_i - \overline{x})$ を計算する．

を 500 回繰り返し，求まった 500 個の標本分散と不偏分散の値を，それぞれ ${s_1}^2,\ {s_2}^2,\ \ldots,\ {s_{500}}^2\ ;\ {u_1}^2,\ {u_2}^2,\ \ldots,\ {u_{500}}^2$ とする．次にこれらの値を使って $E\left[S^2\right]$ の推定値 $= \dfrac{1}{500}\sum_{j=1}^{500}{s_j}^2$ と $E\left[U^2\right]$ の推定値 $= \dfrac{1}{500}\sum_{j=1}^{500}{u_j}^2$ を計算する．

上の手順を 10 回繰り返し求めた $E\left[S^2\right]$ と $E\left[U^2\right]$ の推定値をグラフに示したのが図 8.2 である．この図より，$E\left[U^2\right]$ の推定値は母分散 1 のまわりに，$E\left[S^2\right]$ の推定値は母分散の $\dfrac{4}{5}$ 倍 $= 0.8$ のまわりにバラつくことがわかるので，U^2 は母分散 σ^2 の不偏推定量となり，S^2 は σ^2 を過小推定することが想像できよう．標本サイズ n が大きくない場合には，U^2 は S^2 より σ^2 の良い推定量である．

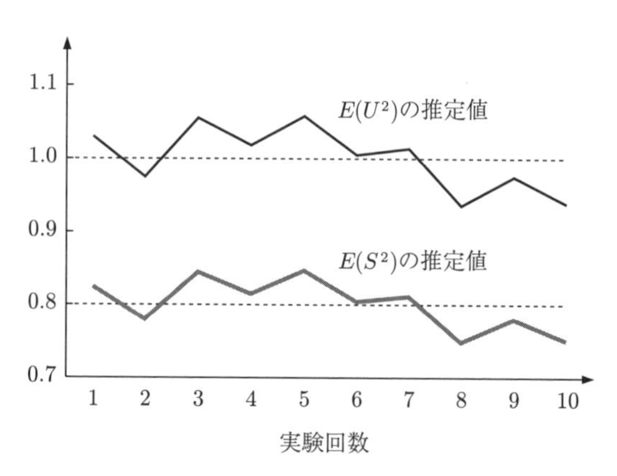

図 8.2　標本分散 S^2 と不偏分散 U^2 の違いを見るシミュレーション

いま母数 θ に対する 2 つの推定量 $\hat{\theta}_1$ と $\hat{\theta}_2$ があり，両者とも不偏性と一致性をもっているとする．そして，それぞれの分散 $V\left[\hat{\theta}_1\right]$，$V\left[\hat{\theta}_2\right]$ の間に

$$V\left[\hat{\theta}_1\right] < V\left[\hat{\theta}_2\right]$$

が成り立つ場合，$\hat{\theta}_1$ のばらつきは $\hat{\theta}_2$ のそれより小さいので，$\hat{\theta}_1$ のほうが $\hat{\theta}_2$ より良い θ の推定量である．

標準誤差
standard error

推定量 $\hat{\theta}$ の分散 $V\left[\hat{\theta}\right]$ は推定量の良さをみる重要な指標であり，その正の平方根 $\sqrt{V\left[\hat{\theta}\right]}$ を推定量 $\hat{\theta}$ の**標準誤差**という．推定量 $\hat{\theta}$ の標準誤差を，$\mathrm{SE}(\hat{\theta})$ や $s.e.$ と書くことが多い．実際問題では推定量 $\hat{\theta}$ の分散 $V\left[\hat{\theta}\right]$ は未知のため，$V\left[\hat{\theta}\right]$ の推定値 $\widehat{V\left[\hat{\theta}\right]}$ を求め，その正の平方根 $\sqrt{\widehat{V\left[\hat{\theta}\right]}}$ を推定量 $\hat{\theta}$ の標準誤差としている．

例 8.1　未知の母分散 σ^2 をもつ無限母集団から抽出した大きさ n の無作為標本 $X_1,\ X_2,\ \ldots,\ X_n$ の標本平均 $\overline{X}$ の分散 $V\left[\overline{X}\right]$ は $\dfrac{\sigma^2}{n}$ となる（補章 p.187

(7.36) 参照)．σ^2 は未知のため，これを不偏分散 U^2 の実現値 u^2 で置き換えた分散の推定値 $\widehat{V[\overline{X}]} = \dfrac{u^2}{n}$ を求め，その正の平方根を標本平均 $\overline{X}$ の標準誤差とする．すなわち $\mathrm{SE}(\overline{X}) = \dfrac{u}{\sqrt{n}}$，ただし $u = \sqrt{u^2}$． ▮

報告書などに標本平均の値 $\overline{x}$ を示す際には，標本サイズや標準誤差も添えることが望ましい．

補 大きさ N の有限母集団から非復元単純無作為抽出した大きさ n の標本の場合，標本平均 $\overline{X}$ の分散は $V[\overline{X}] = \dfrac{N-n}{N-1} \cdot \dfrac{\sigma^2}{n}$ となる．$C_N = \dfrac{N-n}{N-1}$ は，無限母集団の場合の分散を修正する係数であり，有限母集団修正とよばれる．$N \to \infty$ のとき $C_N \to 1$ となり，修正は不要となる．

> **問 8.1** スポーツ庁が行った平成 30 年度体力・運動能力調査[1]によると，全国から無作為に選んだ 19 歳女子 655 人の体重の標本平均 $\overline{x}$ は 51.73 kg，標準偏差 u は 6.16 kg であった．母集団は非常に大きいので無限母集団と見なし，標本平均の標準誤差 $\mathrm{SE}(\overline{X})$ を求めよ．

本節では取り上げなかった推定量を求める方法（モーメント法・最尤法 注 8・最小 2 乗法 注 9 など）や推定量のさまざまな性質については，例えば文献 [1] (pp.104-132) が詳しい．

注 8 p.194 参照．

注 9 例については p.162 参照．なお，最小 2 乗法は最尤法の特別な場合ともみなせる．

8.2 区間推定

表 8.1 と図 8.3 は，2012 年 12 月 28 日に 4 つの新聞社が発表した当時の内閣の支持率を示している．4 社とも調査方法はほとんど変わらない 注 10 が，新聞社によって母支持率の推定値が異なることに注意しよう．これらの違いは標本誤差（p.61 参照）だけによって説明できるという単純なものではないが，推定値は，このように抽出された標本に依存していろいろな値をとるものである．このようなことから推定値の標準誤差を考慮に入れて，母数を 1 点ではなく区間で推定するのが区間推定である．

注 10 毎日新聞社のみ回答の選択肢に「支持する・支持しない」の他に「関心がない」があった．毎日新聞社の支持率が過小推定となったのはこの影響もあると考えられる．

区間推定は，前もって決めた信頼度のもとで**信頼区間**を構成することで行う．信頼区間を構成する方法には，枢軸量（すうじくりょう）（本節の注 13 参照）を用いるもの・ベイズ法によるもの 注 11・ブートストラップ法によるもの 注 12 などがある．

信頼区間
confidence interval

注 11 ベイズ推論では信用区間とよばれる．

注 12 文献 [29] 第 4 章が詳しい．

本書では枢軸量を用いる方法で，正規母集団 $N(\mu, \sigma^2)$ の母平均 μ および母比率 p の二項母集団の p に対する信頼区間の構成を行う．区間推定の考え方を伝えることに主眼を置くため，他の母集団分布に対する母平均の信頼区間や母

[1] 出所：平成 30 年度全国体力・運動能力、運動習慣等調査結果 https://www.mext.go.jp/sports/b_menu/toukei/chousa04/tairyoku/kekka/k_detail/1421920.htm（閲覧日：2020 年 5 月 1 日）

表 8.1　新聞 4 社が同時に報告した内閣支持率

新聞社	支持率 (%)	有効回答数
毎日	52	856
朝日	59	990
日経	62	872
読売	65	1039

図 8.3　新聞 4 社の内閣支持率の見出しと記事

分散・母標準偏差の信頼区間を構成する方法，2 つの母集団の平均の差の信頼区間を構成する方法などについて総花式に説明することはしない．これらについては他書（文献 [21]，[1] など）を参照されたい．

8.2.1　母平均の区間推定

区間推定の考え方をわかりやすく伝えるために，読者に馴染みのある正規分布 $N(\mu,\ \sigma^2)$ を母集団分布に想定した場合の母平均 μ の区間推定について考える．この項では，最初に分散 σ^2 が既知の場合について信頼区間の導出を行い，その改良として分散 σ^2 が未知の場合の導出を行う．母平均 μ が未知のときに分散 σ^2 が既知であるという設定は現実的ではないが，このような 2 段階に分けた説明を行うのは，読者に信頼区間の意味を正しく理解してもらうことを優先したためである．

以下では $X_1,\ X_2,\ \ldots,\ X_n$ は正規母集団 $N(\mu,\ \sigma^2)$ からの大きさ n の無作為標本とする．

(a)　母分散 σ^2 が既知の場合

既知の母分散の値を ${\sigma_0}^2$ とする．標本平均 $\overline{X}$ は $N\left(\mu,\ \dfrac{{\sigma_0}^2}{n}\right)$ に従うから，$\overline{X}$ を標準化した $Z = \dfrac{\sqrt{n}(\overline{X}-\mu)}{\sigma_0}$ は標準正規分布 $N(0,1)$ に従い[注 13]

$$P(-1.96 \le Z \le 1.96) = 0.95 \tag{8.3}$$

が成り立つ．

注 13　Z には母数 μ が含まれるが，その分布は μ に無関係になっている．このような性質をもつ母数を含む無作為標本 $X_1,\ X_2,\ \ldots,\ X_n$ の関数を枢軸量 (*pivotal quantity*) という．

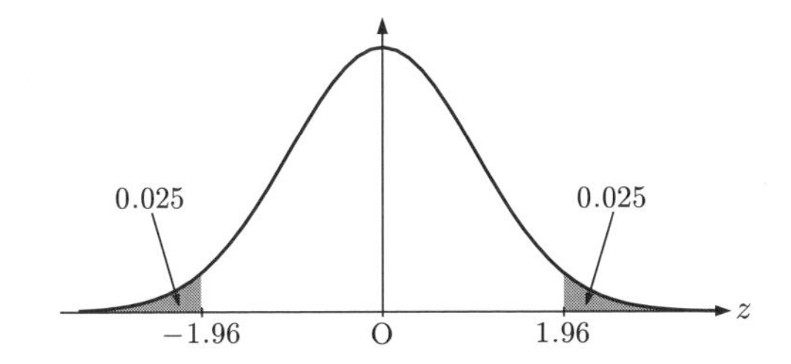

図 8.4　標準正規分布 $N(0,1)$ の裾の確率とパーセント点

(8.3) に $Z = \dfrac{\sqrt{n}(\overline{X}-\mu)}{\sigma_0}$ を代入すると

$$P\Big(-1.96 \le \frac{\sqrt{n}(\overline{X}-\mu)}{\sigma_0} \le 1.96\Big) = 0.95$$

さらに不等式を変形して

$$P\Big(\overline{X} - 1.96\frac{\sigma_0}{\sqrt{n}} \le \mu \le \overline{X} + 1.96\frac{\sigma_0}{\sqrt{n}}\Big) = 0.95 \tag{8.4}$$

となる[注 14].

(8.4) の意味を解釈しよう．不等式に含まれる n と σ_0 は既知の定数であり，μ は未知の定数である．一方，確率変数 $\overline{X}$ は変動するため，不等式の両限界 $\overline{X} \pm 1.96\dfrac{\sigma_0}{\sqrt{n}}$ も変動し，理論上いろいろな不等式（区間）が作られる．μ は未知であるが，こうして作られる多くの区間の内およそ 95 %の区間が μ を含んでいることを (8.4) は意味している[注 15]．実際問題では通常，標本抽出は 1 回しか行われないため，$\overline{X}$ の実現値は 1 つしか得られない．その実現値 $\overline{x}$ から得られる 1 つの区間

$$\Big[\overline{x} - 1.96\frac{\sigma_0}{\sqrt{n}},\ \overline{x} + 1.96\frac{\sigma_0}{\sqrt{n}}\Big] \tag{8.5}$$

を**母平均 μ の信頼係数**[注 16] **95 %の信頼区間**とよぶ．また $\overline{x} \pm 1.96\dfrac{\sigma_0}{\sqrt{n}}$ を**信頼限界**という．

上記の議論により，この信頼区間に μ が含まれることが期待され，これによって μ を区間で推定したと考えるのである．信頼係数としては 95 %，99 %，90 % がよく用いられる．

注 14　$\dfrac{\sigma_0}{\sqrt{n}}$ は $\overline{X}$ の標準誤差.

注 15　このことをシミュレーションで確認してもらうというのが，章末のプロジェクトである.

信頼係数
confidence coefficient

注 16　信頼係数のことを**信頼度** (*confidence level*) という場合もある.

信頼限界
confidence limits

補　ここで，「母集団からの標本」と「母集団分布（モデル）に従う確率変数の実現値」の区別は重要である．(8.5) の $\overline{x}$ が，母集団分布に従う互いに独立な n 個の確率変数 $X_1,\dots,X_n$ の実現値 $x_1,\dots,x_n$ の算術平均であれば，母数 μ は 95 %の確率[注 17] で (8.5) の区間に含まれる．しかし，実際の統計的推測において，(8.5) の $\overline{x}$ に代入するのは，母集団からの標本 $x_1,\dots,x_n$ の算術平均である．したがって，このとき母集団分布が母集団の真の分布のモデルとしてあてはまりが悪かったり標本抽出が適切でなかったりする場合には，「母数 μ は 95 %の確率で (8.5) の区間に含まれる」とはいえなくなる．信頼係数が表す確率は，適切なモデリングおよび標本抽出が行われたうえでの近似値とみなすべきである．

注 17　確率変数 $\overline{X}$ の実現値 $\overline{x}$ を得て (8.5) により信頼区間を構成するという試行に対して定まる確率.

補 上では母集団分布に正規分布を仮定し信頼区間 (8.5) を導いたが，標本サイズ n が大きい場合にはこの仮定は不要となる．標本サイズ n が大きい場合には中心極限定理によって，母集団分布によらず標本平均 $\overline{X}$ は $N\left(\mu,\ \dfrac{{\sigma_0}^2}{n}\right)$ に従う（p.105 参照）からである．

問 8.2 Z が $N(0,1)$ に従うとき，$P(z_{0.025} < Z) = 0.025$ を満たす上側 2.5 %点 $z_{0.025}$，$P(z_{0.05} < Z) = 0.05$ を満たす上側 5 %点 $z_{0.05}$，$P(z_{0.005} < Z) = 0.005$ を満たす上側 0.5 %点 $z_{0.005}$，それぞれの値を Excel の関数 NORM.INV を使って求めよ．

例 8.2 スポーツ庁が毎年実施している体力・運動能力調査結果によると，6 歳から 17 歳までの児童・生徒の中で 50 m 走が最も速い年齢は，男子 17 歳・女子 14 歳である[注18]．日本在住の 17 歳男子の 50 m 走のタイム（秒）の分布が，標準偏差 0.53 秒の正規分布で近似でき，平均 μ は未知とする．いま，全国から 17 歳男子 100 名を無作為抽出してタイムを測定したところそれらの平均 $\overline{x}$ は 7.16 秒であった．これらのデータをもとに，μ の信頼区間を求めよう．

信頼係数が 95 %のとき，(8.5) より信頼限界は $7.16 \pm 1.96\dfrac{0.53}{\sqrt{100}}$[注19] となるので，これを計算することから μ の信頼係数 95 %の信頼区間は $[7.056,\ 7.264]$ となる．信頼係数が 90 %のときには，(8.5) における 1.96 を 1.645 に置き換えて計算すればよい．μ の信頼係数 90 %の信頼区間は $[7.073,\ 7.247]$ になる． ■

注 18 この結果は平成 21 年から平成 30 年までの 10 年間で 1 度も変わったことがない．

注 19 平方根は Excel の関数 SQRT で計算できる．

補 信頼係数 95 %の信頼区間が信頼係数 90 %の信頼区間を含むことに注意しよう．区間推定では，信頼係数は大きいほど，また信頼区間の幅は狭いほどよい．しかし，信頼係数を大きく（小さく）すると信頼区間の幅は広く（狭く）なるという関係があり，一方をよくしようとすると他方が悪くなる．上の例で示した下側信頼限界を Excel で計算する場合は，セルに「= 7.16 − 1.96 * 0.53/SQRT(100)」または「= 7.16 − CONFIDENCE.NORM(0.05, 0.53, 100)」と入力すればよい．

問 8.3 全国 14 歳女子の 50 m 走のタイム（秒）の分布が $N(\mu,\ 0.69^2)$ で近似できるとき，例 8.2 を参考にして μ の信頼係数 95 %の信頼区間を求めよ．ただし，全国から無作為に選ばれた 14 歳女子 100 名の 50 m 走のタイムの平均は 8.59 秒であった．

(b) 母分散 σ^2 が未知の場合

σ^2 を不偏分散 $U^2 = \dfrac{1}{n-1}\sum_{i=1}^{n}(X_i - \overline{X})^2$ で推定する．p.108 で述べたように，$T = \dfrac{\overline{X}-\mu}{\sqrt{U^2/n}} = \dfrac{\sqrt{n}(\overline{X}-\mu)}{U}$ は自由度 $n-1$ の t 分布に従う[注20]から

$$P\left(-t_{0.025}(n-1) \le \frac{\sqrt{n}(\overline{X}-\mu)}{U} \le t_{0.025}(n-1)\right) = 0.95$$

注 20 この T は枢軸量である．

が成り立つ．ここで，$t_{0.025}(n-1)$ は自由度 $n-1$ の t 分布の上側 2.5 %点である（図 8.5 および補章 p.191 参照）．

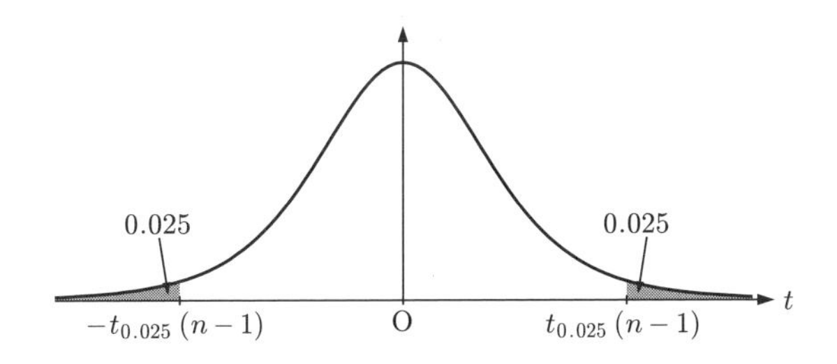

図 8.5　自由度 $n-1$ の t 分布の裾の確率とパーセント点

さらに不等式を変形して

$$P\left(\overline{X}-t_{0.025}(n-1)\frac{U}{\sqrt{n}} \le \mu \le \overline{X}+t_{0.025}(n-1)\frac{U}{\sqrt{n}}\right)=0.95 \tag{8.6}$$

となるから，$\overline{X}$ と U の実現値をそれぞれ $\overline{x}$，u とすると，母平均 μ の信頼係数 95 %の信頼区間は

$$\left[\overline{x}-t_{0.025}(n-1)\frac{u}{\sqrt{n}},\ \overline{x}+t_{0.025}(n-1)\frac{u}{\sqrt{n}}\right] \tag{8.7}$$

となる．

問 8.4　T が自由度 4 の t 分布に従うとき，$P(T > t_{0.025}(4)) = 0.025$ を満たす上側 2.5 %点 $t_{0.025}(4)$ および $P(T > t_{0.05}(4)) = 0.05$ を満たす上側 5 %点 $t_{0.05}(4)$ を Excel の関数 T.INV を使って求めよ．

例題 8.1　タクシー会社の運転手 15 人について 1 日の同一時間帯での走行距離 (km) を調査したところ，次の通りであった．

246, 340, 325, 345, 310, 305, 287, 290, 328, 305, 398, 318, 273, 357, 263

走行距離 X が正規分布に従うと仮定して，母平均 μ の信頼係数 90 %の信頼区間を求めよ．

解　母分散が未知のため (8.7) を用いる．$\overline{x} \fallingdotseq 312.7$, $u \fallingdotseq 38.95$（それぞれ Excel の関数 AVERAGE と STDEV.S で求まる）．また自由度 14 の t 分布の上側 5 %点 $t_{0.05}(14)$ = T.INV(0.95, 14) $\fallingdotseq 1.761$ だから，信頼限界 $312.7 \pm 1.761\dfrac{38.95}{\sqrt{15}}$ より，求める信頼区間は $[295.0,\ 330.4]$ となる．

補　標本サイズ n が大きい場合には，正規母集団の仮定がない場合でも，以下のように漸近的に信頼区間が構成できる．

(a′)　母分散 σ^2 が既知（$=\sigma_0{}^2$）の場合

中心極限定理によって，$Z=\dfrac{\sqrt{n}(\overline{X}-\mu)}{\sigma_0}$ は漸近的に標準正規分布 $N(0,1)$ に従うから，$\overline{X}$ の実現値を $\overline{x}$ とすると

$$\left[\overline{x}-1.96\frac{\sigma_0}{\sqrt{n}},\ \overline{x}+1.96\frac{\sigma_0}{\sqrt{n}}\right]$$

は漸近的に母平均 μ の信頼係数 95 %の信頼区間になる．

(b′)　母分散 σ^2 が未知の場合

中心極限定理によって，$T=\dfrac{\sqrt{n}(\overline{X}-\mu)}{U}$ は漸近的に標準正規分布 $N(0,1)$ に従うから，$\overline{X}$ と U の実現値をそれぞれ $\overline{x}$，u とすると

$$\left[\overline{x}-1.96\frac{u}{\sqrt{n}},\ \overline{x}+1.96\frac{u}{\sqrt{n}}\right]$$

は漸近的に母平均 μ の信頼係数 95 %の信頼区間になる．

8.2.2　母比率 p の区間推定

「母比率 p の推定量 $\hat{p}$ の性質」(p.119) で取り上げた二項母集団の母比率 p の区間推定について考える．n 回（n は十分に大きく，母集団の大きさは n に比べ十分に大きい[注21]とする）の非復元単純無作為抽出によって選ばれた特定の性質をもつものの数を X とすると，X は二項分布 $B(n,\ p)$ に従う．母比率 p の推定量 $\hat{p}=\dfrac{X}{n}$ の平均と分散は，それぞれ

$$E[\hat{p}]=p,\qquad V[\hat{p}]=E\big[(\hat{p}-p)^2\big]=\frac{p(1-p)}{n} \tag{8.8}$$

となる（証明は章末問題 *8.2* とする）．また n が大きいとき，中心極限定理によって二項分布 $B(n,\ p)$ は正規分布で近似できるから，$\hat{p}$ を標準化した

$$Z=\frac{\hat{p}-p}{\sqrt{p(1-p)/n}}=\frac{\sqrt{n}(\hat{p}-p)}{\sqrt{p(1-p)}}$$

は漸近的に標準正規分布 $N(0,\ 1)$ に従う[注22]．したがって

$$P\left(-1.96\leq\frac{\sqrt{n}(\hat{p}-p)}{\sqrt{p(1-p)}}\leq 1.96\right)=0.95$$

が成り立つ．不等式を変形して

$$P\left(\hat{p}-1.96\frac{\sqrt{p(1-p)}}{\sqrt{n}}\leq p\leq\hat{p}+1.96\frac{\sqrt{p(1-p)}}{\sqrt{n}}\right)=0.95 \tag{8.9}$$

を得る．(8.9) の左辺の括弧内の p に関する不等式を解けば p の信頼区間を構成できるが，n が大きいので大数の法則より，$\hat{p}$ は p のよい近似となるため，$\dfrac{\sqrt{p(1-p)}}{\sqrt{n}}$ における p を推定値（実現値）$\hat{p}$ で置き換えた

$$\left[\hat{p}-1.96\frac{\sqrt{\hat{p}(1-\hat{p})}}{\sqrt{n}},\ \hat{p}+1.96\frac{\sqrt{\hat{p}(1-\hat{p})}}{\sqrt{n}}\right] \tag{8.10}$$

は漸近的に母比率 p の信頼係数 95 %の信頼区間となる．

注 21　母集団の大きさを N とするとき，$\dfrac{N-n}{N}\fallingdotseq 1$ が成り立つ程度．

注 22　この Z は漸近的に枢軸量になる．

例題 8.2　ある保険会社は，S 市役所の職員全員がある傷害保険に加入することを予期して，その場合の保険料率を決めたいと考えた．そこで S 市職員の中から 100 人の標本をとり，過去 3 年間に少なくとも 1 回自動車事故を起こしたものを調べたら 25 人がそうであった．市職員は全保険加入者を代表するとして，全保険加入者の中で過去 3 年間に少なくとも 1 回自動車事故を起こしたものの割合 p に対する信頼係数 95 %の信頼区間を求めよ．

解　(8.10) を用いる．p の推定値 $\hat{p} = \dfrac{25}{100} = 0.25$ だから，信頼限界 $0.25 \pm 1.96\dfrac{\sqrt{0.25 \times 0.75}}{\sqrt{100}}$ より，求める信頼区間は $[0.165,\ 0.335]$ となる．▮

問 8.5　あるテレビ番組の視聴率 p を推定したい．無作為に選ばれた 200 世帯を調査したところ，その視聴率 $\hat{p}$ は 0.12 であった．問 8.2 で求めた $z_{0.05}$ の値を使って視聴率 p の信頼係数 90 %の信頼区間を求めよ．

章末問題

8.1 不偏分散 U^2 が母分散 σ^2 の不偏推定量になること，すなわち p.119 の (8.2) が成り立つことを次の手順に従って証明せよ．

(1) $\sum_{i=1}^{n}(X_i - \overline{X})^2 = \sum_{i=1}^{n}(X_i - \mu)^2 - n(\overline{X} - \mu)^2$ が成り立つことを示せ．

(2) (1) の結果と $E\left[(\overline{X} - \mu)^2\right] = \dfrac{\sigma^2}{n}$ を使って，$E\left[U^2\right] = \sigma^2$ を示せ．

8.2 p.126 の比率 $\hat{p}$ の平均と分散が (8.8) となることを証明せよ．

8.3 分散が 9 の正規母集団について，その母平均 μ の信頼係数 95 %の信頼区間を構成することを考えるとき，以下の問いに答えよ．

(1) 母集団分布 $N(\mu,\ 9)$ からの大きさ n の標本の平均 $\overline{X} = \dfrac{1}{n}\sum_{i=1}^{n} X_i$ の標本分布は何か．

(2) この信頼区間の幅を求めよ．

(3) 信頼区間の幅を 1 以下にするためには，標本サイズ n をいくらにすればよいか．

8.4 ある日に缶入り清涼飲料水 (350 g) の連続充填工程で 1 時間ごとに内容重量を測定して，次の 10 個のデータを得た．

350.5, 350.9, 350.7, 351.0, 350.5, 350.7, 351.4, 350.6, 351.5, 350.8 (g)

内容重量 X の分布は正規分布で近似できることがわかっている．ロット[注 23]（母集団）の母平均 μ に対する信頼係数 95 %の信頼区間を求めよ．ただし，過去の経験から母標準偏差 σ は 0.10 であることがわかっているものとする．

注 23　会社において同種の製品を生産する際の最小単位をいう．

8.5 ある大きな母集団から無作為に抽出された 100 世帯の家計調査の結果によると，年間の医療費支出は平均値 $\overline{x}$ =115,000 円，標準偏差 u =35,000 円であった．標本サイズ 100 は大きいので u は母標準偏差 σ の良い近似値となり，母標準偏差 σ の代用として使うことができる．このとき，母集団の医療費の平均 μ に対する信頼係数 90 %の信頼区間を求めよ．

8.6 スポーツ庁が行った平成 30 年度体力・運動能力調査によると，全国からランダムに選んだ 20 歳から 24 歳の女子 1025 人の身長の平均 $\overline{x}$ は 158.49 cm，標準偏差は 5.24 cm であった．この年代の女子全体の身長の分布が正規分布 $N(\mu,\ 5.24^2)$ で仮定できるとして，平均 μ の信頼係数 99 %の信頼区間を求めよ．

8.7 2009 年 1 月 ～ 2019 年 12 月における 132 個の TOPIX 収益率月次データがあり，それらの平均 $\overline{x}$ は 0.64，標本分散 s^2 は 23.36 であった．母集団のリターン[注 24] μ に対する信頼係数 95 %の信頼区間を求めよ．ただし標本サイズが十分に大きいので，標本分散 s^2 は母分散 σ^2 の良い近似値となり母分散 σ^2 の代用として使うことができる．

注 24　期待される収益．

8.8 ある製品の検査の所要時間について，大きさ 10 の標本

12.4, 13.5, 12.7, 14.1, 13.8, 14.1, 12.0, 12.8, 13.1, 15.4（分）

が得られた．この検査の所要時間が従う分布に正規分布を仮定したとき，母平均 μ に対する信頼係数 95 %および 90 %の信頼区間を求めよ．

8.9 ある菓子メーカーが袋詰めのポテトチップスの重さを検査するために，工場で製造した製品の中から 13 個無作為抽出したところ，それらの平均 $\overline{x} = 96.3$ g，不偏分散 $u^2 = 1.8^2$ g^2 であった．この工場で製造されている製品の重さが平均 μ の正規分布に従っていると仮定できるとき，未知の母平均 μ に対する信頼係数 95 %の信頼区間を求めよ．

8.10 某テレビ局のプロデューサー A 氏は，製作番組の視聴率の目標として 20 %を想定しているが，500 世帯に対する視聴率調査の結果では 15 %と目標の数値にとどかなかった．この視聴率調査は標本調査であるため，とられた標本によって結果には多少のばらつきがあるはずである．そのばらつきをみるため母比率 p の信頼係数 95 %の信頼区間を求め，この信頼区間に目標値 20 %が含まれるかどうかを判定せよ．

8.11 以下の問いに答えよ．

(1) 全国 1 億人強の有権者のうち，来るべき国民投票において投票するものはどのくらいいるのかについて世論調査を行った．その結果 100 人の無作為標本のうち，40 人が“投票する”と答え，60 人が“投票しない”と答えた．国民投票で投票する全国有権者の比率 p に対する信頼係数 95 %の信頼区間を求めよ．

(2) 信頼係数 95 %の信頼区間の幅を ±0.03 以下にするためには，無作為標本の大きさをどれだけにすればよいか．

8.12 以下の問いに答えよ．

(1) ある物理量の n 回の測定値を確率変数 X_i $(i = 1, 2, \ldots, n)$ とする．正確に測定しても測定値には偶然誤差が含まれるから真の値を μ とすると，X_i は

$$X_i = \mu + \varepsilon_i$$

という確率モデルで表せる．ただし，$\varepsilon_1, \varepsilon_2, \cdots, \varepsilon_n$ は互いに独立に平均 0・分散 σ^2 の分布に従う確率変数である．X_i の平均と分散を求めよ．

(2) キャベンディッシュ[注 25] によって 1797 年から 1798 年にかけて行われた実験で計測された地球の密度の 29 個の測定値は，単位を g/cm^3 として

5.50	5.55	5.57	5.34	5.42	5.30	5.61	5.36	5.53	5.79
5.47	5.75	5.88	5.29	5.62	5.10	5.63	5.68	5.07	5.58
5.29	5.27	5.34	5.85	5.26	5.65	5.44	5.39	5.46	

であった．偶然誤差 ε_i に正規分布 $N(0,\ \sigma^2)$ を仮定し，μ の信頼係数 95 %の信頼区間を求めよ．

注 25 H.Cavendish (1731-1810) はイギリスの化学者・物理学者．

プロジェクト 8

p.123 の (8.4) の意味を確かめるシミュレーション

ここでは，既知の分散 ${\sigma_0}^2 = 3^2$，未知の母平均 $\mu = 0$，標本サイズ $n = 10$ としてExcel でシミュレーションを行う．

1. 正規分布 $N(0,\ 9)$ に従う 10 個の乱数を発生させる．この 10 個を 1 組として 1000 組の無作為標本を抽出する． これらの無作為標本を 1000 行 10 列のセル範囲に出力するために図 8.6 に示すような表を準備しておく．図 8.6 の場合，セル範囲 B5:K1004 に乱数を出力する．

	A	B	C	D	E	F	G	H	I	J	K	L	M	N
3													信頼区間	
4	組番号	1	2	3	4	5	6	7	8	9	10	平均	下限界	上限界
5	1													
6	2													
7	3													
8	4													
9	5													
10	6													

図 8.6　乱数を出力するセル範囲の準備

2. 乱数の発生にはデータ分析ツールを使う．［データ］タブをクリックする．［分析］グループから データ分析 （データ分析）を選択し，現れた［データ分析］のダイアログボックスの「分析ツール (A)」から「乱数発生」を選択し［OK］をクリックする．現れた［乱数発生］のダイアログボックスで変数やパラーメータなどを図 8.7 のように設定する．ただし，「出力オプション」ではまず「出力先 (O)」を選択し，次に右隣の入力欄をクリックしたあと出力先の始めのセル（ここでは B5）をクリックする．必要な設定が終わったら［OK］をクリックする．すると，10000 個の乱数がセル範囲 B5:K1004 に出力される（図 8.8 参照）．シミュレーションのため図 8.8 に示す出力結果と自分が行った結果は，一般には同じにはならないことに注意しよう．

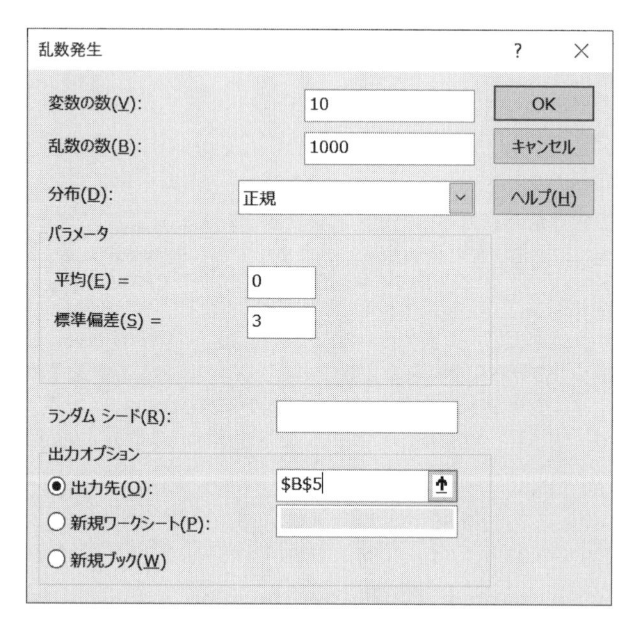

図 8.7　［乱数発生］のダイアログボックス

	A	B	C	D	E	F	G	H	I	J	K	L	M	N	O	P
1												1000個の信頼区間のうち平均0を含む区間の割合				
2															94.4%	
3													信頼区間		μ =0を含むか否か	
4	組番号	1	2	3	4	5	6	7	8	9	10	平均	下限界	上限界		
5	1	−4.6	−7.8	0.2	2.22	0.23	−0	−3	−5.1	0.53	0.84	−1.653	−3.512	0.207	0	
6	2	1.94	1.99	0.52	6.81	−1	4.67	1.96	−1.5	0.09	−3.2	1.3015	−0.558	3.161	1	
7	3	−2.4	1.36	−5.5	4.27	−1	−3.3	0.64	−1.8	3.58	−1.7	−0.581	−2.44	1.278	1	
8	4	−3.7	2.11	−1.5	−5.4	0.27	−4.4	1.66	−0.2	−1	3.34	−0.873	−2.733	0.986	1	
9	5	−3.9	−4.8	−1.6	0.51	−2.1	2.77	−0	−4.5	1.33	−3.5	−1.588	−3.447	0.272	1	
10	6	2.35	4.05	−2.1	−0.9	−1.8	5.3	−1.9	−0.5	1.49	−4	0.2061	−1.653	2.065	1	

図 8.8　シミュレーション結果の一部

3. 各組ごとに大きさ 10 の標本の標本平均を（ここではセル範囲 L5:L1004 に）計算する．セル L5 に「= AVERAGE(B5:K5)」[注 26] と入力し，1 組目の標本の標本平均を求める．オートフィル機能（p.113 の (5) を参照）を使って，セル範囲 L6:L1004 にそれぞれの組の標本平均を求める（図 8.8 の L 列）．

注 26　Excel の統計関数の呼び出し方は補章 p.200 参照．

4. 信頼係数 95 % の母平均 μ の信頼限界を (8.5) を使って（ここではセル範囲 M5:N1004 に）計算する．セル M5 に「= $L5 − 1.96 * 3/SQRT(10)」($L5 は

L5 でもよい）と入力し，1 組目の標本の下側信頼限界を求める．同様にしてセル N5 に「$= \$L5 + 1.96 * 3/\mathrm{SQRT}(10)$」と入力し上側信頼限界を求める．次にオートフィル機能を使って，セル範囲 M6:N1004 にそれぞれの組の信頼限界を求める（図の M 列と N 列）．

5. 4 で求めた信頼区間に母平均 $\mu = 0$ が含まれるか否かを判断し，含まれれば 1 を含まれなければ 0 を与えることにする．そのためにセル O5 に「$= \mathrm{IF}(\mathrm{AND}(\mathrm{M5} < 0, 0 < \mathrm{N5}), 1, 0)$」と入力する．オートフィル機能を使って，セル範囲 O6:O1004 にそれぞれの組の判定結果を出力する（図 8.8 の O 列）．
6. セル範囲 O5:O1004 の平均が，求めた 1000 個の信頼区間の内で母平均 $\mu = 0$ を含んだものの割合である．セル O2 に AVERAGE(O5:O1004) と入力しその割合を求めよ．求めた割合が 0.95 に近い値になることを確認せよ．

補 関数 IF の基本的な使い方は，IF(条件，命令 1，命令 2) のように 3 つの引数をもち，条件が正しければ命令 1 を，正しくなければ命令 2 を実行する．

9
統計的推測（仮説検定）

本章の目標

- 仮説検定とは，母集団について仮定された仮説を標本（データ）にもとづいて検証することであることを理解する．
- 仮説検定の一般的な手続きを身につける．
- P 値の意味を理解し，検定結果の判断でのその正しい使い方を理解する．

9.1 仮説検定の考え方

NHK の政治意識月例調査によれば，2020 年 2 月の内閣支持率は 45 %（回答数 1252 人），同年 3 月の同支持率は 43 %（回答数 1240 人）であった．2 つの支持率を単純に比較した場合，この 1 カ月で内閣支持率は 2 ポイント下がったということになるが，区間推定のところ (p.121) で述べたように推定値はデータのバラつき（標本誤差）の影響を受ける．したがってここで出た差 2 ポイントが，本当に国民の政治意識の変化によって生じたものか標本誤差[注 1]によるものか判断しなければならない．

ある新薬の効能を調べるための実験研究（p.67 参照）において，実験用モルモットをランダムに 2 つの群に分け，実験群にはその新薬を，対照群には既存薬を一定期間投与した．そしてそれぞれの群の有効率[注 2]を求めたところ実験群の有効率は対照群のそれより大きくなった．この結果から直ちに新薬の効能を認めてしまうのは問題である．上の支持率同様，データ（標本）にはバラつきがある[注 3]ため，2 つの群の有効率の差がこのバラつきの範囲内のものである可能性があるからである．

データ（統計量）のバラつきを確率分布（標本分布）でとらえ，上記のような差がデータがとられた母集団の真の特性をとらえたものかどうか，データのバラつきを考慮しながら判断するのが**仮説検定**である．

注 1　本来は非標本誤差の影響も見逃せないが，伝統的な仮説検定では標本誤差のバラつきを考慮した推測を行う．

注 2　薬を投与したとき，効果が表れた被験者（ここでは実験用モルモット）の割合．

注 3　例えばもう一度ランダムな割り当てを行った場合，2 つの群の構成員はほぼ確実に前と異なり，それぞれの群の有効率も変わる．

仮説検定
testing statistical hypotheses

9.1.1 仮説の設定と有意水準

A さんと B さん・C さんの 3 人は，A さんがある硬貨を投げて表が出れば B さんが C さんから 1 万円もらえ，裏が出れば逆に C さんが B さんから 1 万円もらえるという賭けを行うことにした．そして実際に A さんがその硬貨を 20 回投げたところ，表が 17 回・裏が 3 回出た．この結果に納得できない C さんは「その硬貨は表が出やすく作られているに違いない」と A さんと B さんに対して主張した．同時に C さんは，20 回中何回以上 表が出たら B さんに自分の主張を受け入れてもらえるか考えることにした．そこで，まず表と裏が同様の確からしさで出る偏りのない硬貨を 20 回投げ，表が 17 回以上出る確率を計算してみた．偏りのない硬貨の場合，表が出る確率は 0.5 であると期待されるので，20 回投げて表の出る回数を確率変数 X とすると，X は二項分布 $B(20,\ 0.5)$ に従う[注4]．したがって，表が 17 回以上出る確率は

$$P(X \geq 17) = \sum_{x=17}^{20} {}_{20}\mathrm{C}_x\ 0.5^x\ 0.5^{20-x}$$
$$= 1 - \mathsf{BINOM.DIST}(16, 20, 0.5, \mathsf{TRUE}) \fallingdotseq 0.0013 \qquad (9.1)$$

とかなり小さな値[注5]になり，偏りのない硬貨であればこのような結果は「起こりそうもないこと」である．この確率の値から今回使われた硬貨について，C さんは次のような 2 つの仮説を立てた．

仮説 1　硬貨には偏りがないが，起こりそうもないことがたまたま起こった．

仮説 2　硬貨は表が出やすく作られていた．

そして，偏りのない硬貨を投げた場合に「起こりそうもないこと」，そのことが起こる確率がどの程度であれば[注6]仮説 1 ではなく仮説 2 を受け入れることができるか，B さんに聞いてみた．B さんの回答は 1 %未満であった．この数値を聞いて，C さんは (9.1) の計算結果を B さんに示したところ，その数値をみた B さんは仮説 2 を受け入れた．

仮説検定はこの例の場合，偏りのない硬貨を投げた場合に「起こりそうもないこと」が起こる確率をあらかじめ決めた上で行われる．このような確率は**有意水準**または**危険率**とよばれ，α で表されることが多い．慣例では $\alpha = 5\,\%, 1\,\%, 10\,\%, 0.1\,\%$ などが用いられる．

注 4　X が二項分布に従うことがわからない読者は p.96 の例 7.4 を参照されたい．

注 5　偏りのない硬貨を 20 回投げ表が 17 回以上出るのは，20 回投げることを 1 セットとし，1000 セット行ったときに 1 度起こるくらいの事象である．

注 6　今の例では，偏りのない硬貨を 20 回投げ表が何回以上出れば．

有意水準 *significance level*

9.1.2　仮説検定の手続き

以下に前項の話を仮説検定の問題として定式化してみよう．

1. 仮説検定は母数に関する仮説について行われる．そこで，まず 2 つの仮説を母数を用いて表す．賭けに使われた硬貨の表が出る確率を p（二項母集団[注7]の母数）とすると，仮説 1 は $p = 0.5$，仮説 2 は $p > 0.5$ と書ける．C さんにとっては，仮説 1 が否定され，仮説 2 が受け入れられることが望ましい．仮説 1 を**帰無仮説**[注8]（あるいは単に**仮説**），仮説 2 を**対立仮説**とよび，それぞれ記号 H_0，H_1 で表し
$$\mathrm{H}_0 : p = 0.5, \quad \mathrm{H}_1 : p > 0.5$$
のように書く．仮説検定では，帰無仮説 H_0 が正しくないと判断することを H_0 を**棄却する**といい，H_0 が棄却されない場合には，H_0 を**受容する**・

注 7　硬貨を無限回投げた結果の集団で，表の割合が p である．

帰無仮説 *null hypothesis*

注 8　帰無仮説とよばれるのは，対立仮説を論証するために否定することを目的として設定される仮説だからである．

対立仮説 *alternative hypothesis*

棄却する *reject*

受容する *accept*

保留するなどの判断[注9]がある．

2. 仮説検定は統計量を用いて行われる．仮説検定で用いられる統計量は**検定統計量**とよばれる．検定統計量 T が決まったら（いまの例では硬貨を投げて表が出る回数 X），帰無仮説 H_0 が正しいとして T の分布（**帰無分布**という）を求める．いまの例では帰無分布は二項分布 $B(20,\ 0.5)$ である．
3. 有意水準 α（H_0 が正しいとき[注10]に起こりそうもないことの基準の確率）を決める．α は大きくし過ぎると H_0 が正しくてもそれが棄却されてしまう可能性が高くなり，α を小さくし過ぎると H_0 が正しくないのにそれが棄却されないことになる．ここでは $\alpha = 5\,\%$ とする．
4. 対立仮説 H_1 が「使われた硬貨は表が出やすい」ことを考慮して，実際に硬貨を投げたとき表が多く出たら（H_0 のもとで起こりそうもないことが起きたら），H_0 を棄却するというのが仮説検定の議論の進め方である．いまの例では検定統計量 $T = X$ の実現値は 17 で，H_0 のもとで表が 17 回以上出る確率は $P(X \geq 17) \fallingdotseq 0.0013$ となる（(9.1) を見よ）．この値は有意水準 5 % より小さいので（H_0 のもとでは起こりにくいことと判断し），H_0 は棄却される．$P(X \geq 17)$ のような帰無仮説 H_0 のもとで検定統計量が実現値と同じかそれ以上に起きにくい値をとる確率を**P 値**（ぴーち）[注11]という．

注 9　棄却されない場合の判断は，検定の対象となっている母数について信頼区間を求めるなど他の統計的分析の結果や当該分野の経験や知識などをもとに総合的に判断しなければならない．

検定統計量
test statistic

注 10　「H_0 が正しいとき」を「H_0 のもとで」ということが多い．

P 値
P-*value*

注 11　P 値の厳密な定義については文献 [17] を，P 値の正しい使い方については文献 [27] を参照されたい．

上では P 値を使った検定の手続きを説明したが，伝統的な手続きは次のように行われる．

上の手続き 4 において，表が出る回数 X（検定統計量）がある値（x_0 とする）以上になったら H_0 を棄却する．このような検定統計量の範囲（ここでは $X \geq x_0$）を**棄却域**という．x_0 は棄却点といわれ，帰無分布のもとで検定統計量が棄却域に入る確率が有意水準 α と等しくなる[注12]ように決められる．この例では，H_0 のもとで $P(X \geq 14) \fallingdotseq 0.0577$, $P(X \geq 15) \fallingdotseq 0.0207$ となり，$P(X \geq 15) < 0.05 < P(X \geq 14)$ が成り立つから．有意水準 5 % のもとで棄却域は $X \geq 15$ となる．

棄却域
critical region

注 12　この例のように離散型確率分布の場合は通常 α にぴったり一致させることはできない．

棄却域が決まったら，データから検定統計量の実現値を求め，その値が棄却域に入れば H_0 を棄却する．この例では X の実現値は 17 で，棄却域 $X \geq 15$ に入るので H_0 は有意水準 5 % で棄却される．

伝統的な手続きでは，検定統計量の実現値は棄却域に入るか否かの判断に使われるだけである．一方 P 値を用いた判断には，検定統計量の実現値（観測値）が帰無仮説のもとでどのくらい起きにくいことであったかの情報も含まれる．

補　標本サイズが大きくなると，いま取り上げている問題の場合，帰無仮説（$p = 0.5$）と p の真の値とのわずかなズレがデータから検出されやすくなり P 値は小さくなる．このように P 値は標本サイズに依存することに注意しよう．標本サイズが数百万・数千万以上となるビッグデータを用いて検定を行うと，大抵の場合P値がかなり小さくなり，帰無仮説が棄却されてしまう．仮説検定はビッグデータの解析には向いていない．

問 9.1 上の例で有意水準を1％に変えて検定せよ．

仮説検定の一般的な手続きを以下に示しておこう．

仮説検定の手続き

[0] モデル（母集団分布）を設定する．

[1] 母数に関する2つの仮説を設定する．一方を帰無仮説といい，他方は帰無仮説を否定したもの（あるいはその一部）で対立仮説という．帰無仮説と対立仮説は，それぞれ記号 H_0，H_1 で表されることが多い．

[2] 検定すべき母数に対して適切な検定統計量を選択し，帰無仮説のもとで検定統計量の標本分布（帰無分布という）を求める．

[3] 有意水準 α の値を決める．

[4] P値（帰無仮説 H_0 のもとで検定統計量が実現値と同じかそれ以上に起きにくい値をとる確率）を求め，P値が有意水準以下であれば H_0 を棄却する[注13]．

注 13 この場合に（統計的に）否定されるものは設定した仮定全体であり，帰無仮説だけでなく[0]で設定したモデルも仮定の一部であることに注意．

9.1.3 仮説検定における2種類の過誤と統計的判断

仮説検定の結果，帰無仮説 H_0 が棄却されないことは，得られたデータ（標本）に基づく判断では H_0 を否定する十分な理由がないということであり，H_0 を正しいものとして認めることを意味しない．このことは，母集団の一部である標本だけに基づいた判断では H_0 が完全に正しいということは証明できないことからも理解できよう．したがって H_0 を受容するにしても棄却するにしても，それぞれの結論には常に誤りである可能性がつきまとう．

H_0 が正しい（真である）にもかかわらず棄却する誤りを**第1種の過誤**といい，H_0 が正しくない（偽である）にもかかわらず受容する誤りを**第2種の過誤**という．第1種の過誤の確率は α，第2種の過誤の確率は β[注14] で表されることが多い．2種類の過誤の関係を表9.1に示す．

第1種の過誤 *type I error*

第2種の過誤 *type II error*

注 14 実際問題では β の正確な値は求まらない．

表 9.1 仮説検定における2種類の過誤

	H_0 が真	H_0 が偽
H_0 を受容	正しい判断	**第2種の過誤**
H_0 を棄却	**第1種の過誤**	正しい判断

α と β の間には，一方を小さくしようとすると他方が大きくなるという関係[注15]がある．そこで仮説検定では，α の値を一定の小さな値に固定しておき，

注 15 このような何かを得ると別の何かを失うという相容れない関係をトレードオフという．

β の値をなるべく小さくするように棄却域を決めるのがよいとされている．この固定された第 1 種の過誤の確率 α が 9.1.1 項で定めた有意水準である．また $1-\beta$ は対立仮説が正しいとき帰無仮説を棄却する確率であり，この確率を**検出力**とよんでいる．

検出力
power

2 種類の過誤を考えた表 9.1 に示すような判断は，仮説検定に限らず，例えば刑事訴訟で無実の人を有罪とする（逆に犯罪を犯した人を無罪とする）誤りを考えるなど，何らかの判断を行う場合に共通に見られるものである[注 16]．

注 16 品質管理で行われる抜き取り検査では，第 1 種の過誤を生産者リスク・第 2 種の過誤を消費者リスクとよぶことがある．

p.132 に挙げた新薬の効能を調べるための実験研究から得られたデータに対して，仮説検定を行った結果「新薬の効果があった」と判定された場合，「統計的判定」がなされたに過ぎず，「医学的判定」がなされたわけではない．「統計的判定」で効果が認められ，さらに専門分野における知見や経験などの種々の情報をもとに行われるのがこの場合「医学的判定」である．「統計的判定」で効果が認められない場合は「医学的判定」の対象にならない．

9.1.4　片側検定と両側検定

9.1.2 項では，使用した硬貨は表が出やすいのではないかという疑いから対立仮説は $H_1 : p > 0.5$ と設定され，帰無仮説 $H_0 : p = 0.5$ のもとで表の出る回数が期待される値より有意[注 17]に大きい場合に H_0 を棄却した．このような対立仮説に対する検定を**片側検定**という．もし硬貨に偏りがあるかないかだけに関心がある場合，対立仮説は $H_1 : p \neq 0.5$ と設定される．この対立仮説に対する検定では帰無仮説のもとで期待される値から有意に離れている場合に帰無仮説を棄却する．このような対立仮説に対する検定を**両側検定**という．

注 17 帰無仮説のもとでは起こりそうもないことが起きたときその結果は有意であるという．

片側検定
one-sided test

両側検定
two-sided test

9.2　母数の検定

仮説検定はいろいろな母数に関して行うことができるが，本書ではそれらすべての検定方法を網羅的に説明することはせず，母平均および母比率に関するものだけを取り上げ丁寧に説明する．母分散や母相関係数など他の母数に関する仮説検定の方法については他書（文献 [1]，[13] など）を参照されたい．

9.2.1　母平均 μ の検定

ここでは，平均 μ・分散 σ^2 の母集団からの大きさ n の無作為標本 $X_1,\ X_2,\ \ldots,\ X_n$ の標本平均 $\overline{X}$ に基づいて行う，母平均 μ に関する有意水準 α の検定について説明する．

母集団分布に関する仮定

ここでは，真の分布に対する母集団分布（確率モデル）として正規分布 $N(\mu, \sigma^2)$ を想定した説明を行う．統計学の入門書における統計的推測の説明は，分散 σ^2 を既知とした場合から始めるのが一般的である[注18]．しかし，過去の経験から分散 σ^2 について信頼できる値が想定できるような場合を除き，σ^2 が既知であるというのは現実的ではない．また母集団から抽出された標本サイズ n が十分に大きければ，σ^2 はその推定値 u^2（あるいは s^2）[注19]で代用できる．このような理由から，本書では分散 σ^2 を未知とし，標本サイズ n が小さい（小標本）場合と大きい（大標本）場合に分けた説明を行う．小標本の場合の検定方法は大標本の場合にも使えるが，その逆はいえない．

注18　本書においても区間推定の説明はそのように行った．

注19　u^2 と s^2 の定義は p.46 の (4.10), (4.9) を，性質については p.119 の「母分散 σ^2 の推定量の性質」を見よ．

(a)　小標本の場合

$X_1, X_2, \ldots, X_n$ は $N(\mu, \sigma^2)$ からの無作為標本とする．

片側検定

$$\mathrm{H}_0 : \mu = \mu_0, \quad \mathrm{H}_1 : \mu > \mu_0$$

ここで，μ_0 は分析者が指定した値である．

帰無仮説 H_0 のもとで標本平均 $\overline{X}$ は $N\left(\mu_0, \dfrac{\sigma^2}{n}\right)$ に従う．検定統計量は $\overline{X}$ を標準化し，σ^2 をその推定量 $U^2 = \dfrac{1}{n-1}\sum_{i=1}^{n}(X_i - \overline{X})^2$ で置き換えた

$$T = \frac{\overline{X} - \mu_0}{\sqrt{U^2/n}} = \frac{\sqrt{n}(\overline{X} - \mu_0)}{U}$$

とする．帰無仮説 H_0 のもとで，T は自由度 $n-1$ の t 分布に従う（p.108 参照）．

対立仮説の形から検定統計量 T が大きな値をとるときに[注20]帰無仮説 H_0 は棄却されるから，T の実現値を $t^\dagger$ とすると[注21]

$$\mathrm{P}\text{ 値} = P(T \geq t^\dagger) \tag{9.2}$$

となり，(9.2) が有意水準 α より小さければ H_0 を棄却する．

注20　T の分子は，$\overline{X}$ が μ_0 より大きな値で離れるほど大きな値になる．

注21　† はダガーと読む．

補　対立仮説が $\mathrm{H}_1 : \mu < \mu_0$ の場合，P 値 $= P(T \leq t^\dagger)$ となる．t 分布は左右対称（対称軸 $t = 0$）だから，対立仮説の形に関係なく，P 値 $= P(T \geq |t^\dagger|)$ と表せる．

両側検定

上の片側検定と同じ検定統計量を用いて

$$\mathrm{H}_0 : \mu = \mu_0, \quad \mathrm{H}_1 : \mu \neq \mu_0$$

の検定について考える．対立仮説の形から検定統計量 T が 0 から（$\overline{X}$ が μ_0 から）遠ざかるほど H_0 は棄却されやすくなる．したがって

$$\begin{cases} \text{実現値 } t^\dagger > 0 \text{ のとき} & \mathrm{P}\text{ 値} = 2 \times P(T \geq t^\dagger) \\ \text{実現値 } t^\dagger < 0 \text{ のとき} & \mathrm{P}\text{ 値} = 2 \times P(T \leq t^\dagger) \end{cases}$$

t 分布は左右対称（対称軸 $t = 0$）だから，$t^\dagger < 0$ のとき $P(T \leq t^\dagger) = P(T \geq -t^\dagger)$

が成り立つ（図 9.1 参照）ので，実現値 $t^\dagger$ の符号に関係なく

$$\text{P 値} = 2 \times P(T \geq |t^\dagger|)$$

と表せる．このP値が α より小さければ H_0 を棄却する．

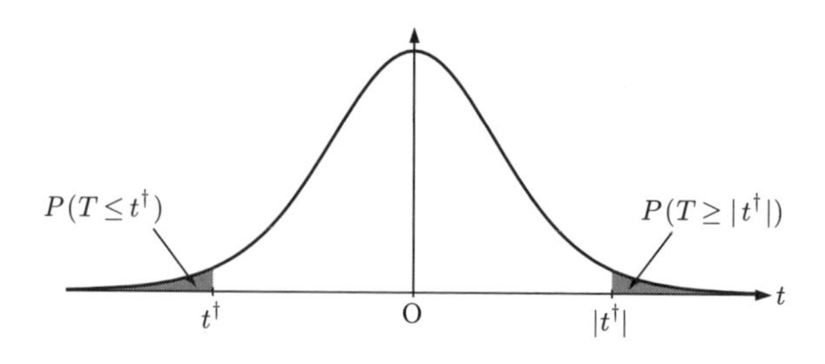

図 9.1　t 分布と $t^\dagger < 0$ のとき $P(T \leq t^\dagger) = P(T \geq |t^\dagger|)$ が成り立つこと．

例題 9.1　ある製糖工場では，袋に詰める砂糖の重さ X の平均 μ が 100 g になるように調整している．ある日，この機械が正しく調整されているかどうかを確かめるために，無作為に 10 個の袋を抽出し砂糖の重さを測ったところ，その平均 $\overline{x}$ は 102.7 g，標準偏差 u は 3.4 g であった．X が正規分布に従っていると仮定して，仮説

$H_0 : \mu = 100$（正しく調整されている）

$H_1 : \mu \neq 100$（正しく調整されていない）

を有意水準 5 %で検定せよ．

解　帰無仮説 H_0 のもとで，検定統計量 $T = \dfrac{\overline{X} - 100}{\sqrt{U^2/10}} = \dfrac{\sqrt{10}(\overline{X} - 100)}{U}$ は自由度 9 の t 分布に従う．検定統計量 T の実現値が 0 から大きく離れた値をとるとき H_0 を棄却する．いまの場合，検定統計量 T の実現値 $= \dfrac{\sqrt{10}(102.7 - 100)}{3.4} \fallingdotseq 2.511$ となるので，P 値 $= 2 \times P(T \geq 2.511) = 2 \times \bigl(1 - \mathsf{T.DIST}(2.511, 9, \mathsf{TRUE})\bigr) \fallingdotseq 0.0332$（図 9.2 参照）．この値は有意水準 5 %より小さいので H_0 は有意水準 5 %で棄却される．∎

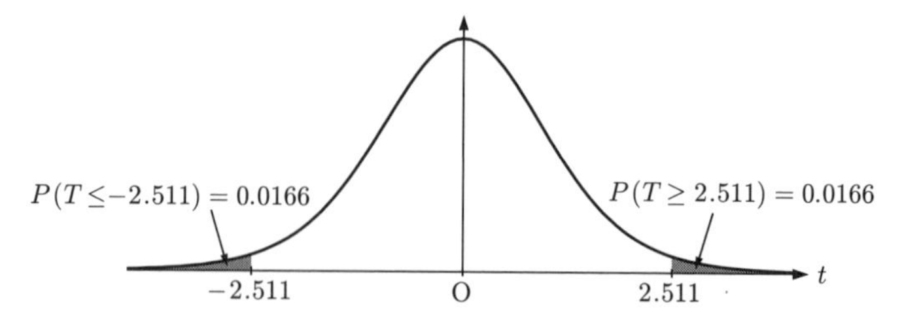

図 9.2　自由度 9 の t 分布と $P(T \geq 2.511) = P(T \leq -2.511)$

問 9.2　例題 9.1 において，標本サイズ n だけ 15 に変更した場合の P 値を求めよ．

(b)　大標本の場合

$X_1, X_2, \ldots, X_n$ を平均 μ・分散 σ^2 の母集団[注22]からの無作為標本とする．標本サイズ n が大きいので中心極限定理より．帰無仮説 $\mathrm{H}_0 : \mu = \mu_0$ のもとで，標本平均 $\overline{X}$ の分布は $N\left(\mu_0, \dfrac{\sigma^2}{n}\right)$ で近似できる．また n が大きいので未知の分散 σ^2 はその推定値 u^2（または s^2）で代用でき[注23]

$$Z = \frac{\sqrt{n}(\overline{X} - \mu_0)}{u} \quad \left(\text{または}\frac{\sqrt{n}(\overline{X} - \mu_0)}{s}\right) \tag{9.3}$$

は標準正規分布 $N(0,\ 1)$ に従うとみなせる．

注22　母集団に正規分布などの特定の分布を想定していないことに注意しよう．

注23　分散の推定量 U^2 と S^2 は σ^2 の一致推定量である．

片側検定

$$\mathrm{H}_0 : \mu = \mu_0, \quad \mathrm{H}_1 : \mu > \mu_0 \quad (\text{または } \mu < \mu_0)$$

(9.3) の Z の実現値を $z^\dagger$ とすると，対立仮説 H_1 が $\mu > \mu_0$，$\mu < \mu_0$ いずれの場合も

$$\text{P 値} = P(Z \geq |z^\dagger|) \tag{9.4}$$

となり，(9.4) が有意水準 α より小さければ H_0 を棄却する．

両側検定

$$\mathrm{H}_0 : \mu = \mu_0, \quad \mathrm{H}_1 : \mu \neq \mu_0$$

(9.3) の Z の実現値を $z^\dagger$ とすると

$$\text{P 値} = 2 \times P(Z \geq |z^\dagger|) \tag{9.5}$$

となり，(9.5) が有意水準 α より小さければ H_0 を棄却する．

例題 9.2　2019 年度学校保健統計調査によると，全国 17 歳男子高校生の平均身長は 170.6 cm であり，沖縄県の 17 歳男子高校生全体から無作為抽出された 500 人の身長の平均は $\overline{x} = 168.6$ cm，標準偏差は $u = 5.98$ cm であった．2019 年に 17 歳であった沖縄県の男子高校生全体の平均身長を μ とするとき，μ が全国平均に等しいかどうかの仮説

$$\mathrm{H}_0 : \mu = 170.6, \quad \mathrm{H}_1 : \mu \neq 170.6$$

を有意水準 1 %で検定せよ．

解　標本サイズ $n = 500$ は十分に大きいので，H_0 のもとで $Z = \dfrac{\sqrt{n}(\overline{X} - 170.6)}{5.98}$ は標準正規分布 $N(0,\ 1)$ に従うとみなせる．検定統計量 Z の実現値 $= \dfrac{\sqrt{500}(168.6 - 170.6)}{5.98} \fallingdotseq -7.478$ となるので，P 値 $= 2 \times P(Z \geq 7.478) = 2 \times \left(1 - \mathsf{NORM.DIST}(7.478, 0, 1, \mathsf{TRUE})\right) \fallingdotseq 7.55 \times 10^{-14}$．この値は有意水準 1 %よりはるかに小さいので H_0 は有意水準 1 %で棄却される．∎

補　2019 年度学校保健統計調査では，都道府県ごとの 17 歳男子の調査対象者人数は 315～824 と公表している．上の抽出人数 500 人は，この値と各都

道府県に割当てられた高等学校数から推定した．発育状態（身長・体重）調査では層別二段抽出法により調査対象者を抽出している．

問 9.3 2019 年度学校保健統計調査によると，全国 17 歳女子高校生の平均身長は 157.9 cm であり，大分県の 17 歳女子高校生全体から無作為抽出された 450 人の身長の平均は $\overline{x} = 156.8\,\mathrm{cm}$，標準偏差は $u = 5.33\,\mathrm{cm}$ であった．2019 年に 17 歳であった大分県の女子高校生全体の平均身長を μ とするとき，μ が全国平均に等しいかどうかの仮説 $\mathrm{H}_0 : \mu = 157.9$，$\mathrm{H}_1 : \mu \neq 157.9$ を有意水準 1 %で検定せよ．

9.2.2 母比率 p の検定

注 24　二項母集団の定義は p.119 参照．

ここでは，母集団の大きさが十分に大きい二項母集団[注 24]の母比率 p に関する帰無仮説 $\mathrm{H}_0 : p = p_0$（p_0 は分析者が指定した値）の検定について考える．

n 回の標本抽出によって選ばれた特定の性質をもつものの数を X とすると，X は二項分布 $B(n,\ p)$ に従う．さらに n が大きいとき，中心極限定理によって二項分布 $B(n,\ p)$ は正規分布 $N(np,\ np(1-p))$ で近似できる．したがって母比率 p の推定量 $\hat{p} = \dfrac{X}{n}$ を標準化した検定統計量

$$Z = \frac{\hat{p} - p_0}{\sqrt{p_0(1-p_0)/n}} = \frac{\sqrt{n}(\hat{p} - p_0)}{\sqrt{p_0(1-p_0)}} \tag{9.6}$$

は，帰無仮説 $\mathrm{H}_0 : p = p_0$ のもとで標準正規分布 $N(0,\ 1)$ に従う．帰無分布が標準正規分布 $N(0,\ 1)$ となるので，大標本の場合の母平均の検定 (p.139) 同様，母比率の仮説検定は標準正規分布に従う統計量 Z を用いて行うことができる．ここでは片側検定のみ示す．

片側検定

$$\mathrm{H}_0 : p = p_0, \quad \mathrm{H}_1 : p > p_0 \quad （または\ p < p_0）$$

(9.6) の Z の実現値を $z^{\dagger}$ とすると，対立仮説 H_1 が $p > p_0$，$p < p_0$ いずれの場合も

$$\mathrm{P}\ 値 = P(Z \geq |z^{\dagger}|) \tag{9.7}$$

となり，(9.7) が有意水準 α より小さければ H_0 を棄却する．

例題 9.3 2019 年 9 月に NHK が全国 18 歳以上の男女に対して，電話法（固定・携帯 RDD）で実施した「皇室に対する意識調査」の結果，1539 人（回答率 55.2 %）から回答があった．「あなたは，今の皇室に対して親しみを感じていますか．それとも感じていませんか．」という質問に対して，「親しみを感じている」という回答は 71 %であった．この結果をもとに，今の皇室に親しみを感じている日本国民が 70 %を超えているといえるかについて検定したい．日本国民の中で今の皇室に親しみを感じている人の割合を p とすると，検定したい仮説は

$$\mathrm{H}_0 : p = 0.7, \quad \mathrm{H}_1 : p > 0.7$$

と表される．この仮説を有意水準 5 %で検定せよ．

解 標本サイズ $n = 1539$ は十分に大きいので，H_0 のもとで $Z = \dfrac{\sqrt{n}(\hat{p} - 0.7)}{\sqrt{0.7 \times 0.3}}$ は標準正規分布 $N(0,\ 1)$ に従うとみなせる．検定統計量 Z の実現値 $= \dfrac{\sqrt{1539}(0.71 - 0.7)}{\sqrt{0.7 \times 0.3}} \fallingdotseq 0.856$ となるので，P 値 $= P(Z \geq 0.856) = 1 - \mathsf{NORM.DIST}(0.856, 0, 1, \mathsf{TRUE}) \fallingdotseq 0.196$．この値は有意水準 5 %より大きいので H_0 は有意水準 5 %で棄却されない．仮説検定の結果からだけでは，p は 0.7 を超えているとも超えていないともいえない．

9.2.3 2 つの母集団の比較

2 つの母集団の母数を比較する問題は 2 標本問題[注25] といわれる．ここでは，2 つの正規母集団の母平均に差があるかないかを仮説検定する問題を扱う．

注 25 1 つの母集団の母数について行う統計的推測の問題を 1 標本問題という．

(a) 母平均の差の検定

第 1 の母集団の母集団分布を $N(\mu_1,\ {\sigma_1}^2)$ とし，そこから抽出された大きさ m の無作為標本を $X_1,\ X_2,\ \ldots,\ X_m$ とする．また第 2 の母集団の母集団分布を $N(\mu_2,\ {\sigma_2}^2)$ とし，そこから抽出された大きさ n の無作為標本を $Y_1,\ Y_2,\ \ldots,\ Y_n$ とする．またここでは，2 つの母分散 ${\sigma_1}^2$，${\sigma_2}^2$ は未知であるが等しいとし，${\sigma_1}^2 = {\sigma_2}^2 = \sigma^2$ とする．2 つの母集団を比較するときに，平均だけ見るということは現実的ではないため ${\sigma_1}^2 = {\sigma_2}^2$（等分散）は意味のある仮定である．

検定統計量の分布は，母平均の検定（1 標本問題）の場合同様，小標本では t 分布，大標本では正規分布が使われる．この項では小標本の場合について説明する．

両側検定

2 つの母平均が等しいか否かの仮説

$$\mathrm{H}_0 : \mu_1 = \mu_2, \quad \mathrm{H}_1 : \mu_1 \neq \mu_2$$

を考える．

母分散 ${\sigma_1}^2$，${\sigma_2}^2$ が未知のため，母分散 ${\sigma_1}^2$ の推定量として不偏分散 ${U_1}^2 = \dfrac{1}{m-1}\sum_{i=1}^{m}(X_i - \overline{X})^2$ を，母分散 ${\sigma_2}^2$ の推定量として不偏分散 ${U_2}^2 = \dfrac{1}{n-1}\sum_{i=1}^{n}(Y_i - \overline{Y})^2$ を用いる．${U_1}^2$，${U_2}^2$ の加重平均[注26]

$$U^2 = \frac{(m-1){U_1}^2 + (n-1){U_2}^2}{(m-1) + (n-1)} = \frac{\sum_{i=1}^{m}(X_i - \overline{X})^2 + \sum_{i=1}^{n}(Y_i - \overline{Y})^2}{m+n-2}$$

注 26 プールされた分散とよばれる．正規母集団のもとで，$(m+n-2)\dfrac{U^2}{\sigma^2}$ は自由度 $m+n-2$ の χ^2 分布に従う．

は σ^2 の不偏推定量となる．このとき

$$T = \frac{(\overline{X} - \overline{Y}) + (\mu_1 - \mu_2)}{\sqrt{U^2(\frac{1}{m} + \frac{1}{n})}}$$

は，自由度 $m+n-2$ の t 分布に従うことが知られている．これより，帰無仮説 H_0 のもとで検定統計量

$$T = \frac{\overline{X} - \overline{Y}}{\sqrt{U^2(\frac{1}{m} + \frac{1}{n})}} \tag{9.8}$$

は，自由度 $m+n-2$ の t 分布に従う．(9.8) の T の実現値を $t^\dagger$ とすると

$$\mathrm{P}\text{ 値} = 2 \times P(T \geq |t^\dagger|)$$

となり，この P 値が α より小さければ H_0 を棄却する．

片側検定

仮説

$$\mathrm{H}_0 : \mu_1 = \mu_2, \quad \mathrm{H}_1 : \mu_1 > \mu_2$$

を考える．(9.8) の T の実現値を $t^\dagger$ とすると

$$\mathrm{P}\text{ 値} = P(T \geq |t^\dagger|)$$

となり，この P 値が α より小さければ H_0 を棄却する．

補 母平均の差の仮説検定では，検定を行う前に 2 つ母集団から抽出されたデータ（無作為標本）それぞれについて，箱ひげ図を描いたり，母平均の信頼区間を求めたりするなどの作業を行い，分散や平均に差異があるかどうかのチェックを視覚的に行っておくとよい．また厳密には，この検定を行う前に等分散の検定[注 27]を行わなければならない．

注 27 等分散の検定は本書では扱っていない．文献 [21] の第 12 章などを参照されたい．正規母集団に関する等分散の検定は F 分布を用いて行われるが，F 分布については補章 p.192 を参照のこと．

例題 9.4 ある果樹園の経営者は，所有する 2 つの大きな果樹園の一方に新しい殺虫剤を散布すれば収量が増えるか否かをテストすることにした．殺虫剤が散布されたほうの果樹園 A から無作為に選んだ 20 本の木から採れる果実の収量の平均 $\overline{x}$ は 98 kg，標準偏差 u_1 は 10 kg であった．殺虫剤を与えないほうの果樹園 B から無作為に選んだ 16 本の木から採れる果実の収量の平均 $\overline{y}$ は 94 kg，標準偏差 u_2 は 8 kg であった．果樹園 A 全体からの果実の収量 X の分布は $N(\mu_1,\ \sigma^2)$，果樹園 B 全体からの果実の収量 Y の分布は $N(\mu_2,\ \sigma^2)$ で近似できるとし，仮説

$$\mathrm{H}_0 : \mu_1 = \mu_2, \quad \mathrm{H}_1 : \mu_1 > \mu_2$$

を有意水準 5 %で検定せよ．

解 H_0 のもとで，検定統計量 $T = \dfrac{\overline{X} - \overline{Y}}{\sqrt{U^2(\frac{1}{20} + \frac{1}{16})}}$ は自由度 34 の t 分布に従う．母分散 σ^2 の推定値 $u^2 = \dfrac{19 \cdot 10^2 + 15 \cdot 8^2}{34} \fallingdotseq 84.12$ より，T の実現値 $= \dfrac{98 - 94}{\sqrt{84.12(\frac{1}{20} + \frac{1}{16})}} \fallingdotseq 1.30$ となるから，P 値 $= P(T \geq 1.30) = 1 - \mathsf{T.DIST}(1.30, 34, \mathsf{TRUE}) \fallingdotseq 0.10$ となり有意水準 5 %より大きいので H_0

は棄却されない．この結果からは殺虫剤を散布すれば果実の収量が増えるとはいえない． ∎

問 9.4　2 種類の薬剤 A と B が開発され，その効果を調べる実験研究が行われた．下表は 10 人ずつに各薬剤を投与した後のある物質の増加量である．薬剤 A を投与した場合の増加量の分布は $N(\mu_1,\ \sigma^2)$，薬剤 B を投与した場合の増加量の分布は $N(\mu_2,\ \sigma^2)$ でそれぞれ近似できるとし，仮説 $\mathrm{H}_0 : \mu_1 = \mu_2$，$\mathrm{H}_1 : \mu_1 \neq \mu_2$ を有意水準 1 %で検定せよ．

薬剤 A	25.7	24.6	25.8	25.1	25.9	26.2	23.5	23.6	22.2	21.3
薬剤 B	22.2	23.4	22.7	21.9	23.5	23.1	21.3	20.8	19.1	18.8

(b)　母平均の差の検定（対応がある場合）

対応がある場合の母平均の差の検定では，どのようなことに注意し，またどのように取り扱うかを考えるために具体的な問題を取り上げよう．

例 9.1　10 人の被験者に対して，ある薬剤 S の投与による血糖値 (mg/dL) の改善がみられるかどうかの試験を行ったところ，投与前と投与後の血糖値について下表のデータを得た．薬剤 S の投与により血糖値が低下したといえるかを有意水準 1 %で検定する．

被験者	1	2	3	4	5	6	7	8	9	10
投与前 x_i	210	196	244	235	204	204	180	220	201	198
投与後 y_i	189	173	185	170	151	171	149	174	156	160
$x_i - y_i$	21	23	59	65	53	33	31	46	45	38

投与前の血糖値 X_i と投与後の血糖値 Y_i は同一被験者のものであるため，これらは独立ではない．また例題 9.4 のように比較するものそれぞれの平均 $\overline{X}$，$\overline{Y}$ を求めるというやり方は，被験者間の変動が薬を投与したことによる差を見えにくくしてしまう．そこでこのような場合は，被験者ごとに差 $D_i = X_i - Y_i$ を求め，それらの平均 $\overline{D}$ を用いて検定を行う．X_i と Y_i はそれぞれ $N(\mu_1,\ {\sigma_1}^2)$ と $N(\mu_2,\ {\sigma_2}^2)$ に従っている[注 28]ものとする．このとき，$D_i = X_i - Y_i$ は正規分布に従うことが知られている．D_i の分散を ${\sigma_d}^2$[注 29]で表し，$\delta = \mu_1 - \mu_2$ とおくと，D_i の分布は $N(\delta,\ \sigma_d^2)$ となる．

以上の設定のもとで，検定すべき仮説は

$$\mathrm{H}_0 : \delta = 0\ (\text{血糖値に変化なし}),\quad \mathrm{H}_1 : \delta > 0\ (\text{血糖値は低下した})$$

と表せる．分散 ${\sigma_d}^2$ は未知だから，それを ${U_d}^2 = \dfrac{1}{n-1}\displaystyle\sum_{i=1}^{n}(D_i - \overline{D})^2$ で推定すると，帰無仮説 $\mathrm{H}_0 : \delta = 0$ のもとで，検定統計量 $T = \dfrac{\sqrt{n}\ \overline{D}}{\sqrt{{U_d}^2}}$ は自由度 $n-1$ の t 分布

注 28　正確には 2 次元確率変数 (X_i, Y_i) が 2 変量正規分布に従っている．

注 29　X_i と Y_i が独立ではないので ${\sigma_d}^2 \neq {\sigma_1}^2 + {\sigma_2}^2$ である．

に従う．今の場合 $U_d{}^2$ の実現値は 220.04 で，T の実現値 $= \dfrac{\sqrt{10}\cdot 41.4}{\sqrt{220.04}} \fallingdotseq 8.826$ となるから，P 値 $= P(T \geq 8.826) = 1 - \mathrm{T.DIST}(8.826, 9, \mathrm{TRUE}) \fallingdotseq 5.01 \times 10^{-6}$ となり有意水準 1 %より小さいので H_0 は棄却される．このデータからは血糖値は下がったといえる．■

問 9.5 あるダイエット法が体重の減量に効果があるかどうかを調べる実験に 8 人の女性が参加した．下表は，この実験に入る直前と 1 カ月間このダイエット法を試みた直後に測定した 8 人の体重 (kg) である．

被験者	1	2	3	4	5	6	7	8
直前	55.2	52.6	61.2	55.4	57.1	58.3	61.4	57.8
直後	55.4	50.9	59.6	55.1	56.4	58.0	60.3	56.9
直後 − 直前	0.2	−1.7	−1.6	−0.3	−0.7	−0.3	−1.1	−0.9

体重は正規分布に従うと仮定して，このダイエット法は減量に効果があるかどうかを有意水準 5 %で検定せよ．

9.3　χ^2 検定

検定統計量の分布が χ^2 分布になる検定を χ^2 検定という．本節では代表的な χ^2 検定である適合度の検定と独立性の検定を取り上げる．

9.3.1　適合度検定

「あるサイコロを振ったときに 1 から 6 の目は同じ確率で現れるか」「遺伝に関するメンデルの法則は実際に成り立つであろうか」など，観測値の分布がある法則や条件に適合している注 30 かどうかを検定するのが**適合度検定**である．

注 30　厳密には「観測値の相対度数分布が，特定の確率分布に偶然変動の範囲内で一致する」と表現される．

適合度検定
test for goodness of fit

例 9.2 表 9.2 は，メンデルがエンドウ豆の色（黄色・緑色）と形状（丸い・しわがある）の交配実験で得た有名な実験データである．

表 9.2　メンデルの実験データ

種子の型	C_1 黄・丸	C_2 黄・しわ	C_3 緑・丸	C_4 緑・しわ	計
観測度数	315	101	108	32	556

メンデルは，種子の型の割合が $C_1 : C_2 : C_3 : C_4 = 9 : 3 : 3 : 1$ となることを主張した．適合度検定によって，表 9.2 の実験データがこの主張に適合しているかどうかを検証する．

まず，帰無仮説および対立仮説を次のようにおく．

$$H_0 : P(\mathrm{C}_1) = \frac{9}{16},\ P(\mathrm{C}_2) = \frac{3}{16},\ P(\mathrm{C}_3) = \frac{3}{16},\ P(\mathrm{C}_4) = \frac{1}{16}$$

$\mathrm{H}_1 : \mathrm{H}_0$の 4 つの式のうちに成り立たないものがある

H_0 が正しければ，型 C_1 の度数は $556 \times \dfrac{9}{16} = 312.75$ と計算される．他の型についても同様の度数を計算すると表 9.3 のようになる．この度数を**期待度数**という．また，実際に観測された度数を**観測度数**という．

表 9.3　メンデルの観測度数と期待度数

種子の型	C_1	C_2	C_3	C_4	計
期待度数	312.75	104.25	104.25	34.75	556
観測度数	315	101	108	32	556

各型の観測度数と期待度数の差が大きければ適合度は低いといえる．すなわち帰無仮説 H_0 は棄却されるべきであろう．そこで次の量を検定統計量として用いることにする．

$$\chi^2 = \sum_{\text{すべての型}} \frac{(\text{観測度数} - \text{期待度数})^2}{\text{期待度数}} \tag{9.9}$$

(9.9) で与えられる χ^2 の分布は，観測度数の合計が大きいとき，近似的に自由度 3 の χ^2 分布[注 31] に従うことが知られている．有意水準を 5 %とする．

注 31　χ^2 分布については補章 p.189 参照.

χ^2 の実現値は

$$\frac{(315-312.75)^2}{312.75} + \frac{(101-104.25)^2}{104.25} + \frac{(108-104.25)^2}{104.25} + \frac{(32-34.75)^2}{34.75}$$
$$\fallingdotseq 0.470$$

となるので, P 値$= P(\chi^2 \geq 0.470) = 1-\mathsf{CHISQ.DIST}(0.470, 3, \mathsf{TRUE}) \fallingdotseq 0.925$
この値は有意水準を 5 %よりかなり大きいから H_0 は受容される．したがって，実験データはメンデルの主張に適合していないとはいえない．

一般に，n 回の実験観測の結果が K 通りあり，次のような表にまとめられているとする．

表 9.4　観測度数と期待度数

結果	C_1	C_2	$\cdots$	C_K	計
観測度数	n_1	n_2	$\cdots$	n_K	n
理論確率	p_1	p_2	$\cdots$	p_K	1
期待度数	np_1	np_2	$\cdots$	np_K	n

適合度の検定では，帰無仮説と対立仮説を

$$\mathrm{H}_0 : P(\mathrm{C}_1) = p_1,\ P(\mathrm{C}_2) = p_2,\ \ldots\ ,\ P(\mathrm{C}_K) = p_K$$

$\mathrm{H}_1 : \mathrm{H}_0$の K 個の式のうちに成り立たないものがある

とおき，検定統計量を

$$\chi^2 = \sum_{i=1}^{K} \frac{(n_i - np_i)^2}{np_i} \tag{9.10}$$

とする．このとき，(9.10) で与えられる χ^2 は近似的に自由度 $K-1$ の χ^2 分布に従うことが知られている．この χ^2 の実現値を x^2 とするとき，P 値 $= P(\chi^2 \geq x^2)$ が有意水準 α より小さいとき H_0 を棄却する．

補 上の近似は，標本サイズ n が大きく，$np_i \geq 5$ $(i = 1, 2, \ldots, K)$ であればよいとされている．この条件が満たされていないときは，隣接する 2 つ以上の級（結果）を合わせて，この条件が満たされるようにすればよい．

問 9.6 下表はあるサイコロを繰り返し 200 回投げ，各目が得られた度数である．「このサイコロのすべての目は $\frac{1}{6}$ の確率で現れる」という仮説を有意水準 5 %で検定せよ．

サイコロの目	1	2	3	4	5	6	計
観測度数	26	38	38	28	37	33	200

9.4 独立性の検定

「学歴と支持政党には関連があるか」「性別と喫煙習慣は独立か」など，2 つの属性の間の関連性や独立性を検定する**独立性の検定**について説明しよう．2 つの属性に関する観測値は，第 3 章 p.33 で説明した分割表にまとめられる．

例 9.3 表 9.5 は，ある大手企業の全従業員（母集団）から無作為に抽出した 195 人について，喫煙習慣と健康状態を同時に調べた結果をまとめた 2×2 分割表である．

表 9.5 喫煙習慣と健康状態の観測度数

	健康状態		行計
	良	不良	
喫煙習慣あり	45	25	70
喫煙習慣なし	90	35	125
列計	135	60	195

このデータを用いて，喫煙習慣と健康の間に関連があるかどうかを有意水準 5 %で検定する方法を考えよう．

まず，次のように帰無仮説と対立仮説をおく．

H_0 : 喫煙習慣と健康の間には関連がない

H_1 : 喫煙習慣と健康の間には関連がある

母集団から無作為に 1 人選ぶとき，その従業員が喫煙習慣のある従業員である確率は $\frac{70}{195}$，健康状態が良い従業員である確率は $\frac{135}{195}$ とそれぞれ推定される．喫煙習慣と健康が独立であれば，p.77 の (6.8) より喫煙習慣があり健康状態が良い従業員である確率は $\dfrac{70}{195} \times \dfrac{135}{195}$ と推定される．したがって，195 人のうち喫煙習慣があり健康状態がよい従業員の数は

$$195 \times \frac{70}{195} \times \frac{135}{195} \fallingdotseq 48.5$$

であると期待される．同様にして他の 3 つのセルの期待度数も計算すると，表 9.6 のようになる．

表 9.6　喫煙習慣と健康状態の期待度数

	健康状態 良	健康状態 不良	行計
喫煙習慣あり	48.5	21.5	70
喫煙習慣なし	86.5	38.5	125
列計	135	60	195

適合度検定と同様に，検定統計量を

$$\chi^2 = \sum_{\text{すべてのセル}} \frac{(\text{観測度数} - \text{期待度数})^2}{\text{期待度数}} \qquad (9.11)$$

とする．この統計量は標本サイズが大きいとき，近似的に自由度 1 の χ^2 分布に従うことが知られている．期待度数と観測度数のズレが大きいとき χ^2 の値は大きくなり，H_0 は棄却される．

χ^2 の実現値は

$$\frac{(45-48.5)^2}{48.5} + \frac{(25-21.5)^2}{21.5} + \frac{(90-86.5)^2}{86.5} + \frac{(35-38.5)^2}{38.5} \fallingdotseq 1.28$$

P 値 $= P(\chi^2 \geq 1.28) = 1 - \mathsf{CHISQ.DIST}(1.28, 1, \mathsf{TRUE}) \fallingdotseq 0.258$ となり，有意水準 5 %のもとで H_0 は受容される．すなわち，このデータからは喫煙習慣と健康の間には関連があるとはいえない． ■

n 個の個体に対して，2 つの属性 A と B を同時に観測した結果が，表 9.7 のような 2×2 分割表にまとめられている場合に，属性 A と B の関連（独立）性を有意水準 α で検定する方法をまとめておく．

表 9.7　独立性の検定のためのデータ

		属性 B B_1	属性 B B_2	行計
属性 A	A_1	n_{11}	n_{12}	$n_{1\cdot}$
	A_2	n_{21}	n_{22}	$n_{2\cdot}$
	列計	$n_{\cdot 1}$	$n_{\cdot 2}$	n

$n_{1\cdot} = n_{11} + n_{12}$，$n_{2\cdot} = n_{21} + n_{22}$

$n_{\cdot 1} = n_{11} + n_{21}$，$n_{\cdot 2} = n_{12} + n_{22}$

帰無仮説と対立仮説を

H_0：属性AとBとの間に関連がない

H_1：属性AとBとの間に関連がある

とおく．H_0 のもとでのセル $(A_i,\ B_j)$ の期待度数 e_{ij} は

$$e_{ij} = \frac{n_{i\cdot}n_{\cdot j}}{n} \qquad (\ i = 1,2\ ;\ j = 1,2\ )$$

で計算され，検定統計量は

$$\chi^2 = \sum_{j=1}^{2}\sum_{i=1}^{2}\frac{(n_{ij} - e_{ij})^2}{e_{ij}} \tag{9.12}$$

とする[注32]．H_0 が正しく n が大きいとき，(9.12) は近似的に自由度1の χ^2 分布に従うことが知られている．(9.12) の実現値を x^2 とするとき，P値＝ $P(\chi^2 \geq x^2)$ が有意水準 α より小さければ H_0 を棄却する．

注32　二重和の記号に不慣れな読者は，補章 p.182 を参照されたい．

補　n_{11}，n_{12}，n_{21}，n_{22} の中に5未満のものがあるとき，次のように補正した統計量

$$\chi^2 = \sum_{j=1}^{2}\sum_{i=1}^{2}\frac{(|n_{ij} - e_{ij}| - 0.5)^2}{e_{ij}}$$

を用いたほうが χ^2 分布への近似が，(9.12) よりもよくなることが知られている．これは**イェーツの補正**とよばれている．

属性AとBがそれぞれ l 個と m 個のカテゴリーに分けられている場合も (9.12) を

$$\chi^2 = \sum_{j=1}^{m}\sum_{i=1}^{l}\frac{(n_{ij} - e_{ij})^2}{e_{ij}} \tag{9.13}$$

に変更し，H_0 が正しく n が大きいとき (9.13) が近似的に自由度 $(l-1)\times(m-1)$ の χ^2 分布に従うことを利用して，上と同様に検定を行えばよい．

問 9.7　ある大規模大学では全学生から100人をランダムに選んで意識調査を行った．それによると，あるライフスタイルに対する男子と女子の賛否のデータは以下の表のようであった．このデータから，「性別」と「賛否」の2つの属性の間には関連性があるといえるであろうか有意水準1％で検定せよ．

		賛否		行計
		賛成	反対	
性別	男	40	20	60
	女	15	25	40
	列計	55	45	100

章末問題

9.1 香料 A と B を比較して好ましいほうを選ばせたところ，12 人のうち 11 人が A を選んだ．このとき，消費者の好みに A と B とで差があると考えてよいか，有意水準 1 %で検定せよ．

9.2 総務省が行った平成 28 年社会生活基本調査によると，男性有業者（全体）の平日の平均睡眠時間は 7.3 時間であった．下記のデータはある業界で働く男性全体から無作為に選ばれた 15 人の平日の平均睡眠時間（単位は時間）である．

5.9, 6.9, 6.7, 8.3, 6.1, 8.3, 6.4, 7.3, 6.3, 5.5, 8.2, 6.4, 6.7, 8.5, 7.0

この業界で働く男性の平均睡眠時間 X は正規分布に従うと仮定して，以下の問いに答えよ．

(1) 「この業界で働くすべての男性の平均睡眠時間の平均 μ が，7.3 時間より短いか否か」を検証する仮説を，帰無仮説 H_0 と対立仮説 H_1 に分けて表せ．

(2) 上の仮説を有意水準 5 %で検定せよ．

9.3 2011 年 1 月から 2019 年 12 月までの 9 年間の TOPIX（東証株価指数）[注33] の月次収益率 108 個の平均 $\overline{x}$ は 0.714 %で標準偏差 u は 4.704 %であった．108 個の月次収益率を正規母集団からの無作為標本とみなすとき，母集団のリターン μ に関する仮説 $\mathrm{H}_0 : \mu = 0$, $\mathrm{H}_1 : \mu \neq 0$ を有意水準 5 %で行え．

注 33 TOPIX とは，東京証券市場第一部上場の全銘柄の時価総額を基準時点（1968 年 1 月 4 日）の時価総額で割った指数である．

9.4 ある自治体は労働者のスキルアップ支援策の 1 つとして，独自の職業訓練プログラムを主催することを考えている．そこで，その職業訓練プログラムが受講者の賃金を高めるのに役立つかどうかを調べるために，試験的にプログラムを導入した．無作為に選ばれた 5 人にこのプログラムを受講させ，受講前に比べて受講後の賃金がどのくらい変化したかを調べたところ，以下のようになった．

標本番号	1	2	3	4	5
受講後の時給変化分（百円）	2	−1	−1	5	0

賃金は正規分布に従うと仮定する．受講後の時給変化分の母平均を μ とするとき，帰無仮説 $\mathrm{H}_0 : \mu = 0$ を対立仮説 $\mathrm{H}_1 : \mu > 0$ に対して有意水準 5 %で検定せよ．

9.5 某テレビ局のプロデューサー O 氏は制作番組の視聴率 p の目標を 20 %としている．目標が達成されているかを確認するために，500 世帯を対象に視聴率調査を実施したところ，標本平均として得られた平均視聴率は 15 %であった．O 氏の制作番組は目標視聴率に達成したかどうかを有意水準 5 %で検定せよ．

9.6 I 県内の 16 歳男子の 50 m 走の記録について，20 年前に 100 名を無作為抽出して調べたところ，平均 $\overline{x} = 7.42$ 秒，標準偏差 $u_1 = 0.56$ 秒であった．今年度同じ調査を行い 120 名を無作為抽出して調べたところ，平均 $\overline{y} = 7.26$ 秒，標準偏差 $u_2 = 0.53$ 秒となった．今年度の I 県内の 16 歳男子全体の 50 m 走の記録の平均 μ_2 は 20 年前の平均 μ_1 より速いといってよいか．仮説 $\mathrm{H}_0 : \mu_1 = \mu_2$, $\mathrm{H}_1 : \mu_1 > \mu_2$ を有意水準 5 %で検定せよ．

9.7 日本人の場合，4 種類の血液型の分布は A : B : O : AB = 4 : 2 : 3 : 1 といわれている．無作為に選ばれた 200 人のイギリス人について下表の観測度数が得られたとして，その血液型の分布は日本人と同じであるかどうかを有意水準 1 %で検定せよ．

血液型	A	B	O	AB	計
観測度数	82	18	90	10	200

9.8 ある都市では，下表のような割合で自動車の運転者が事故を起こすことがわかっている．ある保険会社が自社の保険加入者の中から無作為に 100 人を選び調べた

ところ，事故を起こした回数が 0 回・1 回・2 回以上の人数は，それぞれ 65 人・22 人・13 人であった．これらの度数は下の表の割合に適合しているか，有意水準 5 %で検定せよ．

事故の回数	0 回	1 回	2 回以上
割合	0.75	0.20	0.05

9.9 下表はある害虫に効くといわれる殺虫剤の効用について，2 種類の濃度（%）で実験した結果をまとめたものである．「殺虫剤の濃度によって殺虫効果に差はない」という仮説を有意水準 1 %で検定せよ．

		結果		行計
		死ななかった数	死んだ数	
濃度	5.0	15	185	200
	3.0	50	150	200
	列計	65	335	400

9.10 職業別に 2 種類の新聞 A, Y の購読者を調べたところ次の通りであった．両者に関連ありといえるか，有意水準 5 %で検定せよ．

	新聞 A	新聞 Y	行計
会社員	165	135	300
商業	145	90	235
農業	55	110	165
列計	365	335	700

9.11 右の表は，大学での学業成績と卒業後 15 年間に得た収入を，それぞれ 3 つのグループに分けて開業医に対して調査したものである．成績と収入の間に関連があるかどうかを有意水準 5 %で検定せよ．

		収入			行計
		高い	中間	低い	
成績	高い	18	17	5	40
	中間	26	38	16	80
	低い	6	15	9	30
	列計	50	70	30	150

9.12 スポーツ選手がドーピング違反をしたかどうかは，ヘマトクリット値（H 値）[注 34] で調べることができる．ここでは健常者の H 値の分布が平均 43 %，標準偏差 2.5 %の正規分布 $N(0.43, 0.025^2)$（帰無分布）であり，違反者の H 値の分布が正規分布 $N(0.54, 0.02^2)$（対立仮説の下での分布）であるとする．いま H 値の値が 50 %を超えたらドーピング違反と判定をする場合，「シロをクロと判定する（第 1 種の過誤）」確率 α および「クロをシロと判定する（第 2 種の過誤）」確率 β を求めよ．

注 34 H 値が高くなると血液中の赤血球濃度が高まり酸素効率がよくなって，耐久力が増加するという効果が生まれる．

プロジェクト 9

世間で言われている事柄，例えば（ア）最近は背の高い女性が増えた，（イ）近年は男性の喫煙者が減った，（ウ）高齢の自動車運転者は事故を起こしやすい，（エ）飛行機は自動車より安全な乗り物だ，などを探し（あるいは自分で考え），データを用いて裏付けよ（あるいは批判せよ）．ただし，以下の (a)～(f) に注意すること．

(a) データを用いて裏付けるとは，説得的なデータをさがし図表に表したり，データを使って推定（第 8 章）や仮説検定を行ったりすることである．

(b) 上の（ア）～（エ）のように，自分が取り上げたい事柄を簡潔な文で表現する．
〈参考〉「近年少子化でますます保護者の教育熱は高まり，学外活動支出費が高まっている」「少年の自殺が近年増えている」「日本では森林が減少している」「結婚意思をもつ未婚者の割合は年々減少している」など．

(c) 論点を明確にする．例えば，（ウ）の問題を考える場合に「事故を起こした人たちの集団における年齢分布を，一般の運転者全体の年齢分布と比較する．その際，一般の運転者に事故を起こしやすい年齢層である若者を含めるのがよいかどうか」「現時点での高齢者を対象に，その人たちの過去の年代ごとの事故数を調べるべきではないか」「走行距離が延びれば，事故を起こす可能性が高くなるので，期間内の事故の数だけではなく延べ走行距離も問題にすべきではないか」など，色々な立場が考えられるが，自分がどのような立場に立って検討するのか明確にする．

(d) 曖昧な言葉や表現は使わない．例えば，（ア）では「最近」の定義を「過去 10 年間」などとし，（エ）では「安全性」を「1 年間に出た死亡者数が○○人未満であること」のように定義しておく．

(e) 用いたデータの出典を明記する．

(f) インターネットで調べる場合，データの出典が明示された信頼のあるものだけを利用する．参考にした Web サイトはその名称や URL を明記する．

10
相関と回帰

本章の目標

- 相関係数の意味と使い方を正しく理解する．
- 相関関係とその他の関係（因果関係など）の違いについて理解する．
- 回帰モデルの考え方を理解する．
- 回帰分析の手法を身につける．

10.1　相関関係

2 つの量的変量 x, y の組で表される大きさ n の 2 変量データ

$$(x_1, y_1),\ (x_2, y_2),\ \ldots, (x_n, y_n) \tag{10.1}$$

を散布図に表し，描かれた散布図が直線的傾向をもつ[注1]場合に「変量 x と変量 y の間には相関がある」といった（3 章 p.32 参照）．さらに右上がりと右下がりの直線的傾向を区別して，右上がりの場合には**正の相関**・右下がりの場合には**負の相関**があるという．

注 1　散布図上の点が直線に沿って散らばっている．

10.1.1　相関係数

図 10.1 は 2014 年の G7[注2] および中国・ロシアの 9 カ国の国民 1 人当たりのエネルギー使用量と CO_2 排出量の散布図である．図 3.8 (p.32) と図 10.1 の散布図ではともに変量 x と y の間に正の相関がある．しかし図 3.8 のほうが直線的傾向は強い．この項では，相関の有無や強さを数量的にとらえることを考える．

注 2　フランス・アメリカ・イギリス・ドイツ・日本・イタリア・カナダの主要7カ国．

2 変量データ (10.1) の散布図に，それぞれの変量データの平均に対応する点 $(\overline{x},\ \overline{y})$ を通り，もとの軸に平行な軸を追加する．この新しい軸によって散布図は 4 つの部分に分けられる．それら 4 つの部分を反時計回りにそれぞれ第 I・第 II・第 III・第 IV 象限とよぶことにする（図 10.2 参照）．

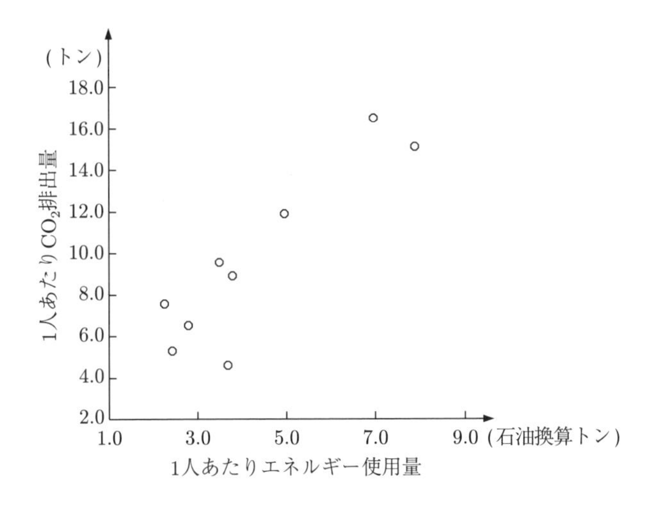

図 10.1　主要国におけるエネルギー使用量と CO_2 排出量（2014 年）の散布図

出所：世界銀行の WDI オンラインデータ.
Energy use（1 人当たりのエネルギー消費量）
http://data.worldbank.org/indicator/EG.USE.PCAP.KG.OE?view=chart
CO_2 emissions（1 人当たりの二酸化炭素排出量）
http://data.worldbank.org/indicator/EN.ATM.CO2E.PC?view=chart
(閲覧日：2020 年 3 月 3 日)

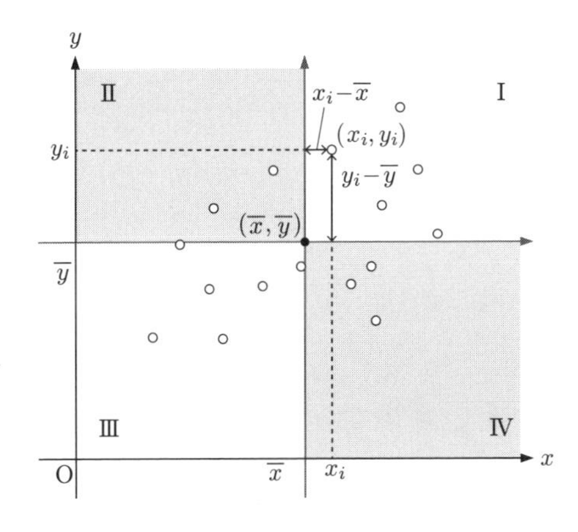

図 10.2　散布図と 4 つの象限

このとき，各データ (x_i, y_i) がどの象限にあるかは，偏差 $x_i - \overline{x}$, $y_i - \overline{y}$ の符号によって判断できる（表 10.1 参照）．2つの変量の間に正の相関がある場合，多くのデータは第Ⅰまたは第Ⅲ象限にある．すなわち偏差積 $(x_i - \overline{x})(y_i - \overline{y})$ が正と

表 10.1　4 つの象限と偏差・偏差積の符号

象限	$x_i - \overline{x}$	$y_i - \overline{y}$	$(x_i - \overline{x})(y_i - \overline{y})$
Ⅰ	+	+	+
Ⅱ	−	+	−
Ⅲ	−	−	+
Ⅳ	+	−	−

なるデータが数多く存在する．逆に負の相関がある場合，偏差積 $(x_i - \overline{x})(y_i - \overline{y})$ が負となるデータが多いことになる．また2つの変量の間に相関がない場合，データは4つの象限に偏りなく散らばる注3（p.33の図3.9参照）．したがって，偏差積和 $\sum_{i=1}^{n}(x_i - \overline{x})(y_i - \overline{y})$ によって次のような判断が可能になる．

注3　この場合，偏差積の和をとることによって正負は相殺され，偏差積和は0に近づく．

- $\sum_{i=1}^{n}(x_i - \overline{x})(y_i - \overline{y}) > 0$ のとき，変量 x と y の間に正の相関がある．
- $\sum_{i=1}^{n}(x_i - \overline{x})(y_i - \overline{y}) < 0$ のとき，変量 x と y の間に負の相関がある．
- $\sum_{i=1}^{n}(x_i - \overline{x})(y_i - \overline{y}) = 0$ のとき，変量 x と y の間に相関がない．

しかし，偏差積和 $\sum_{i=1}^{n}(x_i - \overline{x})(y_i - \overline{y})$ を相関の強さの判定に使うには次のような問題がある．

[1] 相関の強さは，散布図にどの程度直線的傾向があるかのみによって決まるべきものであるが，偏差積和の値はデータの大きさ n にも依存する注4．

[2] 偏差積和は変量 x と y の単位に依存した単位をもつが，相関の強さを判定する指標は単位に依存しない無名数がよい．

[3] 相関の強さを判定する指標は決まった範囲の値をとり，その範囲内の数値で強さの判定ができることが望ましいが，偏差積和は決まった範囲の値をとらない．

注4　例えば，すべての点が右上がりの直線上にある場合，相関係数は1となるが，偏差積和はデータの大きさ n によって異なる値をとる．

問題[1]に対して，まず偏差積和 $\sum_{i=1}^{n}(x_i - \overline{x})(y_i - \overline{y})$ をデータの大きさ n で割り，相対的な比

$$s_{xy} = \frac{\sum_{i=1}^{n}(x_i - \overline{x})(y_i - \overline{y})}{n} = \frac{1}{n}\sum_{i=1}^{n}(x_i - \overline{x})(y_i - \overline{y}) \qquad (10.2)$$

にすることで n の影響を調整する．(10.2) は偏差積 $(x_1 - \overline{x})(y_1 - \overline{y})$, $(x_2 - \overline{x})(y_2 - \overline{y})$, $\ldots$, $(x_n - \overline{x})(y_n - \overline{y})$ の平均になっており，これをデータ $(x_i,\ y_i)$ $(i = 1,\ 2,\ \ldots,\ n)$ の**共分散**注5とよぶ．

共分散
covariance

注5　共分散(10.2)は偏差積和を，分散のとき（p.46参照）と同様に n ではなく $n-1$ で割って定義されることもある．Excelでは(10.2)で与えられる共分散は関数COVARIANCE.Pで求める．

問題[2]と[3]は，データを標準化（p.51参照）することで解決できる．データ x_i, y_i を

$$u_i = \frac{x_i - \overline{x}}{s_x}, \quad v_i = \frac{y_i - \overline{y}}{s_y} \quad (i = 1,\ 2,\ \ldots,\ n)$$

ただし $s_x = \sqrt{\frac{1}{n}\sum_{i=1}^{n}(x_i - \overline{x})^2}$, $s_y = \sqrt{\frac{1}{n}\sum_{i=1}^{n}(y_i - \overline{y})^2}$ 注6と標準化すると，データ u_i と v_i は無名数であり，それらの共分散は

$$\frac{1}{n}\sum_{i=1}^{n}(u_i - \overline{u})(v_i - \overline{v}) = \frac{1}{n}\sum_{i=1}^{n}\left(\frac{x_i - \overline{x}}{s_x}\right)\left(\frac{y_i - \overline{x}}{s_y}\right) = \frac{s_{xy}}{s_x s_y} \qquad (10.3)$$

注6　s_x, s_y はそれぞれの変量データの標準偏差である．

と書ける注7．(10.3) をデータ $(x_i,\ y_i)$ $(i = 1,\ 2,\ \ldots,\ n)$ の**相関係数**とよび，記号 r で表す．すなわち

注7　$\overline{u} = \overline{v} = 0$（p.51参照）に注意．

相関係数
correlation coefficient

$$r = \frac{s_{xy}}{s_x s_y} = \frac{x \text{と} y \text{の共分散}}{x \text{の標準偏差} \times y \text{の標準偏差}} \tag{10.4}$$

(10.4) で定義される相関係数 r について，次のことが知られている．

相関係数 r の性質

(i) $-1 \leq r \leq 1$

(ii) r はすべてのデータが，右上がりの直線上にあるとき最大値 1 をとり，右下がりの直線上にあるとき最小値 -1 をとる．

(iii) 2 つの変量 x と y の間には，$r > 0$ のとき正の相関があり，$r < 0$ のとき負の相関がある．

補 (i) の証明は章末問題 *10.2* を見よ．データの大きさが 2 の場合は，かならず $r = 1$ または $r = -1$ となる．r を求めるときのデータの大きさには注意を払う必要がある．

相関係数 r のいくつかの値に対応する散布図の例を図 10.3 に示す．

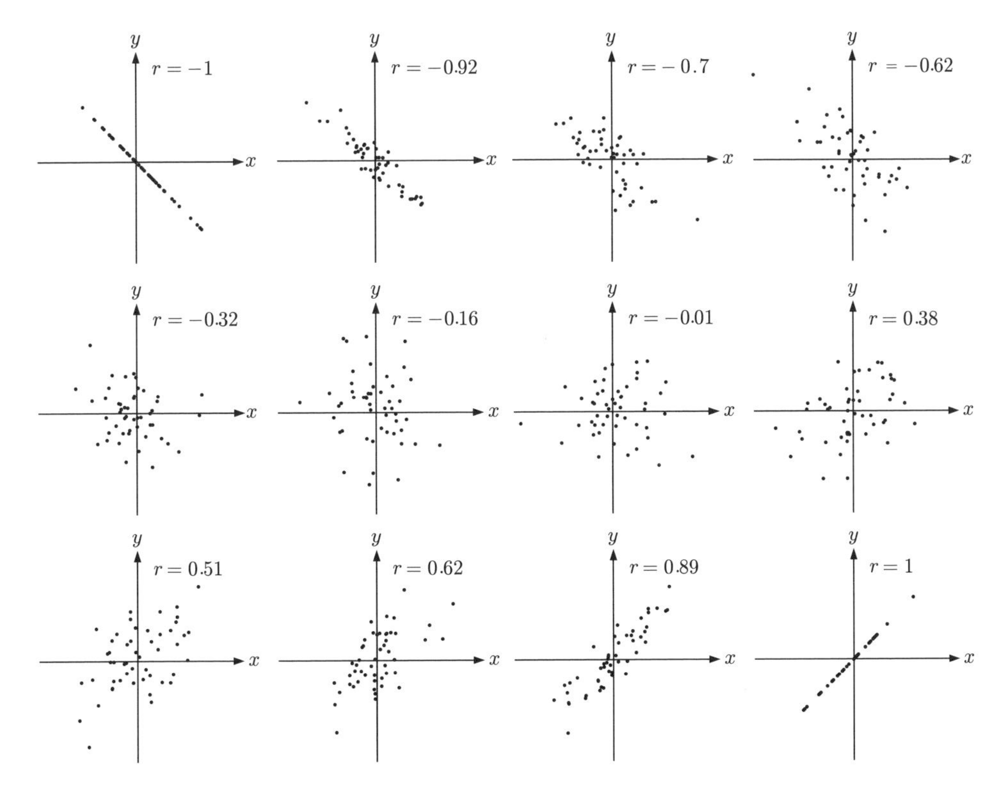

図 10.3 相関係数 r の値とそれに対応する散布図

例題 10.1　右の表は 3.4.1 項 (p.32) で取り上げた都道府県別の人口と使用電力量の 2 変量データから，中国・四国・九州地方の県のデータを抽出したものである．Excel のシートのセル範囲 A1:C18 に同じ表を作成し，この表をもとに次の作業を行え．

(1) p.211 の「散布図を描く」の手順を参考に，県別の人口 x と使用電力量 y の散布図を描け．

(2) x と y の相関係数を Excel の関数 CORREL を使って求めよ．

県	平成 27 年人口（人）	平成 27 年度使用電力量（百万 kWh）
鳥取	573,648	1,360
島根	694,188	1,726
岡山	1,922,181	4,572
広島	2,844,963	6,592
山口	1,405,007	3,299
徳島	756,063	1,845
香川	976,756	2,361
愛媛	1,385,840	3,206
高知	728,461	1,678
福岡	5,102,871	10,825
佐賀	833,245	1,844
長崎	1,377,780	2,989
熊本	1,786,969	3,840
大分	1,166,729	2,652
宮崎	1,104,377	2,394
鹿児島	1,648,752	3,556
沖縄	1,434,138	2,953

解

(1) 作成例を示す．

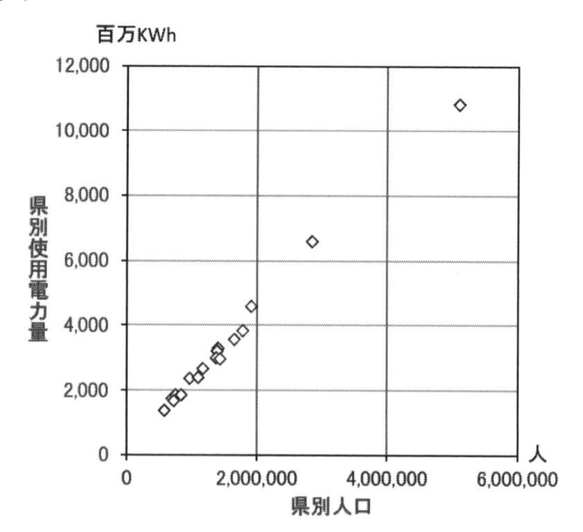

(2) 1 つのセルを選択し，そのセルで関数 CORREL を呼び出し，現れた［関数の引数］ダイアログボックス（下図）で「配列 1」には変量 x のデータ，「配列 2」には変量 y のデータを設定する．データの設定は，カーソルを「配列 1」または「配列 2」のボックスに置き，それぞれのデータが入力されているセル範囲を選択する．最後に［OK］をクリックすると，当該セルに相関係数の値 (0.997) が計算される．

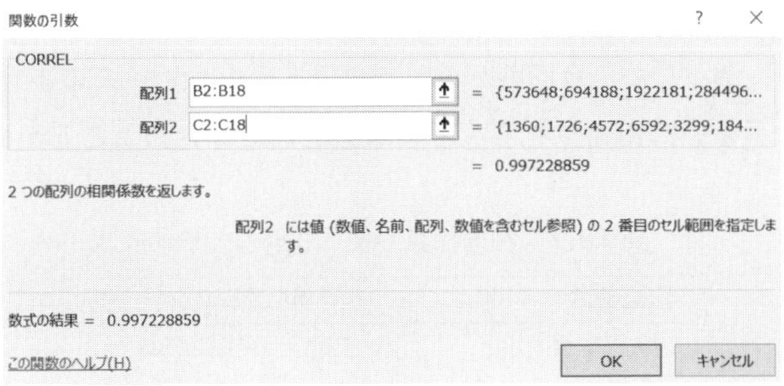

関数の引数 ? ×

CORREL

配列1 B2:B18 = {573648;694188;1922181;284496...

配列2 C2:C18 = {1360;1726;4572;6592;3299;184...

= 0.997228859

2 つの配列の相関係数を返します。

配列2 には値 (数値、名前、配列、数値を含むセル参照) の 2 番目のセル範囲を指定します。

数式の結果 = 0.997228859

この関数のヘルプ(H) OK キャンセル

補 相関係数は，x と y の共分散を COVARIANCE.P（または COVARIANCE.S）で，それぞれの標準偏差を STDEV.P（または STDEV.S）で求め，定義式 (10.4) を使って計算してもよい．ただし「.P」がつく関数と「.S」がつく関数を混ぜて使ってはいけない．ちなみに COVARIANCE.S は (10.2) において，n ではなく $n-1$ で割った共分散を計算する場合に使う．

問 10.1 次の表は指定都市における職員数[1]と人口（2017 年 10 月 1 日推計人口）のデータである．Excel のシートに 20 都市を 1 つにまとめた表を作成し，人口 x と職員数 y の共分散 s_{xy} および相関係数 r，y の標準偏差 s_y を Excel の関数を使って求めよ．

指定都市	人口（千人）	職員数（人）	指定都市	人口（千人）	職員数（人）
札幌市	1963	14,425	名古屋市	2314	25,191
仙台市	1086	9,396	京都市	1472	13,727
さいたま市	1286	9,094	大阪市	2713	31,605
千葉市	975	7,488	堺市	834	5,495
横浜市	3733	27,807	神戸市	1532	14,600
川崎市	1504	13,136	岡山市	721	5,304
相模原市	722	4,684	広島市	1199	9,577
新潟市	804	7,413	北九州市	951	8,277
静岡市	699	5,976	福岡市	1567	9,562
浜松市	796	5,384	熊本市	740	6,372

10.1.2 相関係数を用いる上での注意

相関係数は 2 つの変量の相関の程度を考察するには便利な指標であるが，その数値を用いて判断を行う場合に注意すべきことがある．ここではそれらの注意点について述べる．

(a) 相関係数の値の評価

相関係数の値とその強弱の評価は，一般的には表 10.2 のようになされる．しかし表 10.2 の評価は絶対的なものではなく，扱っている分野や経験によって異

[1] 出所：総務省「平成 28 年地方公共団体定員管理調査結果の概要」http://www.soumu.go.jp/main_content/000455235.pdf（閲覧日：2020 年 3 月 11 日）

なる．例えばある種のデータについて，過去の経験では相関係数の値が 0.3 を超えることがなかったが，今回のデータでは 0.5 となった．このような場合，このデータには「十分に相関がある」と判断して研究を進めることがある．

表 10.2　相関係数の値と強弱の一般的表現

相関係数 r の値	相関係数の強弱の表現
$0.7 < r \leq 1$	強い正の相関がある
$0.4 < r \leq 0.7$	比較的強い正の相関がある
$0.2 < r \leq 0.4$	弱い正の相関がある
$-0.2 < r \leq 0.2$	ほとんど相関がない
$-0.4 \leq r < -0.2$	弱い負の相関がある
$-0.7 \leq r < -0.4$	比較的強い負の相関がある
$-1 \leq r < -0.7$	強い負の相関がある

(b)　見かけ上の相関

本来相関関係のないはずであろう 2 つの変量のデータの相関係数を求めたときに，その値が弱くない相関を示す場合がある．このような相関を**見かけ上の相関**という．以下に見かけ上の相関の例を示す．

見かけ上の相関
spurious correlation

例 10.1　**同じような動きをする 2 種類の時系列データの場合**

図 10.4 は，下関市の年平均気温と消費者物価指数 (CPI) の 1970 年から 2018 年の 49 年間にわたる時系列データのグラフである．実線が年平均気温，破線がその 5 か年移動平均，グレーの実線が 2015 年基準 CPI であり，これら 3 つの折れ線グラフは同じような動きを示している．このデータから年平均気温と 2015 年基準 CPI の相関係数を計算すると 0.773 となり強い正の相関をもつことになる．しかし常識的に考えて 2 つの変量の間に関係があるとは考えられない．この例のように同じような動きをする 2 種類の時系列データの相関係数を計算すると，強い相関と判断される数値が出るがこれは見かけ上の相関である．

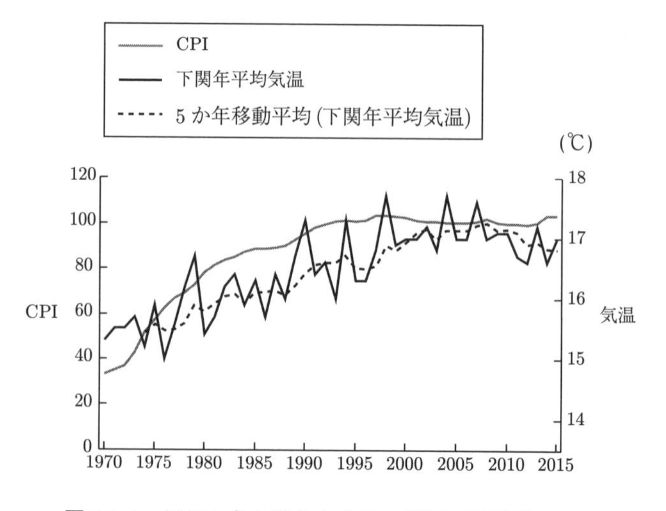

図 10.4　同じような動きをする 2 種類の時系列データ

例 10.2　**変量 x, y それぞれが第 3 の変量 z と強い相関がある場合**

図 10.5 は，コンビニ店舗数 x と柔道場の数 y の都道府県別データを用いて描いた散布図である．この散布図には正の相関がみられ，2 つの変量の相関係数を計算すると 0.886 となる．2 つの変量の間には直接的な関係があるとは考えにくい．そこで，都道府県別の人口 z・コンビニ店舗数 x・柔道場の数 y の 3 つのデータから，z と x および z と y それぞれの相関係数を計算すると，前者は 0.986，後者は 0.907 となり，両者とも強い正の相関があることがわかる．コンビニ店舗数と柔道場の数の間の強い相関は，2 つの変量の背後に人口が共通の要因として存在することから生じたもので見かけ上の相関である．

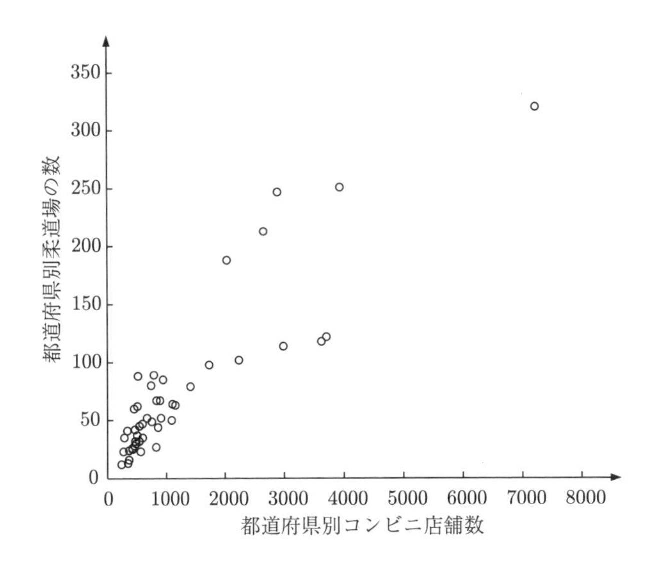

図 10.5　コンビニ店舗数と柔道場の数の散布図

出所：「コンビニ店舗数の都道府県別ランキングを作ってみた（2018 年 3 月）」
https://mitok.info/?p=119597
「柔道場の施設数：2008 年」 http://grading.jpn.org/y2315008.html
（閲覧日：2020 年 3 月 3 日）

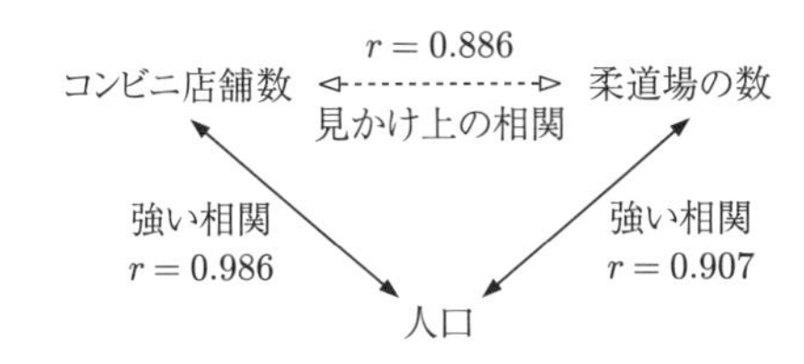

図 10.6　コンビニ店舗数と柔道場の数・人口の関係

補　この例のように変量 x, y それぞれが第 3 の変量 z の影響を受ける場合，z の影響を除いた後の x と y の相関をみる**偏相関係数**（文献 [21] p.53 参照）もある．

(c)　異質なデータが混在する場合の相関

散布図を描くことは異質なデータの混在を確認する上でも重要である．以下に異質なデータが混在する場合の相関係数の取り扱い方の例を示す．

例 10.3　異質なグループが混在する場合

注 8　この文献の著者は 1965 年から 1974 年の 10 年間の月別平均気温を用いて，12 月から 3 月の 4 カ月にわたる平均気温を算出している．

文献 [7] pp.63-66 では，冬期平均気温 注 8 と脳卒中死亡率の関係を調べるため，それらの全国 305 カ所の地域のデータを用いて散布図（図 10.7）を描き相関係数を算出している．すべてのデータを用いて計算した相関係数は −0.51 となり，気温が低下するほど脳卒中による死亡の頻度が増加する傾向が認められた．しかし著者が予想したほどの強い相関ではなかったため，北海道の地区（図 10.7 の H の枠で囲まれた部分）のデータを除いて相関係数を計算すると −0.71 と相関が強くなった．そして著者は「北海道では，冬期平均気温が全国の平均値を大きく下まわってかなりの低温であるにもかかわらず，死亡率 SMR は北海道全体で 94.8 しかなく，日本国内では例外的な場所になっている」と分析し，その理由について考察している．この例のように異質なグループが混在するデータの相関係数を求める場合には，層別により異質なグループを取り除き相関係数を求める必要がある．

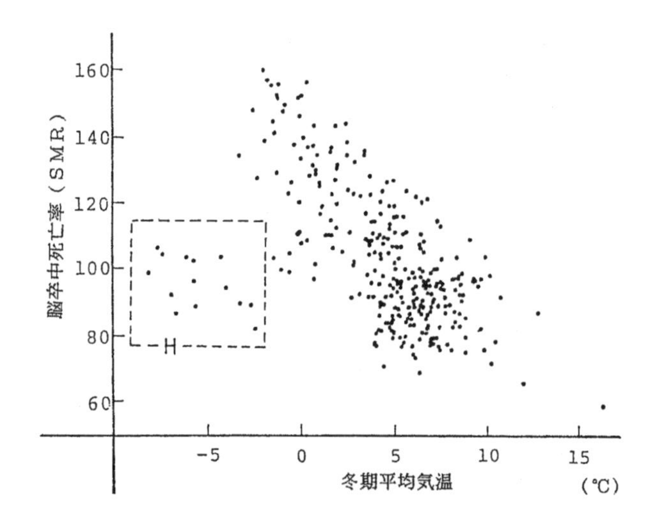

図 10.7　脳卒中と冬期平均気温の散布図

出典：文献 [7] より p.65 の図 4.5 を引用

例 10.4　外れ値がある場合

外れ値は 1 点でも相関係数の値に大きな影響を与える．図 10.8 では両座標の値が大きい右上にある + が外れ値である．この散布図のデータの場合，外れ値を含めなければ負の相関が認められ相関係数を計算すると −0.741 となるが，外れ値を含めた場合は 0.732 となり相関の正負が逆転する．図 10.9 では y 軸そばの左上にある + が外れ値であり，この外れ値を含めなければほとんど相関は見られない（相関係数の値は 0.018）が，外れ値を含めた場合は相関係数の値は -0.563 となり比較的強い負の相関をもつことになる．

散布図に外れ値と思われるデータが含まれる場合は，その（それらの）データを除いたときと含めたときの両方の相関係数を算出しておくべきである．

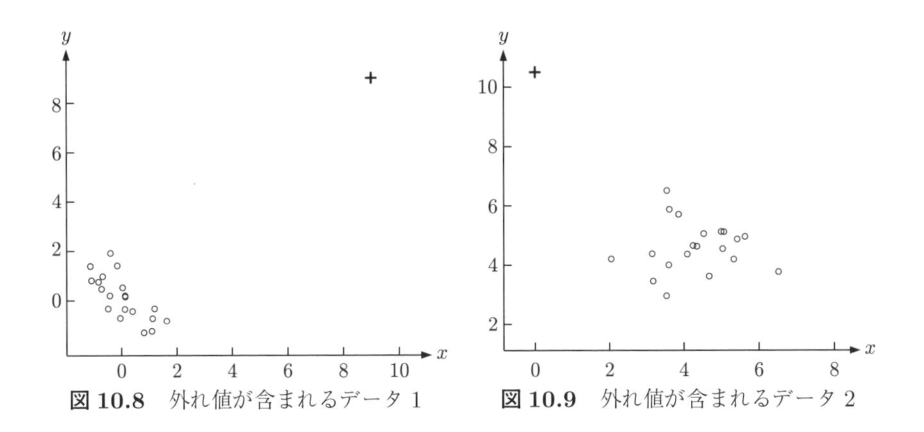

図 10.8　外れ値が含まれるデータ 1　　**図 10.9**　外れ値が含まれるデータ 2

(d)　散布図に曲線関係が見られる場合

図 10.10 のデータの相関係数を計算すると 0.01 となり相関関係はほとんどない．しかし，この散布図には 2 次曲線の関係が認められるので 2 つの変量の間に関係がないわけではない．この節の始め (p.152) に述べたように相関係数は 2 変量データの直線関係の度合いを測る指標であり，この例のような曲線（非線形の）関係をとらえることはできない．

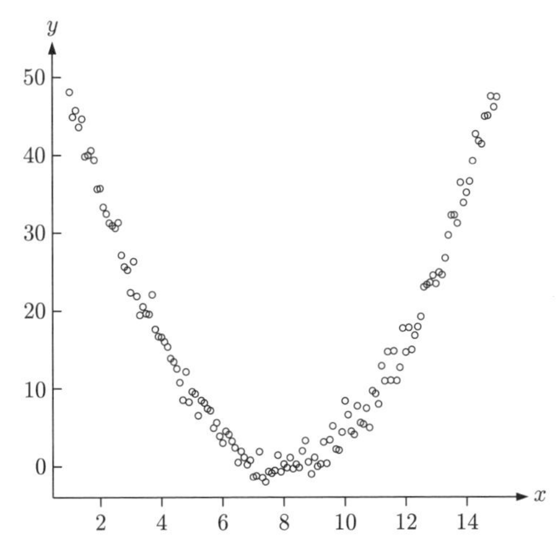

図 10.10　2 次曲線の関係が見られる散布図

(e)　相関関係と因果関係

因果関係は原因と結果になる 2 つ（以上）の事柄の一方向的な関係である．相関関係の存在は因果関係の存在を確認する拠りどころになるが，相関関係が確認されたことから直ちに因果関係を帰納することは誤りである．相関関係の存在から因果関係の存在を結論する場合には，当該専門分野における経験や知識などをもとに慎重に行う必要がある．

例 10.5 経済学者のカーメン・ラインハートとケネス・ロゴフは，GDP（国内総生産）に対する政府債務の比率が 90 %を超えるとその国の景気は後退するという主張の論文を 2010 年に発表した．彼らは，先進 20 カ国のデータから，GDP に対する政府債務の比率が大きくなるほど経済成長率は下がるという傾向（相関関係）を見いだし，それを根拠の 1 つとして上記の結論を導いた．

この論文は各国の緊縮財政派の後ろ盾となり，ヨーロッパでは財政赤字を減らそうと財政支出を縮小し増税をする国もあった．その後，ヨーロッパの平均失業率は上昇し，ついに IMF（国際通貨基金）は，ヨーロッパの緊縮財政政策は悪影響を及ぼしていると認めるにいたった．これは，誤って相関関係を因果関係の裏付けとみなしてしまったことによる悲劇的な事例といえる．

ラインハートとロゴフの論文にはさまざまな問題点が指摘された．そのうちの 1 つに，因果関係があるとすればむしろ逆で，景気が後退局面にあるために財政出動の必要が生じて政府債務対 GDP の比率が増加するという主張がある．実際，政府債務対 GDP の比率は将来の経済成長率よりも過去の経済成長率と強い相関関係にあることが発見された． ■

10.2 回帰分析

2 変量の間に相関関係が認められた場合に，その関係の背後にある構造を数式で表現したり，表現された数式を使って一方の変量の値から他の変量の値を予測・制御したいことがある．都道府県別の人口 x と使用電力量 y（p.32 図 3.8 参照）のように，x と y の間に強い相関があり，x が y をうまく説明しているとき，x を**説明変数**（あるいは**独立変数**，**外生変数**，**共変量**など），y を**目的変数**（あるいは**従属変数**，**内生変数**，**応答変数**など）という[注9]．x を用いて y を説明するモデルを想定し，そのモデルに基づいて 2 変数の関係を調べることを**回帰分析**という．本書では目的変数が連続変量の場合のみ扱うが，離散変量の場合もあり，とくに 0 と 1 の 2 値の離散変量[注10]の場合の回帰分析を**ロジスティック回帰分析**という．

注 9 回帰分析は多くの分野で使われ，分野独特の用語が多い．

注 10 例えば，消費税増税に賛成・反対，コロナウィルスに感染している・していない，生存・死亡など．

ロジスティック回帰分析 *logistic regression analysis*

10.2.1 散布図への直線の当てはめ

図 3.8 (p.32) や図 10.1 (p.153) の散布図を見ると，変量 x と y の間におよそ

1 次式 $y = \alpha + \beta x$（α，βは定数で，それぞれ直線の切片と傾き）

が成り立つことが想像される．ただし，α, β の値は図 3.8 と図 10.1 では異なる．データからこれらの値を客観的に決める方法はいくつかあるが，一般的には次の**最小 2 乗法**が使われる．

最小 2 乗法
the method of least squares

いま，大きさ n の 2 変量データ $(x_1,\ y_1)$, $(x_2,\ y_2)$, $\ldots$, $(x_n,\ y_n)$ があって，x と y の間におよそ 1 次式 $y = \alpha + \beta x$ が成り立つとする．このとき x_i から予想される y の値 $\alpha + \beta x_i$ と実際に得られた値 y_i との差は

$$y_i - (\alpha + \beta x_i) \tag{10.5}$$

となる（図 10.11 参照）．そして差 (10.5) の **2 乗和**

$$\sum_{i=1}^{n} \{y_i - (\alpha + \beta x_i)\}^2 \tag{10.6}$$

を**最小**にする α, β の値を求める．求めた α, β の値をそれぞれ $\widehat{\alpha}$, $\widehat{\beta}$ とすると

$$\widehat{\beta} = \frac{s_{xy}}{{s_x}^2} \tag{10.7}$$

$$\widehat{\alpha} = \overline{y} - \widehat{\beta}\,\overline{x} \tag{10.8}$$

となることが知られている．ここで，$\overline{x}$ と $\overline{y}$ はそれぞれの変量データの平均，s_{xy} は両変量データの共分散（定義式は p.154 の (10.2)），${s_x}^2$ は変量 x のデータの分散（定義式は p.46 の (4.9)）である．(10.7) と (10.8) の導出に関心のある読者は補章 p.193 を参照されたい．

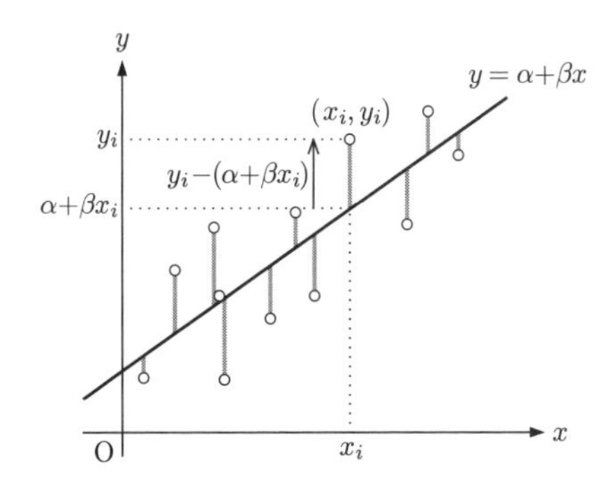

図 10.11　散布図への直線の当てはめ

$$y = \widehat{\alpha} + \widehat{\beta}\,x \tag{10.9}$$

ただし $\widehat{\beta}$, $\widehat{\alpha}$ はそれぞれ (10.7), (10.8) で与えられる．(10.9) を y の x への**回帰直線**という．

回帰直線
regression line

例題 10.2　例題 10.1 で扱った県別の人口 x と使用電力量 y の 2 変量データについて，y の x への回帰直線を Excel を使って求めよ．

解　ここでは，セル範囲 B2:B18 に人口 x，C2:C18 に使用電力量 y のデータが入力されているとする．回帰直線の傾き $\widehat{\beta}$ は (10.7) より，共分散 s_{xy} を x の分散 ${s_x}^2$ で割って得られるから，例えばセル E3 に共分散，セル E4 に x の分散を計算しておく．共分散は関数 COVARIANCE.P で求まる．セル E3 を

選択した状態で COVARIANCE.P を呼び出し，現れた［関数の引数］ダイアログボックスで「配列 1」にはセル範囲 B2:B18 を，「配列 2」には C2:C18 を設定し［OK］をクリックすると，セル E3 に共分散の値 ($s_{xy} \fallingdotseq 2338480144$) が計算される．同様の手順でセル E4 に関数 VAR.P を呼び出し，x の分散を計算する．それらの値を使って回帰直線の傾きをセル E5 に「= E3/E4」と入力し求めると $\widehat{\beta} \fallingdotseq 0.0021$ となる．y 切片 $\widehat{\alpha}$ は (10.8) より，$\widehat{\alpha} = \overline{y} - \widehat{\beta}\,\overline{x}$ だから，x と y の平均をそれぞれセル E1 と E2 に求めておく．この準備のもとで E6 に「= E2 − E5 ∗ E1」と入力すると，y 切片が求まり $\widehat{\alpha} \fallingdotseq 183.53$ となる．したがって，求める回帰直線の式は $y = 183.53 + 0.0021\,x$ となる．この直線を当てはめた散布図が図 10.12 である． ■

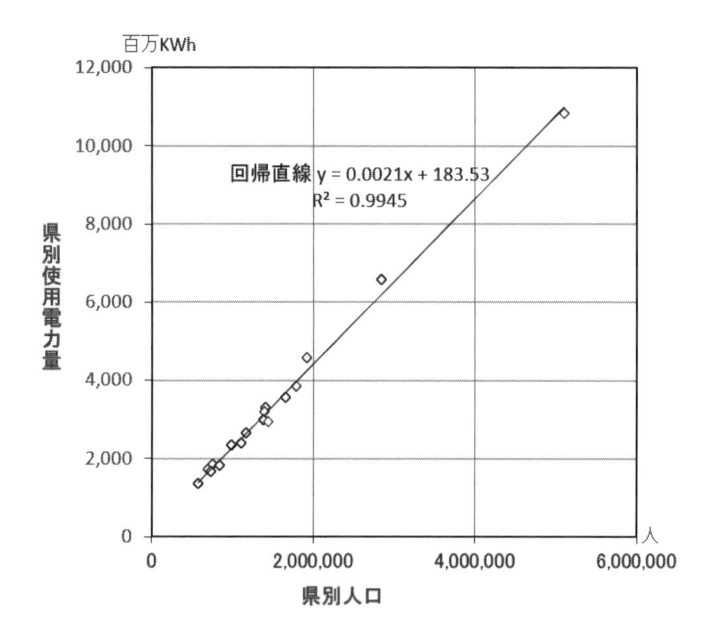

図 10.12　散布図と当てはめた回帰直線

補　このデータについて，次の項で説明する決定係数を求めると 0.994（問 10.3 参照）となり，回帰直線 $y = 183.53 + 0.0021\,x$ は使用電力量データ y_i をきわめてよく説明している．回帰直線の傾き 0.0021 (2100 kWh) は，中国・四国・九州地方の平均的な人が 1 年間に使用する電力量とみなせる．

問 10.2　問 10.1 のデータについて，職員数 y の人口 x への回帰直線を Excel を使って求めよ．

10.2.2　決定係数

図 10.13 は最小 2 乗法を用いて求めた 2 つの回帰直線である．上段では回帰直線は散布図のデータを上手く説明しているが，下段ではそうではないことがみてとれる．最小 2 乗法によって回帰直線はいつでも求めることができるが，下

段の例からもわかるように求めた回帰直線がデータを上手く説明しているとは限らない．

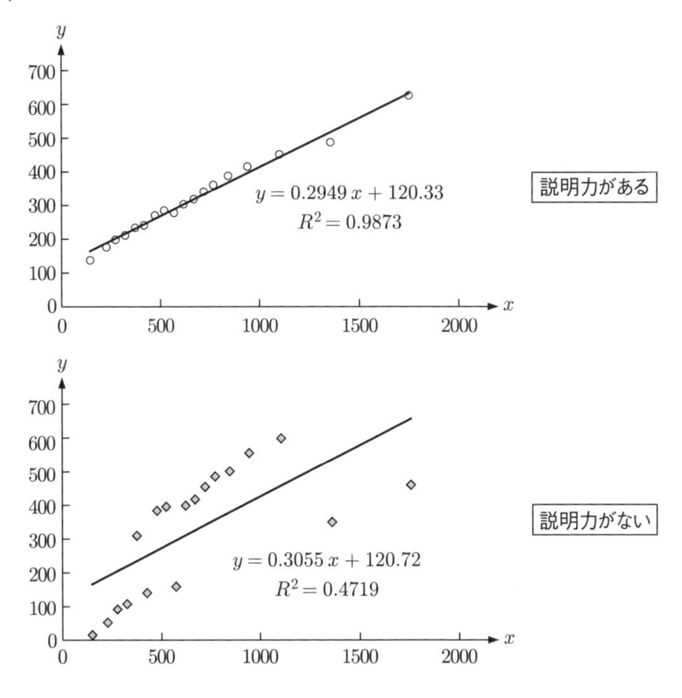

図 10.13　決定係数と散布図

説明変数 x の値 x_i が与えられたときの回帰直線 $y = \widehat{\alpha} + \widehat{\beta}\,x$ によって予想される目的変数 y の値を $\widehat{y_i}$，すなわち $\widehat{y_i} = \widehat{\alpha} + \widehat{\beta}\,x_i$ とする．また実測値 y_i と予測値 $\widehat{y_i}$ の差 $y_i - \widehat{y_i}$ を**回帰残差**という．このとき，次式が成り立つことが知られている．

回帰残差
residual

$$\underbrace{\sum_{i=1}^{n}(y_i - \overline{y})^2}_{\text{総変動平方和}} = \underbrace{\sum_{i=1}^{n}(\widehat{y_i} - \overline{y})^2}_{\text{回帰平方和}} + \underbrace{\sum_{i=1}^{n}(y_i - \widehat{y_i})^2}_{\text{残差平方和}} \tag{10.10}$$

(10.10) の左辺は実測値 y_i の変動（**総変動平方和**）[注 11]，右辺の第 1 項は予測値 $\widehat{y_i}$ の変動（**回帰平方和**）[注 12]・第 2 項は回帰残差の変動（**残差平方和**）を表している．回帰平方和が残差平方和に比べて相対的に大きいほど，回帰直線の説明力は高いと考えられる．したがって，比率

注 11　総変動平方和を n で割ったものは $y_1, y_2, \ldots, y_n$ の分散である．

注 12　$\widehat{y_i}$ の平均 $\dfrac{1}{n}\sum_{i=1}^{n}\widehat{y_i}$ も $\overline{y}$ になる．章末問題 *10.5* を参照のこと．

$$R^2 = \frac{\text{回帰平方和}}{\text{総変動平方和}} = 1 - \frac{\text{残差平方和}}{\text{総変動平方和}} \tag{10.11}$$

が，1 に近い値をとるとき回帰直線の適合度は高く，0 に近い値をとるとき適合度は低くなる（章末問題 *10.6* 参照）．図 10.14 は $R^2 \fallingdotseq 0.00044$ のときの散布図と当てはめた回帰直線である．x の値が変化しても y の値がほとんど変化せず，説明変数 x が目的変数 y を説明できていないことがこの図より見てとれる．

(10.11) は**決定係数**とよばれ，求めた回帰直線が実測値 y_i をどの程度説明しているかをはかる指標として使われる．決定係数は (10.4) で定義される相関係数の 2 乗になることが知られている．

決定係数
R^2 や寄与率とよばれることもある．
coefficient of determination

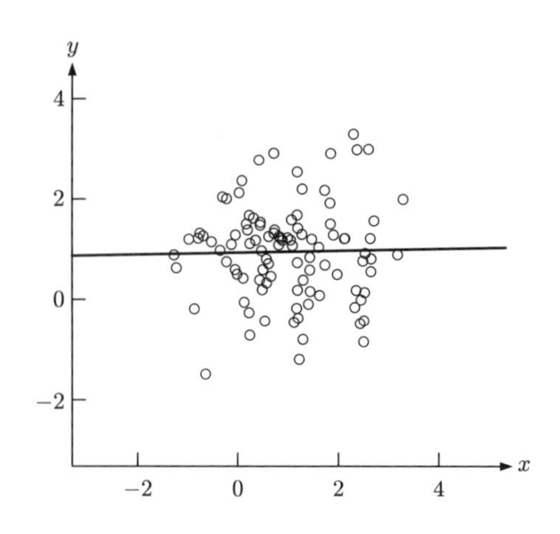

図 10.14　$R^2 \fallingdotseq 0$ の散布図と回帰直線

問 10.3　例題 10.1 のデータについて，決定係数 R^2 を求めよ．

10.2.3　単回帰モデル

10.2.1 項では，2 変量データ $(x_i,\ y_i)$ $(i = 1,\ 2,\ \ldots,\ n)$ が 1 組与えられたときに，最小 2 乗法によってそのデータにもっとも当てはまる回帰直線を求めた．この方法では，与えられたデータのみを解析の対象としているため，2 つの変量 x と y の間にある（真の）構造をとらえるには不十分である．これ以降の項では，その構造をとらえるために統計的推測の枠組みでとらえ直す．

2 変量 $(x,\ y)$ に関するデータの散布図が図 10.12 や図 10.13 の上段のようになる場合には，散布図に直線的な関係がみられるので，変量 x と y の間に

$$y = \alpha + \beta x \quad (\alpha,\ \beta \text{ は定数}) \tag{10.12}$$

という構造を想定する．しかし，実際に得られるデータには誤差が含まれる[注 13] ため，一般には直線（10.12）から外れてしまう．そこで，大きさ n のデータ $(x_i,\ y_i)$ $(i = 1,\ 2,\ \ldots,\ n)$ に

$$y_i = \alpha + \beta\, x_i + \varepsilon_i \quad (i = 1,\ 2,\ \ldots,\ n) \tag{10.13}$$

というモデルを仮定する．ここで，α と β を**偏回帰係数**，ε_i を**誤差項**という．

誤差項 ε_i に対して，ここでは

$$\varepsilon_1,\ \varepsilon_2,\ \ldots,\ \varepsilon_n \text{ は，互いに独立に平均 0，分散 } \sigma^2 \text{ の正規分布に従う} \tag{10.14}$$

こと[注 14] を仮定する．

注 13　例えば，異なる重さ (g) のおもりをぶら下げて測定した，バネの長さの測定値 (cm) には測定誤差が含まれる．

偏回帰係数
partial regression coefficient

誤差項
error term

注 14　各 i について $E[\varepsilon_i] = 0$（誤差項の平均は 0），$V[\varepsilon_i] = \sigma^2$（誤差項の分散は一定）

補　ε_i は確率変数のため，(10.13) の ε_i は，確率変数 ε_i の実現値である．回帰モデルの説明においては，記法の簡便のために確率変数も小文字で表し，文脈から確率変数とその実現値を区別するのが一般的である．

(10.13) において x_i は，通常すでに確定した値をとるから確率変数ではないが，ε_i は正規分布に従う確率変数だから，y_i は確率変数となり

$$E[y_i] = E[\alpha + \beta x_i + \varepsilon_i] = \alpha + \beta x_i + E[\varepsilon_i] = \alpha + \beta x_i \qquad (10.15)$$

したがって，各 i について，y_i の平均は x_i の 1 次式として表される．この意味でデータの構造を (10.13) のようにとらえたものを**単回帰モデル**[注15]という．

単回帰モデル
simple regression model

注 15　本書では，このような対象とするデータの統計的構造をとらえる数理モデルを統計モデル (*statistical model*) とよぶ．回帰モデル以外に，時系列モデル・同時方程式モデル・ベイズモデルなどいろいろある．

例 10.6　説明変数 x が -12 から 12 までの連続する 25 個の整数値をとるとき，単回帰モデル

$$y_i = 2 + x_i + \varepsilon_i \quad (i = 1,\ 2,\ \ldots,\ n)$$

　ただし，$\varepsilon_1,\ \varepsilon_2,\ \ldots,\ \varepsilon_n$ は互いに独立に正規分布 $N(0,\ 1.5^2)$ に従う．

のメカニズムに従って，大きさ 25 のデータ $y_1,\ y_2,\ \ldots,\ y_{25}$ を発生させてみよう．ここでは Excel を使って以下の手順で行う．

(1) 説明変数 x の大きさ 25 のデータをセル範囲 B3:B27 に入力する（図 10.16 の B 列参照）．

(2) 平均 0, 標準偏差 1.5 の正規乱数を 25 個発生させる．Excel で乱数を発生させるためには，データ分析ツール[注16]を使う．［データ］タブをクリックして右端に表示される［分析］グループにある［データ分析］をクリックすると，［データ分析］のダイアログボックスが現れる．「分析ツール (A)」の中から［乱数発生］を選択し［OK］をクリックする（図 10.15 参照）．乱数発生のダイアログボックスが現れるので，各項目を次のように設定する（図 10.16 参照）．

　「変数の数（V)」= 1 （1 変量のデータ）
　「乱数の数（B)」= 25 （発生させる乱数の数）
　「分布（D)」= 正規　（正規分布を選択）
　「平均（E)」= 0 （正規分布の平均）
　「標準偏差（S)」= 1.5 （正規分布の標準偏差）
　「出力先（O)」= C3 （乱数を表示するセル範囲の始めのセルをクリック）

注 16　使用中の Excel に分析ツールがアドインされていないと使えない．

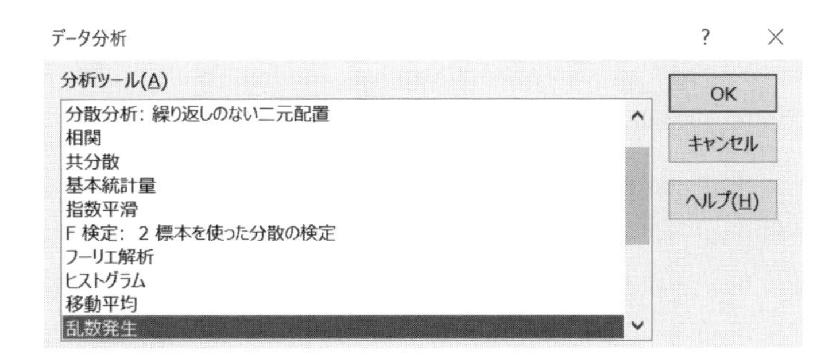

図 10.15　［データ分析］のダイアログボックス

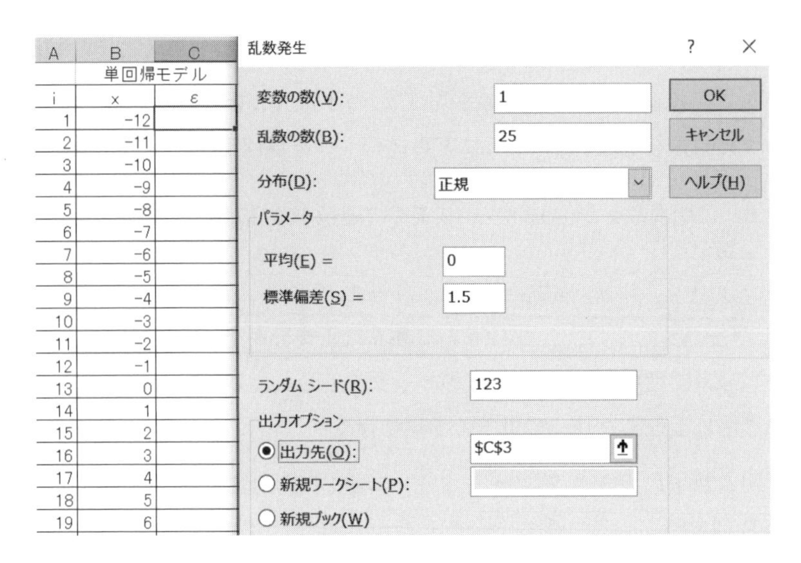

図 10.16　正規乱数発生のための設定画面

注 17　ランダムシードは同じ乱数を何度も発生させるときに使う．本書と同じ乱数を発生させない場合は何も指定しなくてよい．

さらに，本書と全く同じ乱数を発生させる場合には「ランダムシード[注 17] (R)」=123 と入力し［OK］をクリックすると，セル範囲 C3:C27 に正規乱数が出力される．

(3) 大きさ 25 のデータ $y_1, y_2, \ldots, y_{25}$ をセル範囲 D3:D27 に出力する．そのためにセル D3 に数式「$= 2 + \mathrm{B3} + \mathrm{C3}$」を入力する．オートフィル機能 (p.113 参照) を使ってセル D3 の結果をセル範囲 D4:D27 にコピー&ペーストする（図 10.17 参照）．

D3　=2+B3+C3

	A	B	C	D
1	単回帰モデル		y=2+x+ε	ε ~N(0,1.5^2)
2	i	x	ε	y
3	1	−12	−3.3204	−13.320
4	2	−11	0.308481	−8.692
5	3	−10	0.804841	−7.195
6	4	−9	−0.38035	−7.380
7	5	−8	3.37006	−2.630

図 10.17　データ $y_1, y_2, \ldots, y_{25}$ の出力

単回帰モデル (10.6) のメカニズムに従って発生させた 2 変量データの散布図と直線 $y = 2 + x$（実線），およびデータから推定した回帰直線 $y = 2.160 + 0.969x$（破線）を図 10.18 に示す．

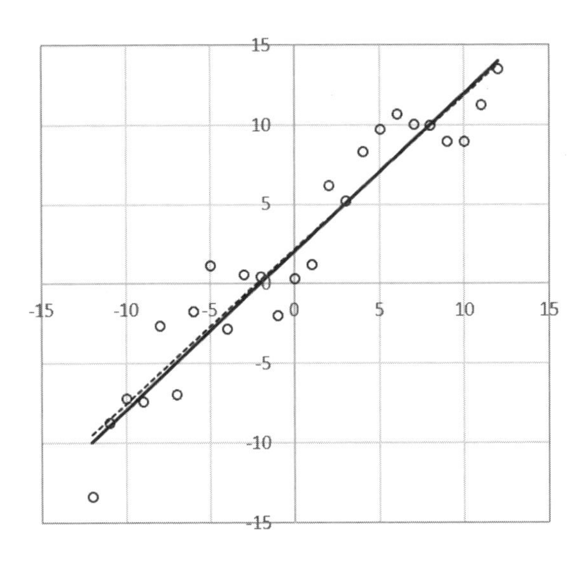

図 10.18　単回帰モデルのメカニズムに従うデータの散布図

10.2.4　偏回帰係数の推定量とその分布

p.163 で，最小 2 乗法によりデータ（標本）から求めた回帰直線の傾きと切片は

$$\widehat{\beta} = \frac{s_{xy}}{{s_x}^2} = \frac{\dfrac{1}{n}\sum_{i=1}^{n}(x_i - \overline{x})(y_i - \overline{y})}{\dfrac{1}{n}\sum_{i=1}^{n}(x_i - \overline{x})^2} \tag{10.16}$$

$$\widehat{\alpha} = \overline{y} - \widehat{\beta}\,\overline{x} \tag{10.17}$$

となることを述べた．単回帰モデル (10.13) のもとでは y_i は確率変数だから，それを含む (10.16) も確率変数となり，$\widehat{\beta}$ は偏回帰係数 β の推定量になる．同様の考え方によって，$\widehat{\alpha}$ は偏回帰係数 α の推定量となる [注 18]．

注 18　$\widehat{\alpha}$ や $\widehat{\beta}$ の値は標本から求めるから，その意味で**標本**偏回帰係数という．この言い方に対応して α と β をよぶ場合は，**母**偏回帰係数という．

推定量 $\widehat{\beta}$ の標本分布について考えよう．説明変数 x のデータが与えられているとき ${s_x}^2$ は定数，s_{xy} は確率変数 y_i の 1 次式だから，誤差項 ε_i に関する仮定 (10.14) のもとで $\widehat{\beta}$ は正規分布に従う（p.99 の正規分布の性質 (I) 参照）．

$\widehat{\beta}$ の平均は

$$\begin{aligned}
E\left[\widehat{\beta}\right] &= \frac{1}{{s_x}^2} E\left[\frac{1}{n}\sum_{i=1}^{n}(x_i - \overline{x})(y_i - \overline{y})\right] \\
&= \frac{1}{{s_x}^2}\frac{1}{n}\sum_{i=1}^{n}(x_i - \overline{x})E[y_i - \overline{y}] \\
&= \frac{1}{{s_x}^2}\frac{1}{n}\sum_{i=1}^{n}(x_i - \overline{x})\{\alpha + \beta x_i - (\alpha + \beta\overline{x})\} \\
&= \frac{1}{{s_x}^2}\beta\frac{1}{n}\sum_{i=1}^{n}(x_i - \overline{x})^2 \\
&= \beta
\end{aligned}$$

すなわち，$\widehat{\beta}$ は β の不偏推定量である．同様の計算により，$\widehat{\beta}$ の分散は

$$V\left[\widehat{\beta}\right] = \frac{\sigma^2}{n{s_x}^2}$$

となることがわかる．したがって

$$\widehat{\beta} \text{ は正規分布 } N\left(\beta,\ \frac{\sigma^2}{n{s_x}^2}\right) \text{ に従う} \tag{10.18}$$

また推定量 $\widehat{\alpha}$ については，誤差項 ε_i に関する仮定 (10.14) のもとで

$$\widehat{\alpha} \text{ は正規分布 } N\left(\alpha,\ \frac{\sigma^2}{n}\left(1 + \frac{\overline{x}^2}{{s_x}^2}\right)\right) \text{ に従う} \tag{10.19}$$

ことが示せる．

10.2.5　誤差項 ε_i の分散 σ^2 の推定

前項で推定量 $\widehat{\alpha}$ と $\widehat{\beta}$ の標本分布を求めたが，(10.18) と (10.19) に含まれる σ^2 は，誤差項 ε_i の分散であり，一般には未知である．したがって，偏回帰係数に関する推定や検定を行うためには，この値を推定しておかなければならない．

$\widehat{\alpha}, \widehat{\beta}$ を利用して x_i に対する y_i を予測するとしよう．予測値は

$$\widehat{y}_i = \widehat{\alpha} + \widehat{\beta}x_i$$

と表せる．予測値 $\widehat{y}_i$ は実測値 y_i と一致しないのがふつうである．このくい違いを回帰残差とよんだ（p.165 参照）．回帰残差を e_i とすると

$$e_i = y_i - \widehat{y}_i = y_i - (\widehat{\alpha} + \widehat{\beta}x_i)$$

残差平方和
residual sum of squares

と表せる．また，ここでは残差平方和を ${s_e}^2$ で表す．すなわち

$${s_e}^2 = \sum_{i=1}^{n} {e_i}^2 = \sum_{i=1}^{n} \{y_i - (\widehat{\alpha} + \widehat{\beta}x_i)\}^2$$

$\widehat{\alpha}, \widehat{\beta}$ が推定量のとき，${s_e}^2$ は確率変数である．誤差項 ε_i に関する仮定 (10.14) のもとで，${s_e}^2$ の期待値は

$$E\left[{s_e}^2\right] = (n-2)\sigma^2 \tag{10.20}$$

となることが知られている．(10.20) より，$\widehat{\sigma}^2 = \dfrac{{s_e}^2}{n-2}$ とおくと

$$E\left[\widehat{\sigma}^2\right] = \sigma^2$$

が成り立つ．すなわち $\widehat{\sigma}^2$ は σ^2 の不偏推定量[注19] となる．

注 19　不偏推定量については p.118 を見よ．

$\widehat{\sigma}^2$ の正の平方根 $\sqrt{\widehat{\sigma}^2}$ は回帰直線の当てはまりの良し悪しをみる目安となるため，**推定値の標準誤差**といわれることがある．$\sqrt{\widehat{\sigma}^2}$ の値が小さいほど回帰直線は良く適合しているといえる．

標準誤差
standard error

(10.18) と (10.19) の分散の式に含まれる σ^2 を $\widehat{\sigma}^2$ で置き換え，正の平方根をとった

$$\mathrm{SE}(\widehat{\beta}) = \sqrt{\frac{\widehat{\sigma}^2}{n{s_x}^2}},\quad \mathrm{SE}(\widehat{\alpha}) = \sqrt{\frac{\widehat{\sigma}^2}{n}\left(1 + \frac{\overline{x}^2}{{s_x}^2}\right)} \tag{10.21}$$

を，それぞれ $\widehat{\beta}$ と $\widehat{\alpha}$ の**標準誤差**という．

(10.18) の $\widehat{\beta}$ を標準化した $\left(\widehat{\beta}-\beta\right)\Big/\sqrt{\dfrac{\sigma^2}{n{s_x}^2}}$ は，仮定 (10.14) のもとで標準正規分布 $N(0,\ 1)$ に従うが，この式の σ^2 は未知のため，これを $\widehat{\sigma}^2$ で置き換えた

$$T_1 = \frac{\widehat{\beta}-\beta}{\mathrm{SE}\left(\widehat{\beta}\right)} \tag{10.22}$$

は，自由度 $n-2$ の t 分布に従う[注20]．

注 20　(10.22) が t 分布になることについては，第 7 章 p.108 を参照されたい．

$\widehat{\alpha}$ についても同様に考えることから

$$T_2 = \frac{\widehat{\alpha}-\alpha}{\mathrm{SE}(\widehat{\alpha})} \tag{10.23}$$

が，自由度 $n-2$ の t 分布に従うことがわかる[注21]．

注 21　$\widehat{\alpha}$ の分布はあまり使われない．

(10.22) から，β の信頼係数 95 %の信頼区間が

$$\left[\widehat{\beta}-t_{0.025}(n-2)\cdot\mathrm{SE}\left(\widehat{\beta}\right),\ \widehat{\beta}+t_{0.025}(n-2)\cdot\mathrm{SE}\left(\widehat{\beta}\right)\right] \tag{10.24}$$

となることがわかる．ここで $t_{0.025}(n-2)$ は，自由度 $n-2$ の t 分布の上側 2.5 %点である[注22]．

注 22　補章 p.191 参照．

10.2.6　偏回帰係数の検定

単回帰モデル (10.13) において，x が y をどのように説明しているかは，その傾き β の値で決まる．したがって，x で y を説明することができるか否か，すなわち 帰無仮説 $\mathrm{H}_0 : \beta = 0$ の検定が重要となる．この帰無仮説を受容するときは，x で y を説明することができないことになり，単回帰モデルが適切でないことになる．

帰無仮説

$$\mathrm{H}_0 : \beta = 0$$

の検定は前項で説明した統計量 T_1 を用いて行う．この帰無仮説のもとでは $\beta = 0$ だから，(10.22) より

$$T_1 = \frac{\widehat{\beta}}{\mathrm{SE}\left(\widehat{\beta}\right)} \tag{10.25}$$

は，自由度 $n-2$ の t 分布に従う．

例 10.7　表 10.3 は，youtube・facebook・newspaper の 3 つの広告メディアが，ある商品の売り上げに与える影響について調べるために実施した 200 回の調査結果[2]の一部である．sales は商品の売り上げ（千ドル），各メディアの数値は広告予算（千ドル）をそれぞれ表している．

[2] 統計プログラミング環境 R のライブラリ datarium の中にあるデータセット marketing（表頭と表側を除き 200 行 4 列の行列）を引用した．

表 10.3　3つのメディア広告予算と商品の売り上げ

	sales	youtube	facebook	newspaper
1	26.52	276.12	45.36	83.04
2	12.48	53.4	47.16	54.12
3	11.16	20.64	55.08	83.16
⋮	⋮	⋮	⋮	⋮
200	16.08	278.52	10.32	10.44

このデータを使って youtube による広告予算 (x) が売り上げ (y) を説明するか否かを検定する．x と y は正の相関があると考えられるから，単回帰モデル (10.13) のもとで，対立仮説は $\mathrm{H}_1 : \beta > 0$ とする．したがって仮説

$$\mathrm{H}_0 : \beta = 0,\quad \mathrm{H}_1 : \beta > 0$$

の検定を行う．帰無仮説 H_0 のもとで (10.25) の検定統計量 T_1 は，自由度 198 の t 分布に従う．データより

$$\widehat{\beta} = 0.047537,\quad \mathrm{SE}\left(\widehat{\beta}\right) = 0.002691$$

となる．したがって T_1 の実現値は

$$t = \frac{0.047537}{0.002691} = 17.67$$

P 値 $= P(T_1 > 17.67) = 1.46739 \times 10^{-42}$ と極めて小さいから，検定結果は有意となる[注 23]．このデータの場合，youtube の広告予算は商品の売り上げに影響を与えているといえる．

注 23　有意水準 1 %で考えている場合には，「P 値 $= 1.46739 \times 10^{-42} \ll 0.01$ より H_0 は有意水準 1 %で棄却される」という．

Excel のアドイン［データ分析］を使うと，回帰分析の標準的な結果が簡単に得られる．Excel 2016 の場合，タイトルバーにある［データ］タブの［分析］グループで［データ分析］をクリックする．現れたデータ分析画面で［回帰分析］を選択し［OK］をクリックする．「回帰分析」ダイアログボックスが現れるので，ダイアログボックスにある各項目を次のように設定する．

「入力 Y の範囲 (Y)」= 目的変数のデータが入力されているセル範囲を指定
「入力 X の範囲 (X)」= 説明変数のデータが入力されているセル範囲を指定
「一覧の出力先 (S)」= 作業中のシートに出力する場合，セル番地を指定

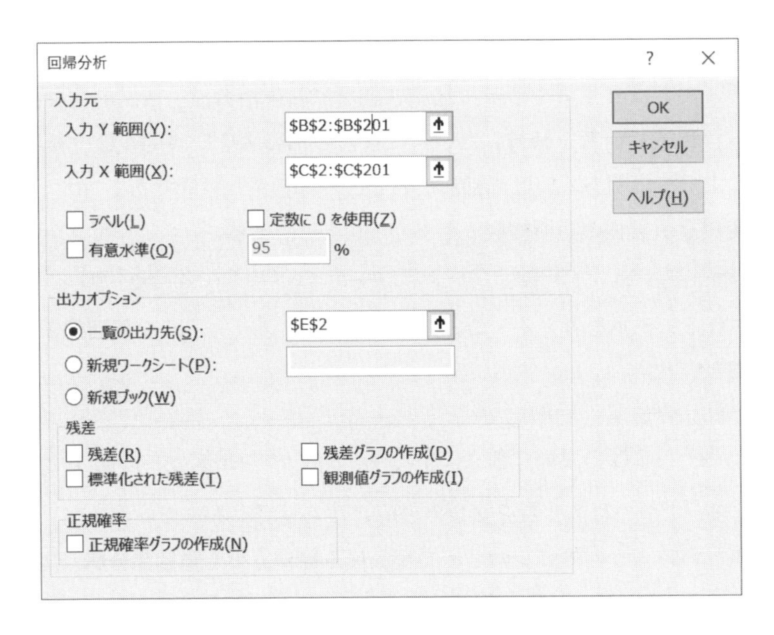

図 10.19 回帰分析ダイアログボックス

［OK］をクリックすると，概要（図 10.20[注 24]）が指定した場所に出力される．

注 24 Excel では小さい数や大きい数の指数表示に E が使われる．例えば 1.46739E − 42 や 1.23E + 08 は，それぞれ 1.46739×10^{-42}, 1.23×10^{8} を意味する．

概要						
回帰統計						
重相関 R	0.78222					
重決定 R2	0.61188					
補正 R2	0.60991					
標準誤差	3.91039					
観測数	200					
分散分析表						
	自由度	変動	分散	観測された分散比	有意 F	
回帰	1	4773.05	4773.1	312.1449944	1.5E-42	
残差	198	3027.64	15.291			
合計	199	7800.69				
	係数	標準誤差	t	P-値	下限 95%	上限 95%
切片	8.43911	0.54941	15.36	1.4063E-35	7.35566	9.5225614
X 値 1	0.04754	0.00269	17.668	1.46739E-42	0.04223	0.0528426

図 10.20 回帰分析結果の出力

「X 値 1」の行が傾き β についての情報であり，「係数」は $\widehat{\beta} = 0.047537$，「標準誤差」は $\mathrm{SE}(\widehat{\beta}) = 0.002691$，「t」は T_1 の実現値 $= 17.668$ をそれぞれ表している．また「重相関 R」は相関係数，「重決定 R2」は決定係数，「補正 R2」は自由度調整済み決定係数（p.175 参照）をそれぞれ意味する． ■

10.2.7 重回帰モデル

単回帰モデルでは，1 つの目的変数を 1 つの説明変数で説明した．表 10.3 の例を見直してみよう，目的変数の sales は，youtube だけではなく facebook や

newspaper など他のメディアの広告にも影響を受ける．また，われわれのコレステロールの値は食生活や心身の健康状態などの生活習慣・遺伝的健康観と関係があり，後者で前者を制御したい．これらの例のように目的変数は複数の説明変数によって説明あるいは制御したいことのほうが一般的である．

目的変数 y が p 個の説明変数 $x_1,\ x_2,\ \ldots,\ x_p$ によって

$$y_i = \beta_0 + \beta_1\, x_{i1} + \beta_2\, x_{i2} + \cdots + \beta_p\, x_{ip} + \varepsilon_i \quad (i = 1,\ 2,\ \ldots,\ n) \qquad (10.26)$$

と説明されるモデルを考える．ここで，$\beta_j\ (j = 0,\ 1,\ \ldots,\ p)$ を**偏回帰係数**，ε_i を**誤差項**という．

ここでは，誤差項 ε_i に対して

$\varepsilon_1,\ \varepsilon_2,\ \ldots,\ \varepsilon_n$ は，互いに独立に平均 0，分散 σ^2 の正規分布に従う (10.27)

と仮定する．1 つの目的変数を複数の説明変数で説明するモデル (10.26) を**重回帰モデル**といい，このモデルのもとで行われる回帰分析を**重回帰分析** という．

重回帰モデル
multiple regression model

重回帰分析
multiple regression analysis

モデル (10.26) では，p 個の説明変数 $x_1,\ x_2,\ \ldots,\ x_p$ と目的変数 y について，n 回の実験や観測を行って得た次のデータを想定している．

表 10.4　重回帰分析のためのデータ

個体番号	目的変数	説明変数			
	y	x_1	x_2	$\cdots$	x_p
1	y_1	x_{11}	x_{12}	$\cdots$	x_{1p}
2	y_1	x_{21}	x_{22}	$\cdots$	x_{2p}
$\vdots$	$\vdots$	$\vdots$	$\vdots$	$\vdots$	$\vdots$
i	y_i	x_{i1}	x_{i2}	$\cdots$	x_{ip}
$\vdots$	$\vdots$	$\vdots$	$\vdots$	$\vdots$	$\vdots$
n	y_n	x_{n1}	x_{n2}	$\cdots$	x_{np}

単回帰モデルの場合と同様に，偏回帰係数 $\beta_j\ (j = 0,\ 1,\ \ldots,\ p)$ の推定は最小 2 乗法によって行う[注 25]．最小 2 乗法によって求めた β_j の推定量 $\widehat{\beta_j}$ は，β_j の不偏推定量である．すなわち

$$E\left[\widehat{\beta_j}\right] = \beta_j \quad (j = 0,\ 1,\ \ldots,\ p) \qquad (10.28)$$

注 25　具体的な方法については，文献 [21] pp.270-272 や文献 [17] pp.36-39 などを参照されたい．

データから計算した $\widehat{\beta}_0,\ \widehat{\beta}_1,\ \ldots,\ \widehat{\beta}_p$ の値を説明変数の係数にもつ 1 次式

$$y = \widehat{\beta}_0 + \widehat{\beta}_1 x_1 + \widehat{\beta}_2 x_2 + \cdots + \widehat{\beta}_p x_p$$

を**重回帰式**という．この式の右辺の説明変数にデータを代入して計算される y の値

$$\widehat{y_i} = \widehat{\beta}_0 + \widehat{\beta}_1 x_{i1} + \widehat{\beta}_2 x_{i2} + \cdots + \widehat{\beta}_p x_{ip} \qquad (i = 1,\ 2,\ \ldots,\ n)$$

を単回帰式の場合と同様に予測値といい，また観測データ y_i と予測値 $\widehat{y_i}$ との差

$$e_i = y_i - \widehat{y_i}$$

を残差という．

誤差項 ε_i の分散 σ^2 は単回帰分析と同様の考え方によって

$$\widehat{\sigma}^2 = \frac{\sum_{i=1}^{n} {e_i}^2}{n-p-1} \tag{10.29}$$

で推定する．

p.165 では，得られた単回帰式 (回帰直線) によって，目的変数 y の変動をどこまで説明できているかを表す尺度として決定係数を考えたが，重回帰式の場合に決定係数をそのまま使うことには問題がある．決定係数は説明変数の数を追加すると，それが目的変数の変動に何の寄与をしない場合でも，必ず増やす前より大きくなるという性質があるため，説明変数の数が多いモデルほど説明力が高いモデルになるからである．このことを避けるために考えられたのが**自由度調整済み決定係数**であり

$$R^{*2} = 1 - \frac{\widehat{\sigma}^2}{\frac{1}{n-1}\sum_{i=1}^{n}(y_i - \overline{y})^2} \tag{10.30}$$

で与えられる．ただし，$\widehat{\sigma}^2$ は (10.29) で与えられる．

個々の偏回帰係数 β_j $(j = 1, \ldots, p)$[注 26] の推定・検定は，(10.22) で与えられる統計量 $T_1 = \dfrac{\widehat{\beta_j} - \beta_j}{\mathrm{SE}(\widehat{\beta_j})}$ が自由度 $n-p-1$ の t 分布に従うことを用いて，単回帰モデルのときと同様の方法で行うことができる．

注 26 β_0 は除いている．

重回帰モデルでは複数の説明変数があるから，すべてあるいはいくつかの偏回帰係数についての仮説を同時に検定したい場合がある．例えば，2 つの説明変数 x_1，x_3 の両方が目的変数に影響を与えないという仮説は

$$\mathrm{H}_0 : \beta_1 = 0 \quad \text{かつ} \quad \beta_3 = 0$$

であり，少なくともどちらか一方は影響を与えているという対立仮説は

$$\mathrm{H}_1 : \beta_1 \neq 0 \quad \text{または} \quad \beta_3 \neq 0$$

となる．このように帰無仮説が複数の制約式からなる場合，偏回帰係数ごとの t 分布による検定では不十分であり，以下の F 分布[注 27] による検定を行う．

注 27 F 分布については補章 p.192 参照．

1. H_0 が正しいとして回帰式を推定し，その残差 $\widetilde{e}_i$ の平方和を $S_0\left(=\sum_{i=1}^{n}{e_i'}^2\right)$ とする． 上の例では，e_i' は説明変数 x_1，x_3 を含まない回帰式を使って計算した残差で，推定された偏回帰係数を $\widehat{\beta}_0{}'$，$\widehat{\beta}_2{}'$，$\widehat{\beta}_4{}'$，…，$\widehat{\beta}_p{}'$ とするとき，$e_i' = y_i - (\widehat{\beta}_0{}' + \widehat{\beta}_2{}'x_{i2} + \widehat{\beta}_4{}'x_{i4} + \cdots + \widehat{\beta}_p{}'x_{ip})$ と書ける．
2. H_0 が正しくないとして，すべての説明変数を含む回帰式を推定し，その残差 (25) の平方和を $S_1\left(=\sum_{i=1}^{n}{e_i}^2\right)$ とする．

帰無仮説に含まれる制約式の数を k（上の例では $k=2$）とすると，統計量

$$F = \frac{(S_0 - S_1)/k}{S_1/(n-p-1)} \tag{10.31}$$

は，帰無仮説が正しい場合，自由度 $(k,\ n-p-1)$ の F 分布に従うことが知られている．帰無仮説が正しいとき $S_0 - S_1$ は 0 に近い値をとり，比 (10.31) は 0

に近い値となるから，この比が 0 から離れた大きな値をとるとき帰無仮説を棄却すればよい．したがって，データから計算した統計量 F の実現値を f とするとき，有意水準 α のもとで

$$\mathrm{P}\text{ 値} = P(F \geq f) \leq \alpha$$

であれば，帰無仮説 H_0 を棄却する．

例 10.8　例 10.7 のデータを再び取り上げ，目的変数 sales を 2 つの説明変数 youtube (x_1) と facebook (x_2) で説明する重回帰モデルを想定し重回帰分析を行う．Excel の［データ分析］を使って重回帰分析を行う手順は，単回帰分析の場合（例 10.7）と全く同じである．ただし，説明変数の指定で少し注意が必要である．まず図 10.21 に示すように，説明変数のデータは Excel のシートの隣り合う列に入力しておく．また「回帰分析」ダイアログボックス（図 10.22）の「入力 X の範囲 (X)」では，複数列にわたる説明変数のデータのセル範囲（ここでは C2:D201）を指定する．

	A	B	C	D	E
1		sales	youtube	facebook	newspaper
2	1	26.52	276.12	45.36	83.04
3	2	12.48	53.4	47.16	54.12
4	3	11.16	20.64	55.08	83.16
5	4	22.2	181.8	49.56	70.2

図 10.21　シートに入力したデータ

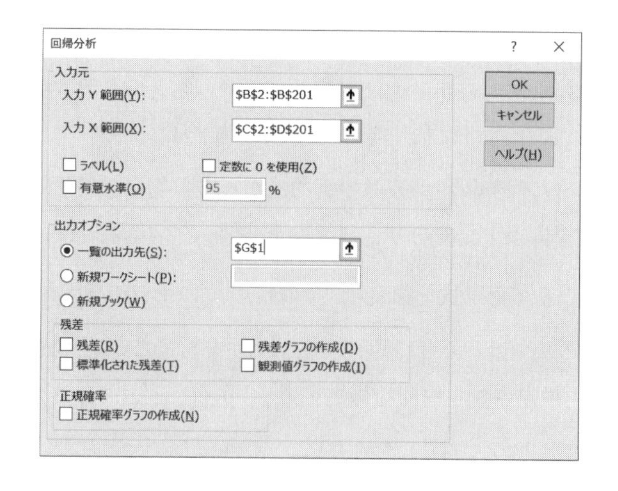

図 10.22　「回帰分析」ダイアログボックス

最終的に図 10.23 のような重回帰分析の結果が得られる．「係数」の列の値から推定された重回帰式は

$$y = 3.50532 + 0.04575x_1 + 0.18799x_2$$

となる．自由度調整済み決定係数は 0.89615 だから，この重回帰式によってデータ y の持っている情報の約 90 %が説明できることがわかる．また，仮説

回帰統計	
重相関 R	0.9472
重決定 R2	0.89719
補正 R2	0.89615
標準誤差	2.01763
観測数	200

分散分析表

	自由度	変動	分散	観測された分散比	有意 F
回帰	2	6998.74	3499.37	859.6177183	4.8E-98
残差	197	801.956	4.07084		
合計	199	7800.69			

	係数	標準誤差	t	P-値	下限 95%	上限 95%
切片	3.50532	0.35339	9.91919	4.56556E-19	2.80841	4.202228
X 値 1	0.04575	0.00139	32.9087	5.43698E-82	0.04301	0.048497
X 値 2	0.18799	0.00804	23.3824	9.77697E-59	0.17214	0.20385

図 10.23　重回帰分析結果の出力

$$\mathrm{H}_0 : \beta_1 = 0 \text{ かつ } \beta_2 = 0, \quad \mathrm{H}_1 : \beta_1 \neq 0 \text{ または } \beta_2 \neq 0$$

の検定結果は分散分析表から，(10.31) で与えられる F の値 $= \dfrac{3499.37}{4.07084} = 859.618$ であり，P 値 $= P(F > 859.618) = 4.8 \times 10^{-98}$ と極めて小さいから，検定結果は有意となる[注28]．すなわちこのデータの場合，2 つの説明変数のうち少なくとも 1 つは目的変数を説明しているといえる．個々の偏回帰係数の検定結果の解釈については，単回帰分析の場合と同じである．■

注 28　F 値 $= 859.618 \gg 4.7145 = F_{2,197}(0.01)$ より，H_0 は有意水準 1 % で棄却される．

章末問題

10.1 2変量データ $(1,1)$, $(2,0)$, $(2,2)$, $(3,1)$ について，散布図を描き共分散および相関係数を計算せよ．

10.2 相関係数 r のとりうる範囲が $-1 \leq r \leq 1$ となることを証明せよ．

10.3 下の散布図は，120人の小学生それぞれについて，身長と50 m走のタイムを測定したデータである．全体で見ると強い負の相関がある．しかし「両者にこれほど強い相関がある」というのはおかしい．このような相関が生じることについて説明せよ．

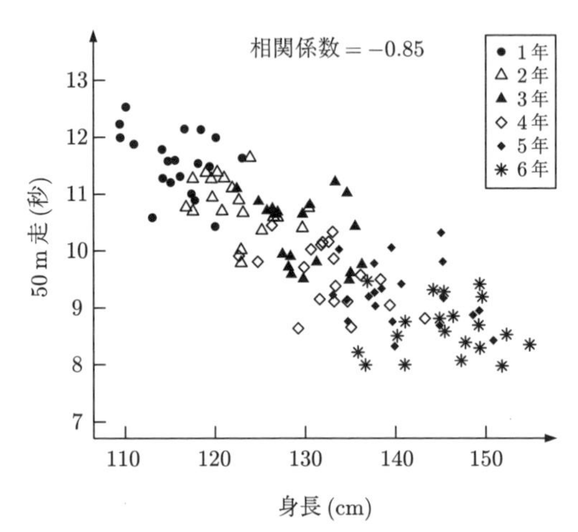

10.4 次のデータはある小論文試験を受けた5人の受験生の答案に対して，全く別の評価基準をもつ甲乙二人の評定者が与えた評点である．x を甲の評点，y を乙の評点とし，それらの平均点を w とする．全く別の評価基準をもつ甲と乙それぞれの評点による受験生の成績順位は全く正反対である．

受験生	a	b	c	d	e	平均	標準偏差
甲の評点 x	85	80	75	70	65	75	7.07
乙の評点 y	50	60	70	80	90	70	14.14
甲と乙の平均 w	67.5	70	72.5	75	77.5	72.5	3.16

(1) x と y の相関係数 r_{xy} はいくらか．

(2) y と w の相関係数 r_{yw} はいくらか．

(3) 平均点 w による順位から何がわかるか．

(4) (3) のような結果になった理由について考えよ．

(5) x を偏差値[注29]に直せ．（小数第1位を四捨五入せよ）

(6) y を偏差値に直せ．（小数第1位を四捨五入せよ）

(7) (5) と (6) の偏差値の平均で受験生の順位をつけるとどうなるか．

注29　定義式は p.52 を見よ．

10.5 p.165 の注12で述べた $\dfrac{1}{n}\sum_{i=1}^{n}\widehat{y_i} = \overline{y}$ を証明せよ．

10.6 p.165 の (10.11) で与えられる決定係数 R^2 が $0 \leq R^2 \leq 1$ を満たすことを証明せよ．

10.7 理科の実験で，針金からバネばかりを作った．これを用いておもり x (g) をいろいろ変えたときのバネの長さ y (cm) を測定し，次のデータを得た．

おもり (x)	10	12	14	16	18	20
バネの長さ (y)	20.6	21.8	21.2	22.7	24.8	25.4

以下の計算を Excel を用いて行え．

(1) 算術平均 $\overline{x}, \overline{y}$ をそれぞれ計算せよ．
(2) 標準偏差 s_x, s_y をそれぞれ計算せよ．
(3) おもりとバネの長さの相関係数 r を計算せよ．
(4) 決定係数 R^2 を求めよ．
(5) y の x への回帰直線の式を求めよ．
(6) 19 g のおもりをのせたら，バネの長さは何 cm になるか回帰直線を用いて推定せよ．

10.8 10 人の生徒について，身長と前腕の長さを測定して次のデータを得た（単位 cm）．

身長 (x)	152	145	164	153	132	148	149	138	142	150
前腕の長さ (y)	22	21	25	23	20	21	22	21	22	24

身長を x，前腕の長さを y とするとき，以下の計算を Excel を用いて行え．

(1) 算術平均 $\overline{x}, \overline{y}$ をそれぞれ計算せよ．
(2) 標準偏差 s_x, s_y をそれぞれ計算せよ．
(3) 身長と前腕の長さの共分散 s_{xy} を計算せよ．
(4) 身長と前腕の長さの相関係数 r を計算せよ．
(5) y の x への回帰直線を求めよ．
(6) 決定係数 R^2 を求めよ．
(7) 上で求めた回帰直線の式を用いて $x = 150$ に対する y の値を求めよ．

10.9 下表の I から IV は，2 変量データを扱う上では散布図を描くことが大切であることを考えるためのデータセットで，アンスコムのカルテットとよばれている．4 つのデータセットそれぞれに対して，次のことを Excel[注 30] を用いて行え．

アンスコムのカルテット
Anscombe's quartet

注 30 本書のサポートページ（まえがき p.iii 参照）に 4 つのデータセットが入力されたファイル Anscombes_quartet.xlsx が用意されている．

(1) x と y の平均 $\overline{x}, \overline{y}$（小数第 2 位まで）および 分散 ${u_x}^2$, ${u_y}^2$（小数第 2 位まで）を求めよ．
(2) x と y の相関係数 r（小数第 3 位まで）および y の x への回帰直線（傾きは小数第 3 位まで，切片は小数第 2 位まで）を求めよ．
(3) 散布図を描け．

I		II		III		IV	
x	y	x	y	x	y	x	y
10	8.04	10	9.14	10	7.46	8	6.58
8	6.95	8	8.14	8	6.77	8	5.76
13	7.58	13	8.74	13	12.74	8	7.71
9	8.81	9	8.77	9	7.11	8	8.84
11	8.33	11	9.26	11	7.81	8	8.47
14	9.96	14	8.10	14	8.84	8	7.04
6	7.24	6	6.13	6	6.08	8	5.25
4	4.26	4	3.10	4	5.39	19	12.50
12	10.84	12	9.13	12	8.15	8	5.56
7	4.82	7	7.26	7	6.42	8	7.91
5	5.68	5	4.74	5	5.73	8	6.89

プロジェクト 10

身のまわりに「1 つの目的変数が，複数の説明変数を用いた重回帰モデルで説明できる」という仮説が立てられる現象を探し，その現象の根拠となるデータを用いて重回帰分析を行え．

A 補章

この章では，前章までに出てきた数学記号や本文から追い出した統計数理に関わる内容について補足する．また今日いろいろな分野に応用されているベイズ法の考え方について簡単に説明する．加えて，本書の例題や章末問題・プロジェクトなどで扱ったデータ処理や統計グラフの作成について，表計算ソフトExcelで実行する場合の操作方法を解説する．

A.1　和の記号 Σ

注 1　下付きの数字 $1, 2, 3, \ldots, n$ は添え字とよばれる．

注 2　$\sum$ の下にある $i=1$ で指定している．$i=3$ であれば，始めの数は 3 となる．

統計学では，大きさ n のデータを一般に $x_1,\ x_2,\ x_3,\ \ldots,\ x_n$ [注1] のように表し，それらの和 $x_1+x_2+x_3+\cdots+x_n$ を簡潔に $\displaystyle\sum_{i=1}^{n} x_i$ と表す場合が多い．すなわち

$$\sum_{i=1}^{n} x_i = x_1+x_2+x_3+\cdots+x_n \tag{A.1}$$

$\sum$（ギリシャ文字のシグマ）は和の記号とよばれる．$\displaystyle\sum_{i=1}^{n}$ にある i は整数値をとる変数で，この場合，始めの数を 1 とし [注2] 1 ずつ増やして n まで動かすことを意味する．そして $\displaystyle\sum_{i=1}^{n} x_i$ は，$\sum$ の後ろにある変量 x_i の添え字 i を，1 から始め 1 ずつ増やして n まで動かして得られる $x_1,\ x_2,\ x_3,\ \ldots,\ x_n$ の和を表す．特に $x_1=x_2=x_3=\cdots=x_n=c$ (定数) のときは

$$\sum_{i=1}^{n} x_i = \sum_{i=1}^{n} c = \underbrace{c+c+\cdots+c}_{n\text{ 個}} = nc$$

となる．

例 A.1

$$y_1+y_2+y_3+y_4+y_5 = \sum_{i=1}^{5} y_i, \qquad \sum_{i=1}^{50} 1 = \underbrace{1+1+\cdots+1}_{50\text{ 個}} = 50$$

$$\sum_{i=1}^{n} x_i = \sum_{k=1}^{n} x_k, \qquad \sum_{i=3}^{7} x_i = x_3+x_4+x_5+x_6+x_7$$

問 A.1　大きさ n のデータ $x_1, x_2, x_3, \ldots, x_n$ の算術平均 $\overline{x} = \dfrac{x_1+x_2+x_3+\cdots+x_n}{n}$ を $\sum$ を用いて表せ．

和の記号の性質

$$\sum_{i=1}^{n}(x_i+y_i)=\sum_{i=1}^{n}x_i+\sum_{i=1}^{n}y_i$$
$$\sum_{i=1}^{n}cx_i=c\sum_{i=1}^{n}x_i \quad (c\text{は定数})$$
$$\sum_{i=1}^{n}x_i=\sum_{i=1}^{m}x_i+\sum_{i=m+1}^{n}x_i \quad (\text{ただし，}\ m<n)$$

例 A.2 $\displaystyle\sum_{i=1}^{n}2x_i=2\sum_{i=1}^{n}x_i,\qquad \sum_{i=1}^{15}x_i=\sum_{i=1}^{10}x_i+\sum_{i=11}^{15}x_i$

問 A.2 大きさ n のデータ $x_1, x_2, x_3, \ldots, x_n$ の算術平均を $\overline{x}$ とするとき

(1) $\displaystyle\frac{1}{n}\sum_{i=1}^{n}(cx_i+d)=c\overline{x}+d$ （ただし，c, d は定数）が成り立つことを示せ．

(2) 分散 $s^2=\dfrac{1}{n}\{(x_1-\overline{x})^2+(x_2-\overline{x})^2+(x_3-\overline{x})^2+\cdots+(x_n-\overline{x})^2\}$ を $\sum$ を用いて表せ．

例題 A.1 大きさ n のデータ $x_1, x_2, x_3, \ldots, x_n$ の分散

$$s^2=\frac{1}{n}\sum_{i=1}^{n}(x_i-\overline{x})^2 \qquad \text{ただし，}\ \overline{x}=\frac{1}{n}\sum_{i=1}^{n}x_i$$

が，$s^2=\dfrac{1}{n}\displaystyle\sum_{i=1}^{n}{x_i}^2-(\overline{x})^2$ と書けることを示せ．

解

$$\begin{aligned}\sum_{i=1}^{n}(x_i-\overline{x})^2&=\sum_{i=1}^{n}\{{x_i}^2-2\overline{x}x_i+(\overline{x})^2\}\\&=\sum_{i=1}^{n}{x_i}^2-2\overline{x}\sum_{i=1}^{n}x_i+\sum_{i=1}^{n}(\overline{x})^2\\&=\sum_{i=1}^{n}{x_i}^2\underbrace{-2\overline{x}\sum_{i=1}^{n}x_i+n(\overline{x})^2}_{(*)}\end{aligned}$$

$\overline{x}=\dfrac{1}{n}\displaystyle\sum_{i=1}^{n}x_i$ より，$\displaystyle\sum_{i=1}^{n}x_i=n\overline{x}$ だから

$$\overline{x}\sum_{i=1}^{n}x_i=\overline{x}\cdot n\overline{x}=n(\overline{x})^2$$

したがって

$$(*)=-2n(\overline{x})^2+n(\overline{x})^2=-n(\overline{x})^2$$

となるので

$$\sum_{i=1}^{n}(x_i-\overline{x})^2=\sum_{i=1}^{n}{x_i}^2-n(\overline{x})^2$$

よって

$$s^2 = \frac{1}{n}\sum_{i=1}^{n}(x_i - \overline{x})^2 = \frac{1}{n}\sum_{i=1}^{n} {x_i}^2 - (\overline{x})^2$$

補 $s^2 = \frac{1}{n}\sum_{i=1}^{n} {x_i}^2 - (\overline{x})^2$ は，分散 s^2 の計算を筆算や電卓を用いて行う場合には便利な公式であるが，Excel や統計ソフトを使う場合には，定義式 $s^2 = \frac{1}{n}\sum_{i=1}^{n}(x_i - \overline{x})^2$ を使って計算するほうがよい.

問 A.3 大きさ n のデータ $x_1, x_2, x_3, \ldots, x_n$ の算術平均を $\overline{x}$ とするとき

$$\sum_{i=1}^{n}(x_i - \overline{x}) = 0$$

が成り立つことを示せ.

二重和の記号

2 次元離散型確率変数の同時分布を簡潔に表すときに，二重和の記号が必要となる. 具体例でその使い方を説明しよう.

$$\begin{aligned}\sum_{j=1}^{m}\sum_{i=1}^{n} a_{ij} &= \sum_{j=1}^{m}\left(\sum_{i=1}^{n} a_{ij}\right) = \sum_{j=1}^{m}(a_{1j} + a_{2j} + \cdots + a_{nj}) \\ &= \underbrace{(a_{11} + a_{21} + \cdots + a_{n1})}_{j=1\text{ のとき}} + \underbrace{(a_{12} + a_{22} + \cdots + a_{n2})}_{j=2\text{ のとき}} \\ &\qquad + \cdots + \underbrace{(a_{1m} + a_{2m} + \cdots + a_{nm})}_{j=m\text{ のとき}}\end{aligned}$$

上式からわかるように，二重和の記号 $\sum_{j=1}^{m}\sum_{i=1}^{n}$ は，まず内側の和 $\sum_{i=1}^{n}$ を計算し，その結果について外側の和 $\sum_{j=1}^{m}$ を計算することを意味する.

例 A.3

$$\sum_{j=1}^{3}\sum_{i=1}^{2} p_{ij} = \sum_{j=1}^{3}(p_{1j} + p_{2j}) = p_{11} + p_{21} + p_{12} + p_{22} + p_{13} + p_{23}$$

$$\begin{aligned}\sum_{j=1}^{2}\sum_{i=1}^{3}(i + j) &= \sum_{j=1}^{2}(1 + j + 2 + j + 3 + j) = \sum_{j=1}^{2}(6 + 3j) \\ &= 12 + 3\sum_{j=1}^{2} j = 21\end{aligned}$$

二重和の記号の性質

$$\sum_{j=1}^{m}\sum_{i=1}^{n} a_{ij} = \sum_{i=1}^{n}\sum_{j=1}^{m} a_{ij}, \qquad \sum_{i=1}^{n}\sum_{j=1}^{m} a_i b_j = \sum_{i=1}^{n} a_i \sum_{j=1}^{m} b_j$$

数列と和の記号 $\sum$

$$1+2+3+\cdots+n=\sum_{i=1}^{n} i, \qquad 2^2+3^2+4^2\cdots+10^2=\sum_{i=2}^{10} i^2$$

問 A.4 次の和を和の記号 $\sum$ を用いないで表せ．またその和を求めよ．

(1) $\sum_{i=1}^{5} i^2$　　(2) $\sum_{k=1}^{10} (2k-1)$

A.2　多次元確率変数

外からは中が見えない箱の中に，1 の数字の書かれた玉が 3 個，2 の数字の書かれた玉が 2 個入っている．この箱から玉を 1 個ずつ 2 回復元抽出 注3 するとき，1 回目，2 回目に出る数をそれぞれ確率変数 X, Y とおく．X, Y は離散型確率変数である．このとき，事象 $X=x$ と $Y=y$ がともに起こる確率を $P(X=y, Y=y)$ で表すと，例えば

$$P(X=1,\ Y=1)=\frac{3}{5}\times\frac{3}{5}=\frac{9}{25}$$

である．X, Y のとりうるすべての値の組に対して，それらの起こる確率を求めると

$$P(X=1,\ Y=1)=\frac{9}{25},\quad P(X=1,\ Y=2)=\frac{6}{25},$$

$$P(X=2,\ Y=1)=\frac{6}{25},\quad P(X=2,\ Y=2)=\frac{4}{25}$$

となる．

このように，2 つの確率変数 X, Y を組にして扱うとき，その組 $(X,\ Y)$ を **2 次元確率変数** 注4 という．2 次元確率変数 $(X,\ Y)$ について，各組の実現値 $(x_i,\ y_j)$，ただし $i=1,2,\ldots,l$; $j=1,2,\ldots,m$ をとる確率が

$$P(X=x_i,\ Y=y_j)=p_{ij} \tag{A.2}$$

で与えられているとする．(A.2) を $(X,\ Y)$ の**同時確率分布** 注5 という．$(X,\ Y)$ の同時分布 (A.2) から，$X=x_i$ となる確率が

$$P(X=x_i)=\sum_{j=1}^{m} p_{ij} \tag{A.3}$$

で求められる．(A.3) を X の**周辺分布**という．同様に，Y の周辺分布は

$$P(Y=y_j)=\sum_{i=1}^{l} p_{ij} \tag{A.4}$$

で求められる．上の復元抽出実験の場合，X の周辺分布は

$$P(X=1)=P(X=1, Y=1)+P(X=1, Y=2)=\frac{9}{25}+\frac{6}{25}=\frac{15}{25},$$

$$P(X=2)=P(X=2, Y=1)+P(X=2, Y=2)=\frac{6}{25}+\frac{4}{25}=\frac{10}{25}$$

注3　1 回目に取り出した玉を箱に戻してから 2 回目を行う．

注4　2 次元確率ベクトルということもある．

同時確率分布 *joint probability distribution*

注5　2 変量離散型分布ということもある．

周辺分布 *marginal distribution*

となる．Y の周辺分布も同様に考え，この実験に対する同時確率分布と周辺分布を表で示すと

表 A.1　復元抽出実験の同時分布と周辺分布

	$y=1$	$y=2$	$P(X=x)$
$x=1$	$\frac{9}{25}$	$\frac{6}{25}$	$\frac{15}{25}$
$x=2$	$\frac{6}{25}$	$\frac{4}{25}$	$\frac{10}{25}$
$P(Y=y)$	$\frac{15}{25}$	$\frac{10}{25}$	1

となる．

確率変数 X, Y の実現値を x_i, y_j，ただし $i=1,2,\ldots,l$; $j=1,2,\ldots,m$ とする．このとき，すべての i, j について

$$P(X=x_i,\ Y=y_j)=P(X=x_i)P(Y=y_j)$$

が成り立つとき，確率変数 X, Y は（互いに）**独立**であるという．

例 A.4　表 A.1 の分布について

$$P(X=1)P(Y=1)=\frac{15}{25}\cdot\frac{15}{25}=\frac{9}{25}=P(X=1,\ Y=1)$$
$$P(X=1)P(Y=2)=\frac{15}{25}\cdot\frac{10}{25}=\frac{6}{25}=P(X=1,\ Y=2)$$
$$P(X=2)P(Y=1)=\frac{10}{25}\cdot\frac{15}{25}=\frac{6}{25}=P(X=2,\ Y=1)$$
$$P(X=2)P(Y=2)=\frac{10}{25}\cdot\frac{10}{25}=\frac{4}{25}=P(X=2,\ Y=2)$$

が成り立つので，X, Y は互いに独立である

問 A.5　外からは中が見えない箱の中に，1 の数字の書かれた玉が 3 個，2 の数字の書かれた玉が 2 個入っている．この箱から玉を 1 個ずつ 2 回非復元抽出（取り出した玉は箱に戻さない）するとき，1 回目，2 回目に出る数をそれぞれ確率変数 X, Y とおく，X, Y の同時分布と周辺分布は次の表のようになる．

表 A.2　非復元抽出実験の同時分布と周辺分布

	$y=1$	$y=2$	$P(X=x)$
$x=1$	$\frac{6}{20}$	$\frac{6}{20}$	$\frac{12}{20}$
$x=2$	$\frac{6}{20}$	$\frac{2}{20}$	$\frac{8}{20}$
$P(Y=y)$	$\frac{12}{20}$	$\frac{8}{20}$	1

確率変数 X, Y は独立であるか調べよ．

(A.2) から (A.4) で，2 次元離散型確率変数 $(X,\ Y)$ の同時分布と周辺分布を定義した．次に，2 次元連続型確率変数 $(X,\ Y)$ の同時分布と周辺分布の定義を与える．2 次元（以上の）連続型分布を扱う上では，重積分を用いる必要があるので，これらについて学んでいない人にとって取っつきにくいかも知れないが，考え方は離散型と同じである．

2 次元確率変数 $(X,\ Y)$ が，任意の実数 $t,\ u$ について

$$P(X \leq t,\ Y \leq u) = \int_{-\infty}^{t} \int_{-\infty}^{u} f(x,y)\,dxdy \qquad \text{(A.5)}$$

のように重積分で表される[注6]とき，$P(X \leq t,\ Y \leq u)$ を 2 次元連続型確率変数 $(X,\ Y)$ の**分布関数**といい，関数 $f(x,y)$ を $(X,\ Y)$ の**同時確率密度関数**という．同時確率密度関数 $f(x,y)$ は

$$\text{任意の実数 } x,\ y \text{ に対して } f(x,y) \geq 0, \qquad \int_{-\infty}^{\infty} \int_{-\infty}^{\infty} f(x,y)\,dxdy = 1 \qquad \text{(A.6)}$$

を満たす[注7]．

また，$X,\ Y$ の**周辺確率密度関数**を，それぞれ

$$f_X(x) = \int_{-\infty}^{\infty} f(x,y)\,dy, \qquad \text{(A.7)}$$

$$f_Y(y) = \int_{-\infty}^{\infty} f(x,y)\,dx \qquad \text{(A.8)}$$

と定める．

連続型確率変数 $X,\ Y$ が，任意の実数 $x,\ y$ について

$$f(x,y) = f_X(x) f_Y(y) \qquad \text{(A.9)}$$

を満たすとき，$X,\ Y$ は（互いに）**独立**であるという．

一般には，確率変数 $X,\ Y$ は互いに独立とは限らないため，X と Y の間の関係の度合いを表す量として

$$\mathrm{Cov}[X,Y] = E[\{X - E[X]\}\{Y - E[Y]\}] \qquad \text{(7.22)}$$

を定義する．ただし $E[X], E[Y]$ は，それぞれ確率変数 X と Y の期待値である．$\mathrm{Cov}[X,Y]$ を $X,\ Y$ の共分散とよんだ（p.94 参照）．共分散の式を離散型と連続型，それぞれの場合について具体的に表すと次のようになる．

離散型 (A.2) の場合

$$\mathrm{Cov}[X,Y] = \sum_{i=1}^{l} \sum_{j=1}^{m} \{x_i - E[X]\}\{y_j - E[Y]\} p_{ij} \qquad \text{(A.10)}$$

$$\text{ただし，} E[X] = \sum_{i=1}^{l} x_i P(X = x_i), \quad E[Y] = \sum_{j=1}^{m} y_j P(Y = y_j)$$

連続型 (A.6) の場合

$$\mathrm{Cov}[X,Y] = \int_{-\infty}^{\infty} \int_{-\infty}^{\infty} \{x - E[X]\}\{y - E[Y]\} f(x,y)\,dxdy \qquad \text{(A.11)}$$

$$\text{ただし，} E[X] = \int_{-\infty}^{\infty} x f_X(x)\,dx, \quad E[Y] = \int_{-\infty}^{\infty} y f_Y(y)\,dy$$

注 6　この式は，確率変数が 1 つ（1 次元）の場合の (7.4) に対応するものである．

同時確率密度関数
joint probability density function

注 7　この式は，1 次元の場合の (7.5) に対応するものである．

周辺確率密度関数
marginal probability density function

X, Y が独立ならば，$\mathrm{Cov}[X,Y]=0$（無相関）となるが，逆は必ずしも成立しない[注8]．期待値で定義される共分散は平均的な性質であり，独立は確率分布そのものに関する仮定であるため，独立のほうが無相関より強い条件となる．

注8　$\mathrm{Cov}[X,Y]=0$ でも，一般には X, Y が独立にならない．章末問題 *A.1* で考えてみよ．

A.2.1　確率変数の和 $X+Y$ の期待値

確率変数 X, Y について

$$E[X+Y]=E[X]+E[Y] \tag{7.20}$$

が成り立つ[注9]．

注9　A.2.1～A.2.3 項では，第7章で初出したときの式番号が使われている．

証明　X, Y が離散型 (A.2) の場合について証明する．

$$\begin{aligned}E[X+Y]&=\sum_{i=1}^{l}\sum_{j=1}^{m}(x_i+y_j)p_{ij}\\&=\sum_{i=1}^{l}x_i\sum_{j=1}^{m}p_{ij}+\sum_{j=1}^{m}y_j\sum_{i=1}^{l}p_{ij}\\&=\sum_{i=1}^{l}x_iP(X=x_i)+\sum_{j=1}^{m}y_jP(Y=y_j)=E[X]+E[Y]\end{aligned}$$

証明終

A.2.2　確率変数の和 $X+Y$ の分散

確率変数 X, Y について

$$V[X+Y]=V[X]+V[Y]+2\mathrm{Cov}[X,Y] \tag{7.21}$$

が成り立ち，さらに X, Y が独立のときは

$$V[X+Y]=V[X]+V[Y] \tag{7.23}$$

が成り立つ．

証明　(7.20) より，$X+Y$ の期待値は $E[X]+E[Y]$ だから

$$\begin{aligned}V[X+Y]&=E\left[\{(X+Y)-\big(E[X]+E[Y]\big)\}^2\right]\\&=E\Big[\big(X-E[X]\big)^2+\big(Y-E[Y]\big)^2+2\big(X-E[X]\big)\big(Y-E[Y]\big)\Big]\\&=E\Big[\big(X-E[X]\big)^2\Big]+E\Big[\big(Y-E[Y]\big)^2\Big]\\&\qquad+2E\big[\big(X-E[X]\big)\big(Y-E[Y]\big)\big]\\&=V[X]+V[Y]+2\mathrm{Cov}[X,Y]\end{aligned}$$

X, Y が独立のとき，$\mathrm{Cov}[X,Y]=0$ だから，上式より

$$V[X+Y]=V[X]+V[Y]$$

が成り立つ．

証明終

A.2.3　n 次元確率変数の場合

n 次元確率変数 $(X_1,\ X_2,\ \ldots,\ X_n)$ の場合も2次元の場合と同様に，期待値については

$$E[X_1+X_2+\cdots+X_n]=E[X_1]+E[X_2]+\cdots+E[X_n] \tag{7.24}$$

分散については，X_1，X_2，…，X_n が（互いに）独立注10のとき

$$V[X_1+X_2+\cdots+X_n]=V[X_1]+V[X_2]+\cdots+V[X_n] \tag{7.25}$$

が成り立つ．

X_1，X_2，…，X_n がすべて（互いに）独立に，平均 μ・分散 σ^2 の同一分布に従う場合，それらの和 $T=\sum_{i=1}^{n}X_i$ および平均 $\overline{X}=\frac{1}{n}\sum_{i=1}^{n}X_i$ の期待値と分散は，(7.17)，(7.18)，(7.24)，(7.25) から

$$E[T]=n\mu,\ \ V[T]=n\sigma^2 \tag{A.12}$$

$$E[\overline{X}]=\mu,\ \ V[\overline{X}]=\frac{\sigma^2}{n} \tag{7.36}$$

(7.36) より，$\overline{X}$ の期待値は n に無関係に常に μ に一致するが，分散は n に反比例し，n が大きくなるとともに 0 に収束することがわかる．

X_1，X_2，…，X_n が互いに独立に，それぞれ正規分布 $N(\mu_1,\ {\sigma_1}^2)$，$N(\mu_2,\ {\sigma_2}^2)$，…，$N(\mu_n,\ {\sigma_n}^2)$ に従うとき，定数 a_1，a_2，…，a_n について，それらの線形和 $T=\sum_{i=1}^{n}a_iX_i$ は正規分布 $N\left(\sum_{i=1}^{n}a_i\mu_i,\ \sum_{i=1}^{n}{a_i}^2{\sigma_i}^2\right)$ に従う．この性質を**正規分布の再生性**という．

注10　連続型の場合，任意の実数 $x_1,\dots,x_n$ に対して，$(X_1,\dots,X_n)$ の同時確率密度関数 $f(x_1,\dots,x_n)$ が，周辺確率密度関数の積 $f_{X_1}(x_1)\cdots f_{X_n}(x_n)$ で表されるとき $X_1,\dots,X_n$ は（互いに）独立であるという．離散型の場合は，密度関数を確率関数で置き換えた式で定義される．

例題 A.2　ある大規模リンゴ園では，L サイズのリンゴ 1 個の重さ X(g) は正規分布 $N(330,\ 15^2)$ に従い，M サイズのリンゴ 1 個の重さ Y(g) は正規分布 $N(280,\ 10^2)$ に従うという．このリンゴ園で収穫した多くのリンゴから無作為にリンゴを選ぶとき，次の確率を求めよ．

(1) 無作為に選んだ L サイズのリンゴ 4 個の重さの合計が 1300 g を超える．

(2) 無作為に選んだ M サイズのリンゴ 5 個の重さ合計が，無作為に選んだ L サイズのリンゴ 4 個の重さの合計を超える．

解

(1) L サイズのリンゴ 4 個の重さを X_1，X_2，X_3，X_4 とすれば，正規分布の再生性により，それらの合計 $T=X_1+X_2+X_3+X_4$ は $N(4\cdot 330,\ 4\cdot 15^2)$ に従う．よって

$$\begin{aligned}P(T>1300)&=1-\text{NORM.DIST}(1300,1320,\text{SQRT}(900),\text{TRUE})\\&\fallingdotseq 1-0.252=0.748\end{aligned}$$

(2) M サイズのリンゴ 5 個の重さを Y_1，Y_2，Y_3，Y_4，Y_5 とすれば，それらの合計 $S=Y_1+Y_2+Y_3+Y_4+Y_5$ は $N(5\cdot 280,\ 5\cdot 10^2)$ に従うから，$U=S-T$ は平均 $5\cdot 280-4\cdot 330=80$，分散 $5\cdot 10^2+4\cdot 15^2=1400$ の正規分布に従う．よって

$$\begin{aligned}P(S>T)&=P(S-T>0)=P(U>0)\\&=1-\text{NORM.DIST}(0,80,\text{SQRT}(1400),\text{TRUE})\\&\fallingdotseq 1-0.0163\fallingdotseq 0.984\end{aligned}$$

A.2.4　中心極限定理が成り立つための標本サイズと母集団分布

ここでは，p.105 で述べた中心極限定理「母集団分布が正規分布ではない場合でも，無作為標本 X_1, X_2, ..., X_n の標本サイズ n が十分に大きいときには，$\overline{X}$ の標本分布は正規分布 $N\left(\mu,\ \dfrac{\sigma^2}{n}\right)$ で近似できる.」について補足する.

(a)　標本サイズ n について

中心極限定理を実際に適用する上では，具体的にどの程度の標本サイズ n があればよいのか気になるところである．文献 [32] では，信頼区間の構成の立場から，中心極限定理が成り立つための標本サイズをシミュレーションによって決定している．図 A.1 から図 A.5 に，特徴的な形の確率分布のグラフと中心極限定理が成り立つために必要な標本サイズの最小値 n^* を示す．同文献では，非対称な分布については n^* が歪度 [注11] に依存していること，対称な分布については尖度 [注12] の絶対値が大きくなるにつれて n^* が大きくなることを確認している．また 21 種類の形状の分布に対して n^* の値を求めた結果，標本サイズがおよそ 50 程度あれば，母集団分布によらず $\overline{X}$ の標本分布は正規分布で近似できることを確認している．

注 11　分布の非対称性の度合いを見る指標．

注 12　分布の裾の長さ（中心付近の尖り具合）を見る指標．

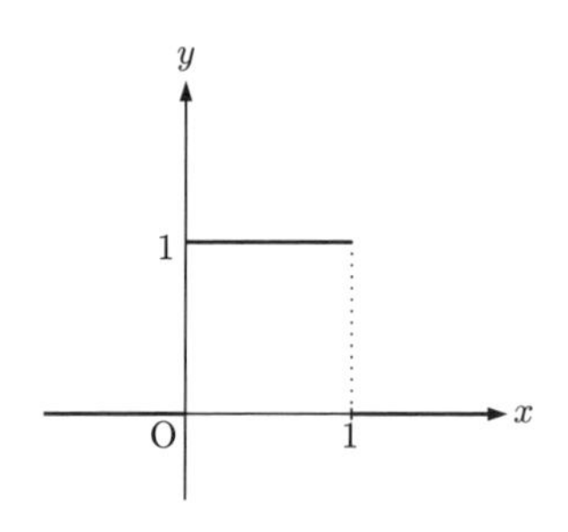

図 A.1　一様分布 ($n^* = 16$)

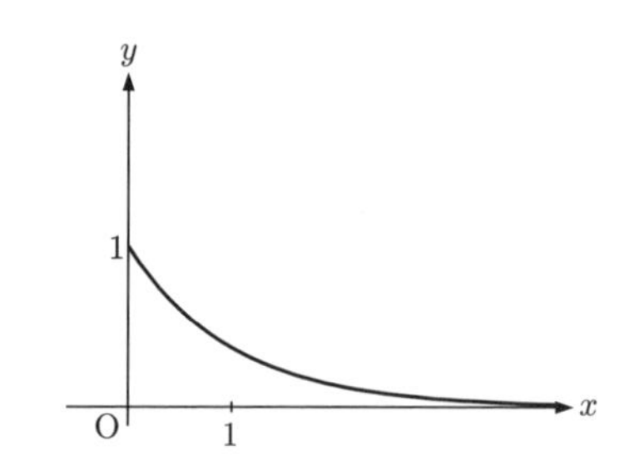

図 A.2　指数分布 ($n^* = 40$)

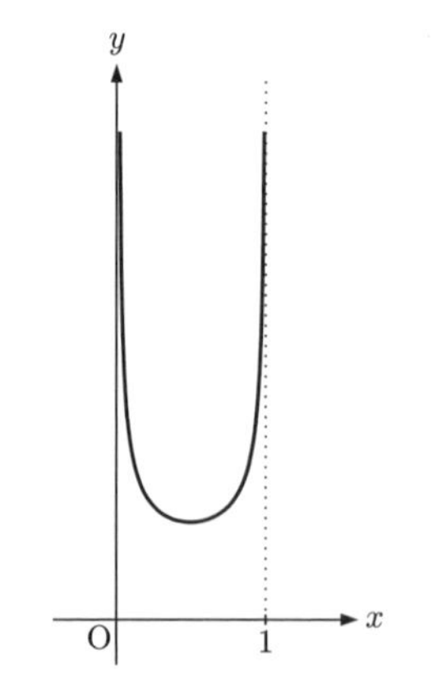

図 A.3　ベータ分布 ($n^* = 20$)

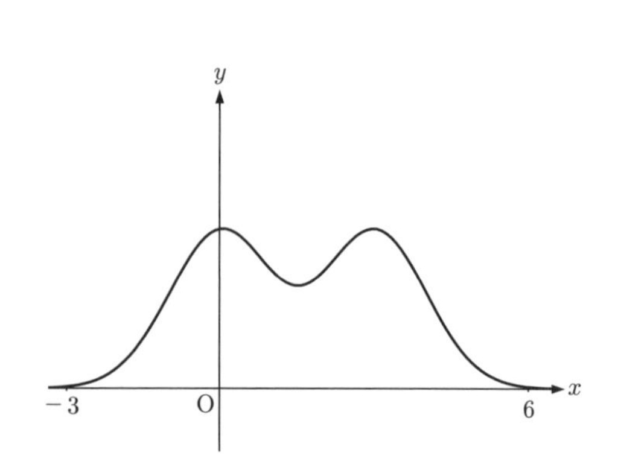

図 A.4　混合正規分布 ($n^* = 13$)

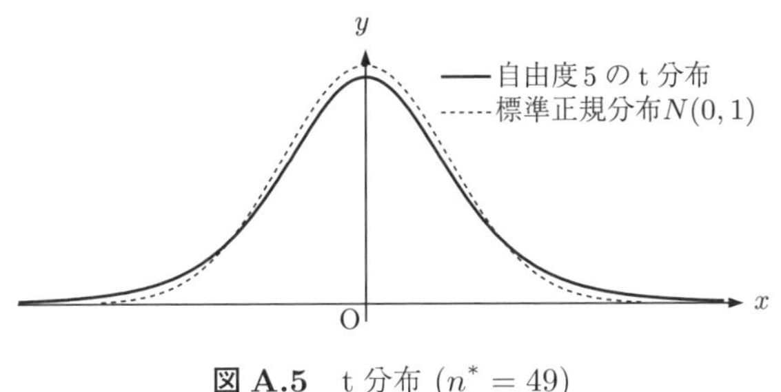

図 **A.5**　t 分布 ($n^* = 49$)

(b)　母集団分布について

母集団分布が何であっても定理が成り立つわけではない．正確には平均と分散をもつ母集団分布でなければならない．ここで分布が平均をもつというのは，確率密度関数 $f(x)$ をもつ連続型確率分布の場合，積分 $E[X] = \displaystyle\int_{-\infty}^{\infty} xf(x)\,dx$ が有限確定値となることをいう[注13]．

注 13　例えば コーシー分布は平均と分散をもたないことが知られている．

A.3　正規分布から導かれる分布

正規母集団からの無作為標本から定まる統計量が従う代表的な分布に，χ^2 分布，t 分布，F 分布がある．

A.3.1　χ^2 分布

n 個の確率変数 Z_1，Z_2，...，Z_n が互いに独立に標準正規分布 $N(0,\ 1)$ に従う[注14]とき，これらの 2 乗和

$$W = {Z_1}^2 + {Z_2}^2 + \cdots + {Z_n}^2 \tag{A.13}$$

が従う分布を**自由度** n **の** χ^2 **分布**[注15]（カイ二乗分布）とよび，記号 $\chi^2(n)$ で表す．自由度 $n = 1,\ 3,\ 5,\ 12$ に対する χ^2 分布の確率密度関数を図 A.6 に示す．自由度 n の χ^2 分布の最頻値（モード）は $n < 3$ のとき 0 で，$n \geq 3$ のとき $n-2$ であり，n が大きくなるにつれて確率密度関数の形状は正規分布に近づく．

注 14　Z_1，Z_2，...，Z_n が正規母集団 $N(0,\ 1)$ から抽出された大きさ n の無作為標本という表現も同じ意味である．

自由度
degree of freedom

注 15　ギリシャ文字 χ はカイと読む．

χ^2 分布
chi-squared distribution

自由度 n の χ^2 分布の平均と分散は

$$E(W) = n,\ V(W) = 2n \tag{A.14}$$

と自由度のみで表される．

統計的推測では，自由度 n の χ^2 分布に従う確率変数がある値以上の値をとる確率

$$P(W \geq w_\alpha) = \alpha \quad (0 < \alpha < 1) \tag{A.15}$$

を考えることがある．(A.15) において，確率 α を上側確率といい，w_α[注16] を自由度 n の χ^2 分布の上側 100α %点という．

注 16　w_α は自由度 n にも依存するため記号 $\chi^2_\alpha(n)$ のように表すことが多い．

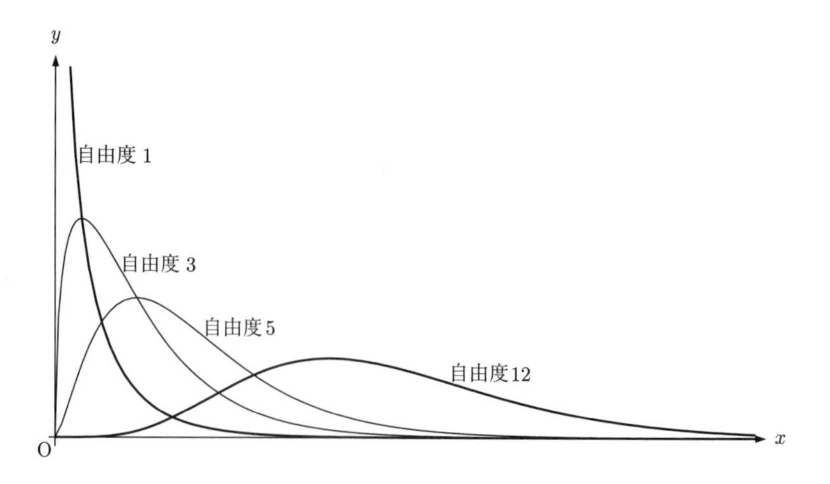

図 A.6　自由度の異なる χ^2 分布の確率密度関数

例題 A.3　自由度 6 の χ^2 分布に従う確率変数 W がある値以上になる確率が 5 %であるようにするには，その値をいくらにすればよいか．

解　問題は

$$P(W \geq w_{0.05}) = 0.05 \tag{A.16}$$

を満たす $w_{0.05}$（上側 5 %点という）を求めることであるが，(A.16) は

$$P(W < w_{0.05}) = 0.95 \tag{A.17}$$

と同値である．

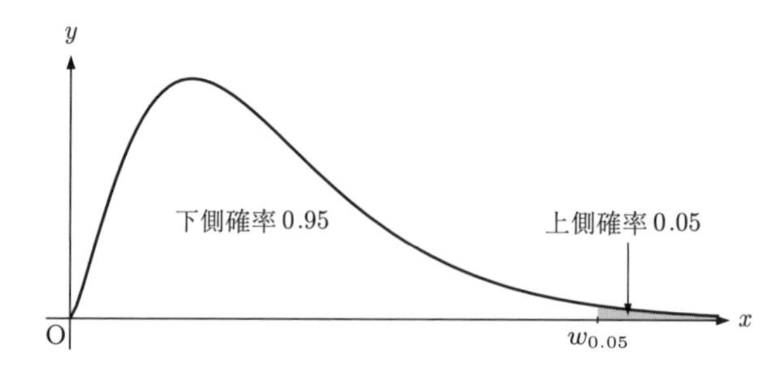

図 A.7　(A.16) と (A.17) の関係

Excel には下側確率 $1-\alpha$ が与えられたとき

$$P(W < w_\alpha) = 1 - \alpha$$

を満たす w_α（下側 $100(1-\alpha)$ %点という）の値を求める関数 CHISQ.INV がある．(A.17) を満たす $w_{0.05}$ の値は CHISQ.INV(0.95, 6) で求まり，その近似値は 12.59 となる．

補　(A.17) において，確率 0.95 を下側確率，下側確率から見た場合 $w_{0.05}$ を下側 95 %点という．下側確率 0.95 から見ていることを明示的に表す場合 $w_{0.05}$ を $w_{0.95}$ と表すことがある．文脈に応じて記号の意味を適宜解釈されたい．

A.3.2　t 分布

独立な 2 つの確率変数 X, Y がそれぞれ標準正規分布 $N(0,\ 1)$，自由度 n の χ^2 分布に従うとき

$$T = \frac{X}{\sqrt{Y/n}} \tag{A.18}$$

が従う分布を**自由度 n の t 分布**という．確率変数 T の期待値と分散は

$$E(T) = 0 \ \ (\text{ただし } n \geq 2), \quad V(T) = \frac{n}{n-2} \ \ (\text{ただし } n \geq 3) \tag{A.19}$$

となる．

t 分布
t-distribution

図 A.8 に自由度が 1, 3, 10 の t 分布の確率密度関数を示す．この図からわかるように，t 分布の確率密度関数の形は左右対称で自由度によって異なり，自由度が大きくなるにつれて標準正規分布に近づく．また自由度が小さいほど裾の重い[注 17]分布となる．

注 17　確率密度関数のグラフが x 軸にゆっくり近づく（漸近する）．

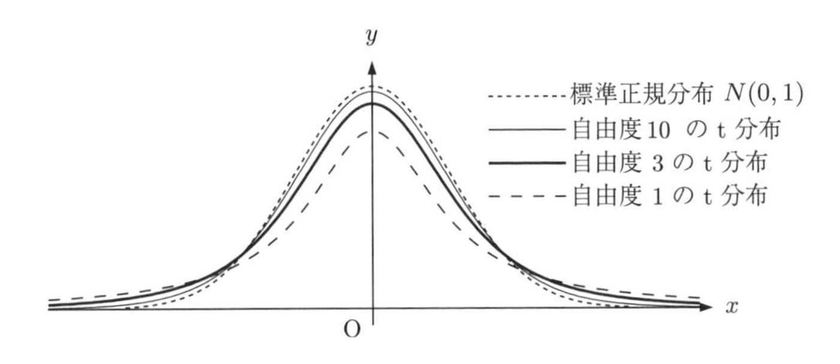

図 A.8　自由度の異なる t 分布と標準正規分布の確率密度関数

統計的推測では，自由度 n の t 分布に従う確率変数が t_α 以上の値をとる確率

$$P(T \geq t_\alpha) = \alpha \ \ (0 < \alpha < 1) \tag{A.20}$$

を考えることがある．(A.20) において，確率 α を上側確率といい，t_α[注 18]を自由度 n の t 分布の上側 100α %点という．

注 18　この t_α は自由度 n にも依存しているため記号 $t_\alpha(n)$ のように表すことが多い．

Excel には下側確率 $1-\alpha$ が与えられたとき

$$P(T < t_\alpha) = 1 - \alpha$$

を満たす t_α（下側 $100(1-\alpha)$ %点という）の値を求める関数 T.INV がある．

例題 A.4　自由度 5 の t 分布に従う確率変数 T がある値以上になる確率が 5 %であるようにするには，その値をいくらにすればよいか．

解　問題は

$$P(T \geq t_{0.05}) = 0.05 \tag{A.21}$$

を満たす $t_{0.05}$（上側 5 %点という）を求めることであるが，Excel の関数を利用するため (A.21) と同値な

$$P(T < t_{0.05}) = 0.95 \tag{A.22}$$

を考える．(A.22) を満たす $t_{0.05}$ の値は T.INV(0.95, 5) で求まり，その近似値は 2.015 となる．

A.3.3　F 分布

2つの確率変数 W_1，W_2 が独立にそれぞれ自由度 n_1 と n_2 の χ^2 分布に従うとき

$$F = \frac{W_1/n_1}{W_2/n_2} \tag{A.23}$$

F 分布
F-distribution

が従う分布を**自由度** $(n_1,\ n_2)$ **の F 分布**とよび，記号 $\mathrm{F}(n_1,\ n_2)$ で表す．自由度 $(n_1,\ n_2) = (1,\ 5), (3,\ 5), (100,\ 5)$ に対する F 分布の確率密度関数を図 A.9 に示す．自由度 $(n_1,\ n_2)$ のF 分布の最頻値（モード）は $n_1 < 3$ のとき 0 で，$n_1 \geq 3$ のとき正の値となる．

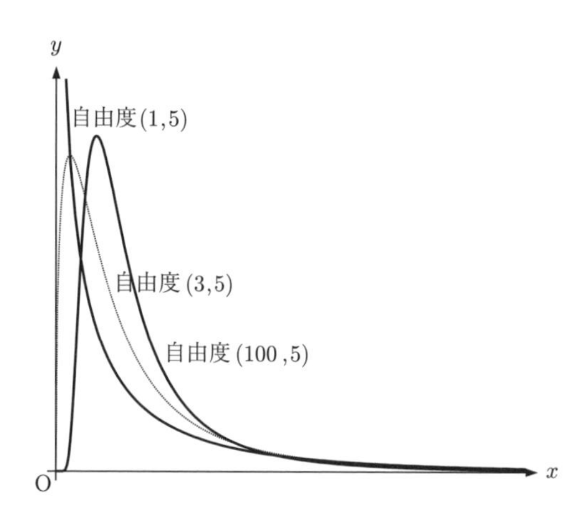

図 A.9　自由度の異なる F 分布の確率密度関数

Excel には他の分布同様，下側確率を求める関数 F.DIST や下側確率 $1-\alpha$ が与えられたときに下側 $100(1-\alpha)$ %点を求める関数 F.INV が用意されている．

例題 A.5　自由度 (10, 12) の F 分布に従う確率変数 F が 2.753 以上の値をとる確率はいくらか．

解　求める確率は

$$P(F \geq 2.753) = 1 - P(F < 2.753)$$

$P(F < 2.753)$ は Excel の関数 F.DIST(2.753, 10, 12, TRUE) で求まり，その近似値は 0.9499 となるから

$$P(F \geq 2.753) \fallingdotseq 1 - 0.9499 = 0.050$$

∎

A.4　回帰直線の導出

p.163で回帰直線の傾きと切片を与える式 (10.7)と (10.8)を示したが，ここではこれらの式の導出を行う．

$$\sum_{i=1}^{n}\{y_i-(\alpha+\beta x_i)\}^2 \tag{A.24}$$

を最小にする $\alpha,\ \beta$ を求めることが問題であった．データが与えられているときには，(A.24) は $\alpha,\ \beta$ にのみ依存して決まるので，$\alpha,\ \beta$ の 2 変数関数ととらえて

$$S(\alpha,\ \beta)=\sum_{i=1}^{n}(y_i-\beta x_i-\alpha)^2 \tag{A.25}$$

と書き，関数 $S(\alpha,\ \beta)$ を最小にするような $\alpha,\ \beta$ の値を求める．2 変数関数の極値の条件より

$$\frac{\partial S}{\partial \alpha}=2\sum_{i=1}^{n}(y_i-\beta x_i-\alpha)(-1)=0 \tag{A.26}$$

$$\frac{\partial S}{\partial \beta}=2\sum_{i=1}^{n}(y_i-\beta x_i-\alpha)(-x_i)=0 \tag{A.27}$$

この 2 式[注 19]を満たす $\alpha,\ \beta$ が求める値であるが，それらをそれぞれ $\widehat{\alpha},\ \widehat{\beta}$ とすると (A.26) より，$\widehat{\alpha},\ \widehat{\beta}$ は

$$-\sum_{i=1}^{n}y_i+\widehat{\beta}\sum_{i=1}^{n}x_i+\widehat{\alpha}\sum_{i=1}^{n}1=0$$

を満たす．両辺を n で割り，$\overline{x}=\dfrac{1}{n}\displaystyle\sum_{i=1}^{n}x_i,\ \overline{y}=\dfrac{1}{n}\sum_{i=1}^{n}y_i$ とおくことから

$$\overline{y}=\widehat{\alpha}+\widehat{\beta}\,\overline{x} \tag{A.28}$$

を得る[注 20]．

次に，(A.27) より

$$-\sum_{i=1}^{n}x_i\,y_i+\widehat{\beta}\sum_{i=1}^{n}{x_i}^2+\widehat{\alpha}\sum_{i=1}^{n}x_i=0$$

を満たす．両辺を $-n$ で割って

$$\frac{1}{n}\sum_{i=1}^{n}x_i\,y_i-\widehat{\beta}\,\frac{1}{n}\sum_{i=1}^{n}{x_i}^2-\widehat{\alpha}\,\overline{x}=0$$

$\widehat{\alpha}=\overline{y}-\widehat{\beta}\,\overline{x}$ を代入して整理すると

$$\left(\frac{1}{n}\sum_{i=1}^{n}x_i\,y_i-\overline{x}\,\overline{y}\right)-\widehat{\beta}\left(\frac{1}{n}\sum_{i=1}^{n}{x_i}^2-\overline{x}^2\right)=0 \tag{A.29}$$

$$\frac{1}{n}\sum_{i=1}^{n}x_i\,y_i-\overline{x}\,\overline{y}=\frac{1}{n}\sum_{i=1}^{n}(x_i-\overline{x})(y_i-\overline{y}),\quad \frac{1}{n}\sum_{i=1}^{n}{x_i}^2-\overline{x}^2=\frac{1}{n}\sum_{i=1}^{n}(x_i-\overline{x})^2$$

が成り立ち[注 21]，前者は x と y の共分散 s_{xy}・後者は x の分散 ${s_x}^2$ だから，(A.29) より $\widehat{\beta}$ は

$$\widehat{\beta}=\frac{s_{xy}}{{s_x}^2} \tag{A.30}$$

と表せる．以上の計算により，y の x への回帰直線を $y=\widehat{\alpha}+\widehat{\beta}x$ とおくと

注 19　$\dfrac{\partial S}{\partial \alpha},\ \dfrac{\partial S}{\partial \beta}$ は関数 S の偏導関数とよばれる．$\dfrac{\partial S}{\partial \alpha}$ を求めるには，β を定数とみなし $S(\alpha,\ \beta)$ を α について微分すればよい．

注 20　(A.28)より，直線 $y=\widehat{\alpha}+\widehat{\beta}x$ は $x,\ y$ の平均の組の点 $(\overline{x},\ \overline{y})$ を通ることがわかる．

注 21　p.181 の例題 A.1 参照．

$$\widehat{\beta} = \frac{s_{xy}}{{s_x}^2}, \quad \widehat{\alpha} = \overline{y} - \widehat{\beta}\,\overline{x}$$

となる．

A.5 最尤法

母集団分布に想定した確率分布族のパラメータを推測する手続きには，モーメント法・最尤法などがある．ここでは，次節で取り上げるベイズ法で重要となる最尤法について説明する．

A.5.1 尤度関数

$X_1, X_2, \ldots, X_n$ をパラメータ θ をもつ確率分布 $f(x;\theta)$ [注22] に独立に従う確率変数とすると，$X_1, X_2, \ldots, X_n$ の同時確率分布は

$$f(X_1;\theta)f(X_2;\theta)\cdots f(X_n;\theta) \tag{A.31}$$

で表せる [注23]．$(X_1, X_2, \ldots, X_n)$ の実現値 $(x_1, x_2, \ldots, x_n)$ を (A.31) に代入したものを $L(\theta)$ とおく，すなわち

$$L(\theta) = f(x_1;\theta)f(x_2;\theta)\cdots f(x_n;\theta) \tag{A.32}$$

$L(\theta)$ を θ の関数 [注24] と見たものを θ の**尤度関数**とよぶ．尤度関数は単に尤度とよばれることが多い．$L(\theta_1) < L(\theta_2)$ であれば確率分布 $f(x;\theta_1)$ よりも確率分布 $f(x;\theta_2)$ のほうが得られたデータ x_1, …, x_n を生成しやすいと考えられる [注25] ので，尤度は得られた実現値（データ）が確率分布 $f(x;\theta)$ によってどれだけ生成されやすいかを見る指標といえる．最尤法では，尤度関数 $L(\theta)$ を最大にする θ を求める．このようなことを容易に行うには微分法が便利である．多くの場合，尤度関数 $L(\theta)$ そのものよりも，その対数をとった**対数尤度関数** $\log L(\theta)$ を微分するほうが簡単である．そのため，対数尤度関数を用いて計算することが多い [注26]．

注22　$f(x;\theta)$ は確率密度関数または確率関数．

注23　独立な確率変数の同時確率分布については，p.183 注 5 参照．

注24　実現値 $x_1, x_2, \ldots, x_n$ は定数である．

尤度関数
likelihood function

注25　この考えは異なる分布における確率を比較している点で説得的でないが，カルバック・ライブラー情報量というものの性質と大数の法則により正当化することができる．

注26　$\log L(\theta)$ を最大にする θ の値は $L(\theta)$ も最大にする．

例 A.5　あるゲーム用コインの表が出る確率 p を推定するために，そのコインを 5 回投げてみた．i 回目 $(i = 1, 2, \ldots, 5)$ の結果を表す確率変数 X_i を，「表が出たら 1」「裏が出たら 0」とする [注27]．実際に 5 回投げた結果は $(X_1, X_2, X_3, X_4, X_5) = (0, 1, 0, 0, 1)$ となった．このような結果になる確率は

$$\begin{aligned} L(p) &= P(X_1 = 0)P(X_2 = 1)P(X_3 = 0)P(X_4 = 0)P(X_5 = 1) \\ &= p^2(1-p)^3 \end{aligned} \tag{A.33}$$

となる．(A.33) で与えられる $L(p)$ を p の尤度関数という．■

注27　確率変数 X_i はベルヌーイ分布（p.95 参照）に従う．

例 A.6　$X_1, X_2, \ldots, X_n$ を正規分布 $N(\mu,\ \sigma^2)$ に独立に従う確率変数とし，$(X_1, X_2, \ldots, X_n)$ の実現値を $(x_1, x_2, \ldots, x_n)$ [注28] とする．また正規分布

注28　$(x_1, x_2, \ldots, x_n)$ を n 次元ベクトルのデータということがある．

$N(\mu,\ \sigma^2)$ の確率密度関数を

$$f(x;\mu,\sigma^2)=\frac{1}{\sqrt{2\pi\sigma^2}}\exp\left[-\frac{(x-\mu)^2}{2\sigma^2}\right]$$

とおく．このとき $(\mu,\ \sigma^2)$[注 29] の尤度関数は

$$L(\mu,\ \sigma^2)=f(x_1;\mu,\sigma^2)f(x_2;\mu,\sigma^2)\cdots f(x_n;\mu,\sigma^2) \tag{A.34}$$

注 29　パラメータのペア $(\mu,\ \sigma^2)$ を 2 次元ベクトルということがある．

となる．また対数尤度関数は，(A.34) の両辺の自然対数をとって

$$\begin{aligned}\log L(\mu,\ \sigma^2)&=\log f(x_1;\mu,\sigma^2)+\log f(x_2;\mu,\sigma^2)+\cdots+\log f(x_n;\mu,\sigma^2)\\&=-\frac{n}{2}\log 2\pi-\frac{n}{2}\log\sigma^2-\frac{1}{2\sigma^2}\sum_{i=1}^{n}(x_i-\mu)^2\end{aligned} \tag{A.35}$$

となる．

A.5.2　最尤推定量

最尤法によって推定量を求める手続きは，パラメータ θ の尤度関数 $L(\theta)$ を最大にする θ の値を求めるという手続きになる．求めた θ の値を**最尤推定値**という．また最尤推定値に含まれる実現値 $(x_1, x_2, \ldots, x_n)$ を，対応する確率変数 $(X_1, X_2, \ldots, X_n)$ で置き換え推定量の形で表したものを**最尤推定量**という．

最尤推定量
MLE と略されることが多い．
maximum likelihood estimator

例 A.7　例 A.5 において，パラメータ p の尤度関数 $L(p)=p^2(1-p)^3$ は，$0<p<1$ の範囲では $p=\dfrac{2}{5}$ で最大値をとる（図 A.10 参照）から，p の最尤推定値は $\widehat{p}=\dfrac{2}{5}$ となる．この値は，5 回中 2 回表が出たという実験結果に対して自然な推定値である．

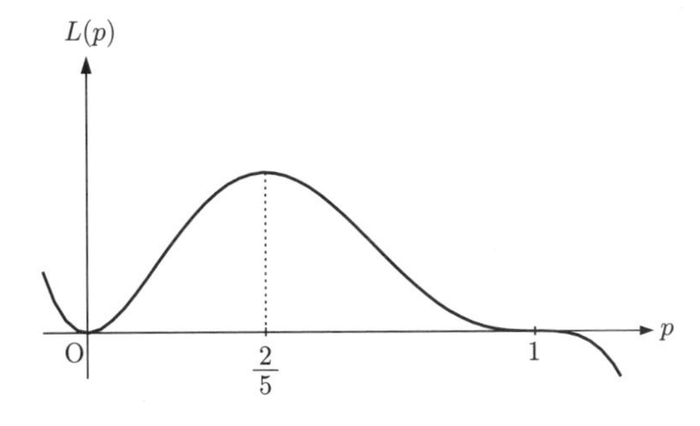

図 A.10　尤度関数 $L(p)=p^2(1-p)^3$ のグラフ

補　$L(p)$ が $p=\dfrac{2}{5}$ で最大値をとることは，以下の計算よりわかる．

$$\frac{dL(p)}{dp}=2p(1-p)^3-3p^2(1-p)^2=p(1-p)^2(2-5p)$$

$0<p<1$ だから，$\dfrac{dL(p)}{dp}=0$ より $p=\dfrac{2}{5}$．

例 A.8 例 A.6では，$(\mu,\ \sigma^2)$ の最尤推定値は $(\overline{x},\ s^2)$ となる．ただし

$$\overline{x} = \frac{1}{n}\sum_{i=1}^{n} x_i\ ,\quad s^2 = \frac{1}{n}\sum_{i=1}^{n}(x_i - \overline{x})^2$$

また，$(\mu,\ \sigma^2)$ の最尤推定量は $(\overline{X},\ S^2)$ となる．ただし

$$\overline{X} = \frac{1}{n}\sum_{i=1}^{n} X_i\ ,\quad S^2 = \frac{1}{n}\sum_{i=1}^{n}(X_i - \overline{X})^2$$

この結果を統計的推測の立場でとらえると，データ $x_1, x_2, \ldots, x_n$ の平均 $\overline{x}$ と分散 s^2 を求めることは，母集団分布に正規分布を想定し，最尤法により母集団分布を推定していること，すなわちデータに正規分布をフィッティングさせていることとみなせる．

補 対数尤度関数 (A.35) が $(\mu,\ \sigma^2) = (\overline{x},\ s^2)$ で最大となることは，連立方程式

$$\begin{cases} \dfrac{\partial}{\partial \mu}\log L(\mu,\ \sigma^2) = \dfrac{1}{\sigma^2}\displaystyle\sum_{i=1}^{n}(x_i - \mu) = 0 \\ \dfrac{\partial}{\partial \sigma^2}\log L(\mu,\ \sigma^2) = -\dfrac{n}{2\sigma^2} + \dfrac{1}{2\sigma^4}\displaystyle\sum_{i=1}^{n}(x_i - \mu)^2 = 0 \end{cases}$$

を解くことからわかる．

A.6 ベイズ法

例 A.5 の実験をもう一度行ったところ，5 回中 3 回表が出た．例 A.7 と同様の計算によって p の最尤推定値 $\widehat{p}$ を求めると，今度は $\widehat{p} = \dfrac{3}{5}$ となり，例 A.7 の場合と異なる p の最尤推定値が得られる．このように最尤推定値は得られた標本（データ）に強く依存する．この依存性の問題を解決するのがベイズ法である．ベイズ法の考え方を今の例で説明しよう．ベイズ法では，標本が従う確率分布も確率的に変動するという（非現実的な）モデルを考える．この例では，パラメータ p を確率変数とし，実験を行う前にもっている何らかの情報をもとに p が従う確率分布を仮定する．次に実験によって得られた標本をもとにその確率分布を改良し，改良された確率分布を用いて表が出る真の確率 p を推定する．はじめに仮定したパラメータが従う確率分布を**事前分布**といい，事前分布を標本を使って改良した確率分布を**事後分布**という．

事前分布 *prior distribution*

事後分布 *posterior distribution*

A.6.1 事前分布の改良と事後分布

一般の場合にベイズ法の説明をする．p.101 の①で説明した母集団に対して想定する分布族を $\{f(x;\theta)\}$ とする．θ はこの分布族のパラメータ[注30]である．$f(x;\theta)$ は確率関数または確率密度関数を表すとする．θ を推定するために行った実験や観察によって得られた無作為標本（データ）を $\boldsymbol{x} = (x_1, x_2, \ldots, x_n)$ と

注 30 例 A.6 のように，一般にパラメータ θ はベクトルである．

する．また θ の事前分布を $\pi(\theta)$，標本 $\boldsymbol{x}$ によって改良された θ の事後分布を $\pi(\theta|\boldsymbol{x})$ で表すこととする．

標本 $\boldsymbol{x}$ によって θ の分布を改良する方法として，条件付き確率を用いる．p.80 の条件付き確率 (6.13) と同様の関係が確率分布の場合にも成り立つ．すなわち

$$\pi(\theta|\boldsymbol{x}) = \frac{\pi(\theta)f(\boldsymbol{x}|\theta)}{f(\boldsymbol{x})}, \quad \text{ただし } f(\boldsymbol{x}) = \int \pi(\theta)f(\boldsymbol{x}|\theta)\,d\theta \tag{A.37}$$

(A.37) において，$f(\boldsymbol{x}|\theta)$ は，パラメータの値が θ である場合にデータ $\boldsymbol{x} = (x_1, x_2, \ldots, x_n)$ を生成する同時確率（密度）

$$f(x_1;\theta)f(x_2;\theta)\cdots f(x_n;\theta) \tag{A.38}$$

である．この式で θ を変数とみなしたとき，これは尤度関数 (A.32) である．ここでも尤度関数を $L(\theta)$ と書くことにする．一方，$f(\boldsymbol{x})$ は，事前分布に従って母集団分布が変動する場合に標本 $\boldsymbol{x}$ が得られる確率（密度）である．

ベイズ法では (A.37) を用いて事前分布を事後分布に改良する．母集団の真の分布そのものの推測は

$$f^*(x) = \int \pi(\theta|\boldsymbol{x})f(x;\theta)\,d\theta$$

で行い，パラメータの推測は事後分布 $\pi(\theta|\boldsymbol{x})$ を用いて行う．

初学者にとって，以上のようなモデルの考え方は一見奇異に思われるかも知れないが，ベイズ法は統計的推測において非常に有用であることがわかっている．

(A.37) の右辺の分母 $f(\boldsymbol{x})$ はパラメータ θ に依存せず，データが観測されれば定数とみなせる．そこで事後分布の計算を簡便にするために，(A.37) の代わりに

$$\underbrace{\pi(\theta|\boldsymbol{x})}_{\text{事後分布}} \propto \pi(\theta)f(\boldsymbol{x}|\theta) = \underbrace{\pi(\theta)}_{\text{事前分布}}\ \underbrace{L(\theta)}_{\text{尤度}} \tag{A.39}$$

が使われるのがふつうである．ただし，$\propto$ は左辺が右辺に比例すること意味する．

A.6.2　ベイズ推論の考え方

ベイズ法に基づく推論を**ベイズ推論**とよぶ．ベイズ推論におけるパラメータの推定量として，**ベイズ推定量**と **MAP 推定量**がよく用いられる．ベイズ推定量はパラメータ θ の事後分布に対する期待値

$$\int \theta \cdot \pi(\theta|\boldsymbol{x})\,d\theta \tag{A.40}$$

で定義される．また MAP 推定量は事後分布を最大にする最頻値として定義される．ここでは考え方がわかりやすい MAP 推定量について，簡単な例を用いて説明する．

ベイズ推論
Bayesian inference

事後確率最大値
MAP と略される．
maximum a posteriori

例 A.9　例 A.5 (p.194) と例 A.7 (p.195) で扱ったゲーム用コインの表の出る確率 p をベイズ法によって推定してみよう．ここでは MAP 推定値を求める．データを観測する前にわれわれは分析対象に関して何らかの情報や信念をもっ

ていることがある．このような情報や信念を事前情報とよぶ．この節の冒頭で説明したように，ベイズ推論ではデータだけではなく事前情報[注31]も用いる．

注31 事前情報が何もない場合にも，そのことを表す事前分布（無情報事前分布とよばれる）も考えられている．

事前情報として，このコインが作られたメーカーがわかっており，そのメーカーで作られるコインの約40％は表の出る割合 p が $0.45 < p < 0.55$ の範囲にあることが知られているとする．そこで，データ（5回投げたうち表が2回・裏が3回出た）とこの事前情報を使って p の推定を行うことにする．

ここでは事前情報を説明する事前分布としてベータ分布を用いる．このベータ分布の確率密度関数（図A.11参照）は

$$\pi(p) \propto p^{13}(1-p)^{13} \tag{A.41}$$

と表される．したがって事後分布は

$$\pi(p\,|\,\boldsymbol{x}) \propto L(p)f(p) = p^2(1-p)^3 \cdot p^{13}(1-p)^{13} = p^{15}(1-p)^{16} \tag{A.42}$$

となる．

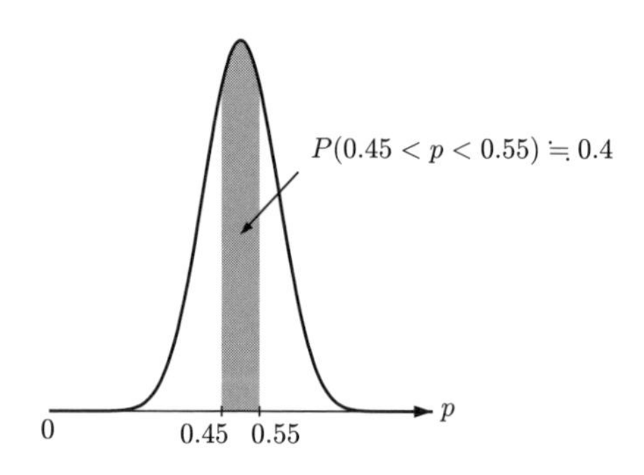

図A.11 事前分布として用いたベータ分布

MAP推定値（ここでは $\widehat{p}_{\mathrm{MAP}}$ と書く）は，事後分布の最大値を与える p の値だから，例A.7と同様の考え方で

$$\frac{d}{dp}p^{15}(1-p)^{16} = p^{14}(1-p)^{15}(15-31p) = 0 \text{ より} \quad \widehat{p}_{\mathrm{MAP}} = \frac{15}{31} \fallingdotseq 0.484$$

を得る．この例では，信頼のある事前情報により，p の推定値が0.4から0.484という“もっともらしい”値に更新された．

ちなみに(A.40)を用いてベイズ推定値 $\widehat{p}_{\mathrm{Bayes}}$ を計算すると

$$\widehat{p}_{\mathrm{Bayes}} = \int_0^1 p \cdot \pi(p\,|\,\boldsymbol{x})\,dp = \frac{16}{33} \fallingdotseq 0.485 \tag{A.43}$$

となる[注32]．

注32 この計算に関心のある読者は，章末問題 *A.6* の解答を参照されたい．

補 この例で事前分布としてベータ分布を用いたのは，事後分布を解析的[注33]に計算できるようにするためである．尤度が二項分布（ベルヌーイ分布）のとき，この意味で相性のよい事前分布がベータ分布である．このように設定した分布族 $\{f(x;\theta)\}$ に対して，事後分布の解析的計算を可能にする事前分布を**自然共役事前分布**という．

注33 数値計算ではなく数式の変形によって答えを導くという意味で本書では使っている．

自然共役事前分布 *natural conjugate prior distribution*

1980年以前は，事前分布から事後分布を導く際に生ずる解析的計算の困難のために，ベイズ法の有用性は認められていなかった．1980年代に入り，**マルコフ連鎖モンテカルロ（MCMC）法**[注34]の登場とコンピュータが高度に発展したことにより，ベイズ法の上記弱点が克服されることになった．そして，1990年に事後分布をMCMC法で求めるという新生のベイズ法が提案されたのを機に今日まで，ベイズ法によるデータ解析は応用範囲を加速度的に広げ発展し続けている (文献 [26] pp.4-8)．具体的な応用例として，機械学習・迷惑メール判別・検索エンジン・アプリケーション開発などがある．

注34　理論だけでは解明しきれないランダム複雑系をコンピュータ・シミュレーションで解明する手法の1つ．近年，MCMC法よりも高速な手法として変分ベイズ法が使われている．

A.7　Excelを使ったデータの操作

本書では，例や例題・問などの一部で表計算ソフトExcelを用いたデータ処理やグラフ作成を行っている．この節ではこれらのことを実行する上で必要となるExcel[注35]の操作方法について説明する．ただし，ワークシートを使った四則演算やデータの入力などの基本的な操作の仕方は既知としているので，それらについては必要に応じてExcelの解説書やWeb上の解説記事などを参照されたい．

注35　本書ではExcel 2016を使った説明を行っている．

絶対参照と相対参照

セルに数式を入力し計算する場合は，「= A1+A2」のように式の先頭に「=」を入れる．あるセルに入力された数式をコピーして別のセルに張り付けて利用することをセルの参照という．セルの参照には，**相対参照**と**絶対参照**があり，必要に応じてそれらを使い分けることがExcelの操作では重要である．

相対参照

図A.12はセルD2に数式「= B2*(1 − C2)」を入力し，それをコピーしてセル範囲D3:D4に張り付けた結果である．セルD3を選択すると数式バーには「= B3*(1 − C3)」と表示され，セルD4を選択すると数式バーには「= B4*(1 − C4)」と表示される．張り付けたセルの位置に応じて，数式に含まれるセル番地が自動的に調整されている．このような参照形式を相対参照という．

D2　=B2*(1-C2)

	A	B	C	D
1	ホテル	宿泊費(円)	割引率	割引後の価格(円)
2	A	9000	25%	6750
3	B	10000	30%	7000
4	C	8000	20%	6400

図A.12　相対参照

絶対参照

図 A.13 はセル C4 に数式「=B4*(1−$B$1)」を入力し，それをコピーしてセル範囲 C5:D6 に張り付けた結果である．セル C6 を選択すると数式バーには「= B6*(1−$B$1)」と表示される．セル範囲 C5:D6 に張り付けられた数式において，セル番地$B$1 は張り付けたセルの位置に関係なく固定されている．このような参照形式を**絶対参照**という．

C4 | =B4*(1-$B$1)

	A	B	C	D
1	会員割引率	20%		
2				
3	ホテル	宿泊費(円)	割引後の価格(円)	
4	A	9000	7200	
5	B	10000	8000	
6	C	8000	6400	

図 A.13　絶対参照

絶対参照する場合は「$B$1」のように，固定するセル番地に「$」をつける．「$」はキー入力してもかまわないが，キーボードの最上段にあるファンクションキー F4 を使うと簡単である．図 A.13 の場合セル C4 に入力した数式「=B4*(1 − B1)」のセル番地 B1 の参照形式を変更する場合は，まずカーソル「|」を式中の B1 に接する位置[注36]に置き，F4 を連続して押すと$B$1 → B$1 → $B1 → B1 の順番で切り替わる．ここで B$1 は，列番号 B は相対参照（自動調整）・行番号 1 は絶対参照（固定）されることを意味する．

注 36　「=B4*B1|」「=B4*B|1」「=B4*|B1」のいずれでもよい．

Excel の統計関数の呼び出し

まず関数を呼び出して計算を行うセルを選択してアクティブにする．次に数式バーの左側にある *fx*（関数の挿入）をクリックする．すると次のような［関数の挿入］ダイアログボックスが開く．

「関数の分類 (C)」では「統計」を選択する．ここでは二項確率を計算する関数 BINOM. DIST を呼び出してみる．そのためには「関数名 (N)」の中から BINOM. DIST を選択し，［OK］をクリックする（図 A.14 参照）．［関数の引数(ひきすう)］ダイアログボックスが開く．

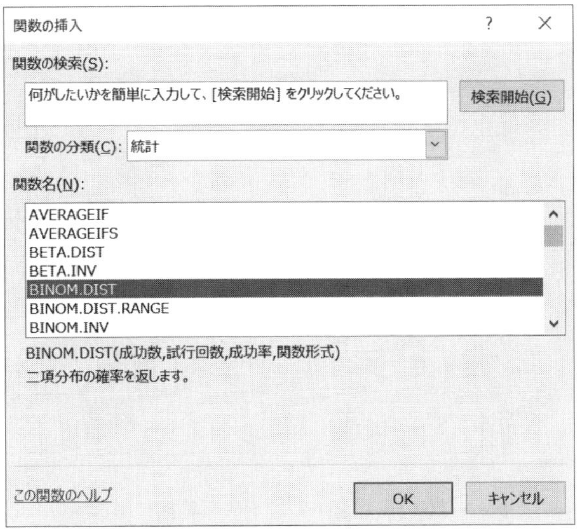

図 A.14　［関数の挿入］ダイアログボックス

引数とは，関数に作業をさせるためにその関数に引き渡すパラメータの値などの情報である．例えば関数 BINOM. DIST は「成功数」「試行回数」「成功率」「関数形式」の 4 つの引数をもっている（図 A.15 参照）．またデータの不偏分散を求める関数 VAR.S の場合，引数はデータでありデータが入力されているセル範囲を引数の値として選択する．

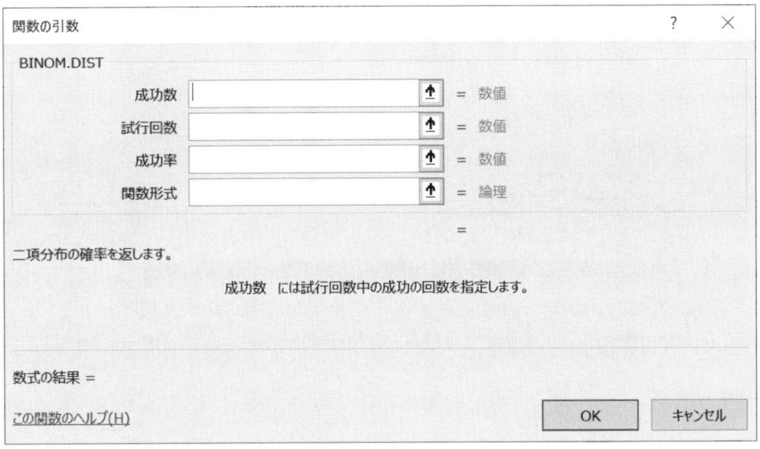

図 A.15　［関数の引数］ダイアログボックス

関数 FREQUENCY を用いて度数を求める

ここで用いるデータは，第 7 章のプロジェクト (p.112) で計算した 1000 個の標本平均とする．

1. あらかじめ各階級の上限の値を準備しておく（図 A.16 のセル範囲 AC993:AC1004）．度数を計算したいセル範囲（図 A.16 ではセル範囲

AD993:AD1004）を選択する．

	Y	Z	AA	AB	AC	AD
992	4	2.84			階級上限	度数
993	3	3.76		1	2.4	
994	1	3.68		2	2.6	
995	4	4.08		3	2.8	
996	3	3		4	3	
997	6	3.16		5	3.2	
998	1	3.28		6	3.4	
999	2	3.64		7	3.6	
1000	1	3.6		8	3.8	
1001	標本平均	3.49396		9	4	
1002	不偏分散	0.11865		10	4.2	
1003	最大値	4.56		11	4.4	
1004	最小値	2.36		12	4.6	
1005	範囲	2.2			計	

図 A.16　度数を出力するセル範囲の選択

注意：Excel では各階級の下限値より大きく，上限値以下の数値を度数として数える．

2. 関数 FREQUENCY を呼び出す．数式バーの左隣にある *fx* をクリックし，現れたダイアログボックス（図 A.17）で
「関数の分類 (C)」＝統計　　「関数名 (N)」＝ FREQUENCY
と設定し，［OK］をクリックする．

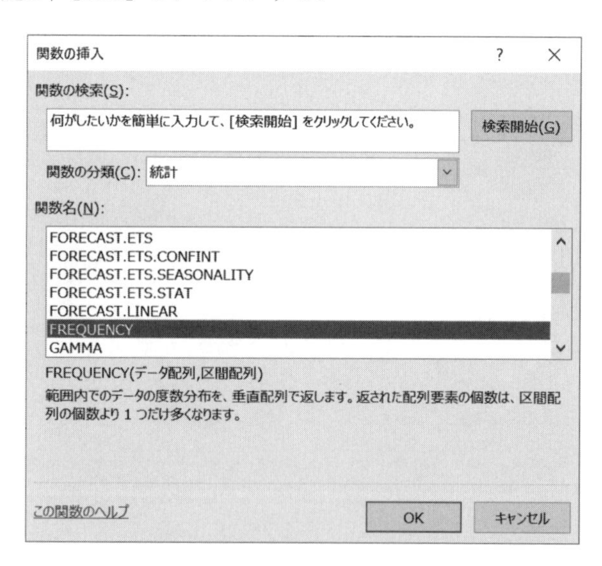

図 A.17　関数 FREQUENCY の呼び出し

3. 「データ配列」（下図ではセル範囲 Z1:Z1000），「区間配列」（下図ではセル範囲 AC993:AC1004）を指定し，Ctrl キーと Shift キーを押しながら［OK］をクリックする．すると 1 で選択したセル範囲 AD993:AD1004 に度数が計算される．

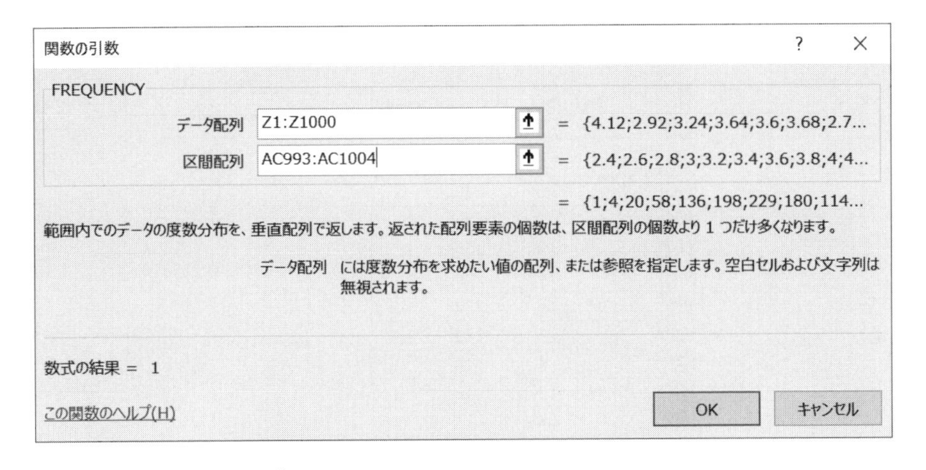

fx {=FREQUENCY(Z1:Z1000,AC993:AC1004)}

AB	AC	AD	AE	AF
	階級上限	度数	相対度数	
1	2.4	1		
2	2.6	4		
3	2.8	20		
4	3	58		
5	3.2	136		
6	3.4	198		
7	3.6	229		
8	3.8	180		
9	4	114		
10	4.2	42		
11	4.4	17		
12	4.6	1		
	計			

図 A.18　「データ配列」と「区間配列」の設定

4. 相対度数をセル範囲 AE993:AE1004 に計算する．まず，セル AD1005 に「=SUM(AD993 : AD1004)」と入力し度数の合計を計算しておく．次にセル AE993 に数式「=AD993/$AD$1005」と入力する．次にそれをコピーしセル範囲 AE994:AE1004 に張り付ける．このコピー&ペーストの操作はオートフィル機能（p.113 の (5) 参照）を使うと簡単にできる．

	AB	AC	AD	AE	AF	AG
992		階級上限	度数	相対度数		
993	1	2.4	1	=AD993/$AD$1005		
994	2	2.6	4			
995	3	2.8	20			
996	4	3	58			
997	5	3.2	136			
998	6	3.4	198			
999	7	3.6	229			
1000	8	3.8	180			
1001	9	4	114			
1002	10	4.2	42			
1003	11	4.4	17			
1004	12	4.6	1			
1005		計	1000			

(数式バー：FREQUE... | =AD993/$AD$1005)

図 A.19　相対度数の計算と絶対参照

ヒストグラムの作成

ここで用いるデータは，p.201 の「関数 FREQUENCY を用いて度数を求める」で用いたものと同じ 1000 個の標本平均とする．

1. 相対度数が計算されたセル範囲（図 A.20 ではセル範囲 AF993:AF1004）を選択（アクティブに）する．

	AB	AC	AD	AE	AF
992		階級	階級上限	度数	相対度数
993	1	2.2-2.4	2.4	1	0.001
994	2	2.4-2.6	2.6	4	0.004
995	3	2.6-2.8	2.8	20	0.02
996	4	2.8-3.0	3	58	0.058
997	5	3.0-3.2	3.2	136	0.136
998	6	3.2-3.4	3.4	198	0.198
999	7	3.4-3.6	3.6	229	0.229
1000	8	3.6-3.8	3.8	180	0.18
1001	9	3.8-4.0	4	114	0.114
1002	10	4.0-4.2	4.2	42	0.042
1003	11	4.2-4.4	4.4	17	0.017
1004	12	4.4-4.6	4.6	1	0.001
1005			計	1000	1

図 A.20　相対度数を選択する

2. ［挿入］タブの［グラフ］グループで （縦棒/横棒グラフの挿入）をクリックすると，メニュー（図 A.21）が現れるので，［2-D 縦棒］の中から集合縦棒を選択する．すると縦棒グラフ（図 A.22）が描かれる．
3. 必要に応じてグラフの加工を行う．ここでは「横軸ラベル」と「要素間隔」を変更する．横軸ラベルを変更するには，グラフを選択（アクティブに）した状態で［グラフツール］-［デザイン］タブの［データ］グルー

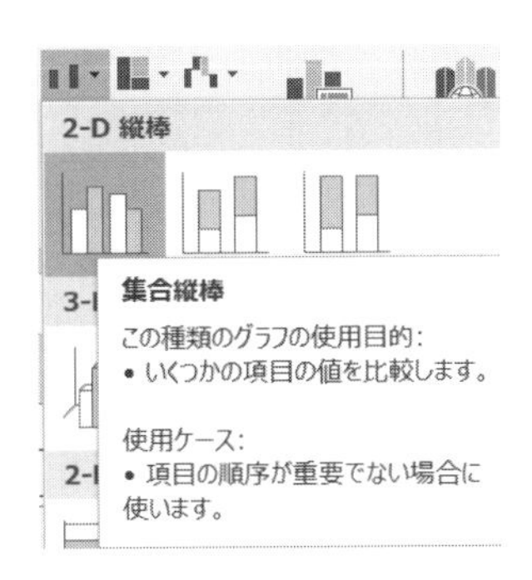

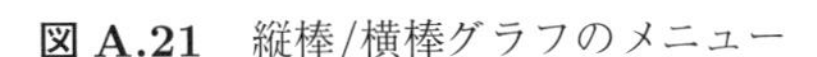

図 A.21　縦棒/横棒グラフのメニュー

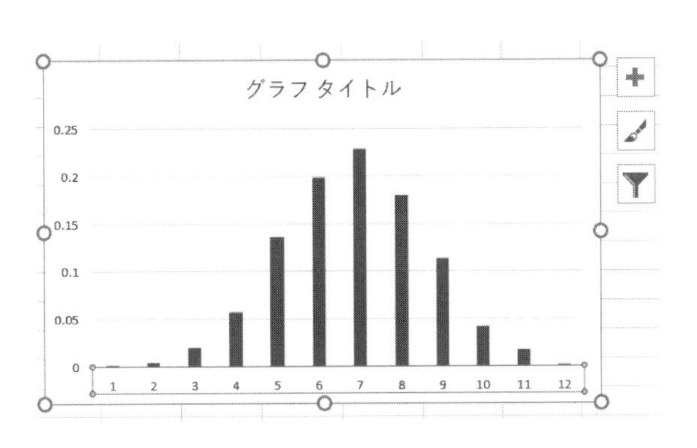

図 A.22　縦棒グラフ

プにある［データの選択］をクリックする．すると［データソースの選択］ダイアログボックス（図 A.23）が現れるので,「横（項目）軸ラベル(C)」の 編集(T) をクリックする．

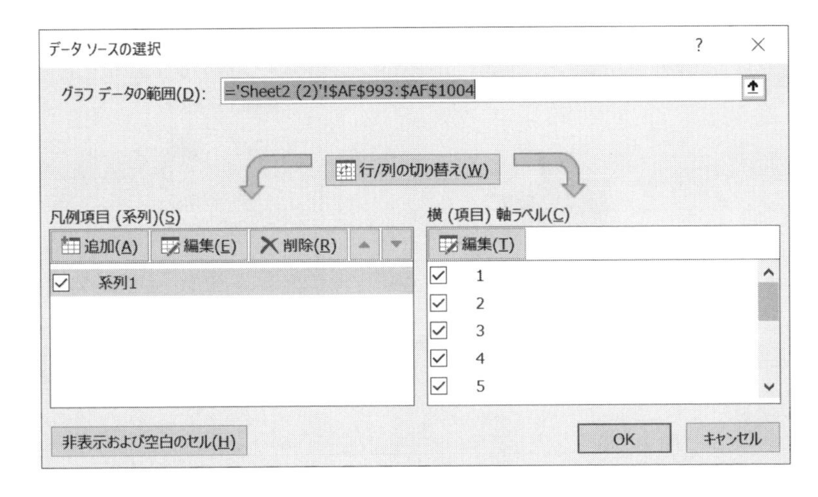

図 A.23　［データソースの選択］ダイアログボックス

4. ［軸ラベル］ダイアログボックス（図 A.24）が現れるので,「軸ラベルの範囲 (A)」のボックス内をクリックしカーソルを置いた後，図 A.20 の分布表があるワークシート（通常は作業中のワークシート）でセル範囲 AC993:AC1004 を選択する．その後で［OK］をクリックすると，グラフの横軸ラベルが変更される．

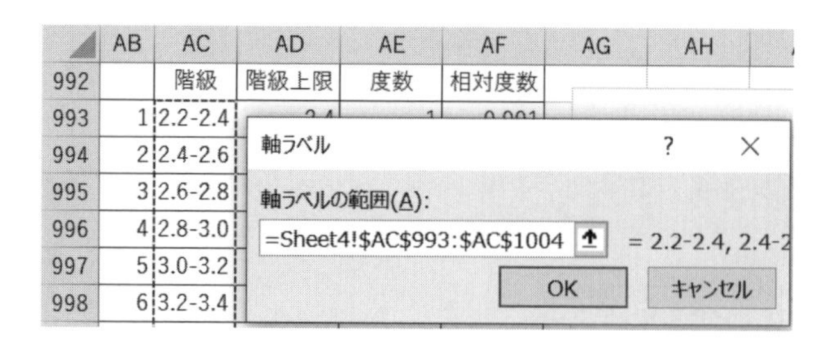

図 A.24　［軸ラベル］ダイアログボックス

5. p.25 で述べたように，ヒストグラムでは隣接する柱の間に隙間を空けない．Excel でそうするには次の操作を行えばよい．描いた縦棒グラフの棒の部分を右クリックし，現れたメニューの［データ系列の書式設定］をクリックすると，ワークシートの右端に［データ系列の書式設定］作業ウィンドウ（図 A.25 の右側）が開く．［系列のオプション］で を選択し，「要素の間隔 (W)」のボックスを 0 %にする．

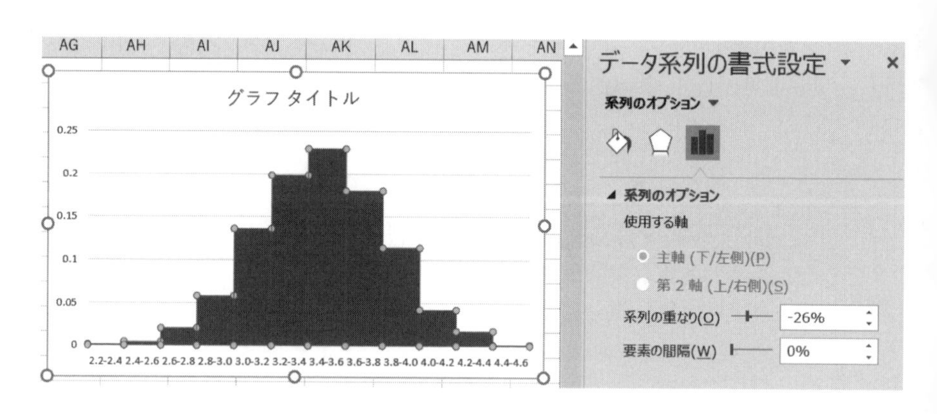

図 A.25　［データ系列の書式設定］作業ウィンドウ

ローレンツ曲線を描く

ここでは p.28 の表 3.4 にある勤労者世帯の年間収入五分位階級別データに対するローレンツ曲線を描く．

1. 年間収入データをワークシート（セル範囲 C4:C8）に入力し，ローレンツ曲線を描くために必要な諸量を準備する（図 A.26）．セル範囲 E3:F3 に入力された数値 0 は，原点 $(0,0)$ を始点としてローレンツ曲線を描くためのものである．年間収入比率は各階級の年間収入をそれらの合計（セル C9）で割ったものであり，第 I 階級の年間収入比率はセル D4 に「=C4/$C$9」と入力する．その他の階級についてはこのセルをコピーし，セル範囲 D5:D8 に貼り付ければよい（オートフィルを使うと簡単）．累積年間収入比率の計算は，セル E4 に「=E3 + D4」と入力する．その他の階級についてはセル E4 をコピーしセル範囲 E5:E8 に貼り付ければよい．

	A	B	C	D	E	F
1		H12年 年間収入五分位階級（勤労者世帯）				
2		階級	年間収入	年間収入比率	累積年間収入比率	累積世帯比率(相対順位)
3					0	0
4		I	361	0.10	0.10	0.2
5		II	543	0.14	0.24	0.4
6		III	697	0.18	0.42	0.6
7		IV	877	0.23	0.66	0.8
8		V	1,296	0.34	1.00	1
9		計	3774	1.00		

図 A.26　ローレンツ曲線を描くためのデータ

年間収入五分位階級は全世帯を年間収入の低いほうから順番に並べ5等分して作った5つのグループだから，累積世帯比率（セル範囲 F4:F8）は 0.2 $(=1\div5)$ ずつ増えてゆけばよい．

2. データ（セル範囲 E3:E8）を選択したあと，［挿入］タブの［グラフ］グループにある［散布図］をクリックする．現れたメニュー散布図の中から「散布図（直線）」（図 A.27 参照）を選択する．すると図 A.28が描かれる．

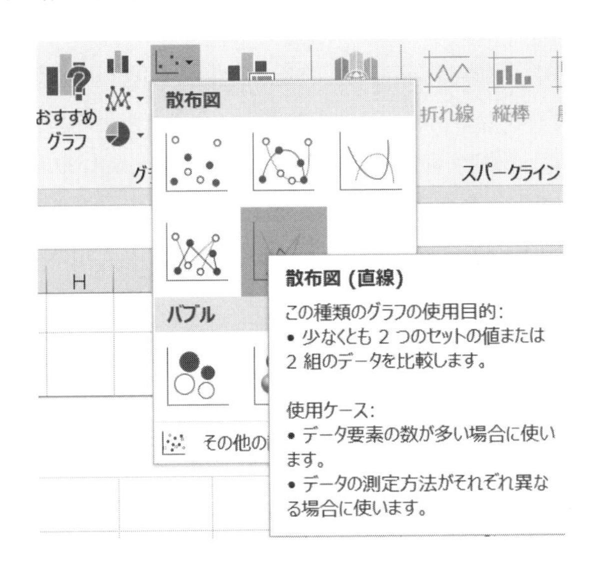

図 A.27　散布図（直線）の選択

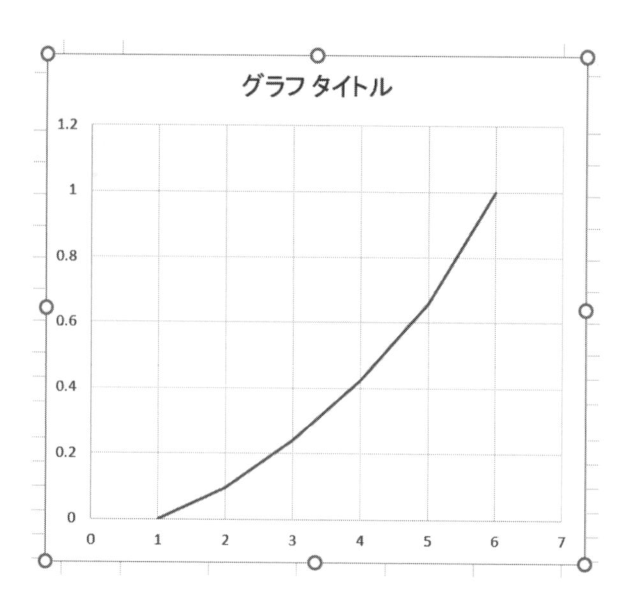

図 A.28　最初に描かれるグラフ

注 37　図が選択されていないとリボンが［グラフツール］-［デザイン］タブに変わらない．

3. 作成中のグラフを選択した状態[注 37]で［グラフツール］-［デザイン］タブの［データ］グループにある データの選択 をクリックする．［データソースの選択］ダイアログボックス（図 A.23 参照）が現れるので，「凡例項目（系列）(S)」の下の枠の中にある系列 1 を選択したあと「編集 E」をクリックする．現れた［系列の編集］ダイアログボックス（図 A.29）の「系列 X の値（X）」の下の枠の中にカーソルを移動したあと，セル範囲 F3:F8（図 A.29 では「Excel による作図!$F3$:$F8$」[注 38]と表示されている）を選択し，［OK］をクリックする．［データソースの選択］ダイアログボックスに戻るので［OK］をクリックする．

注 38　「Excel による作図」は使用中のワークシートの名前である．

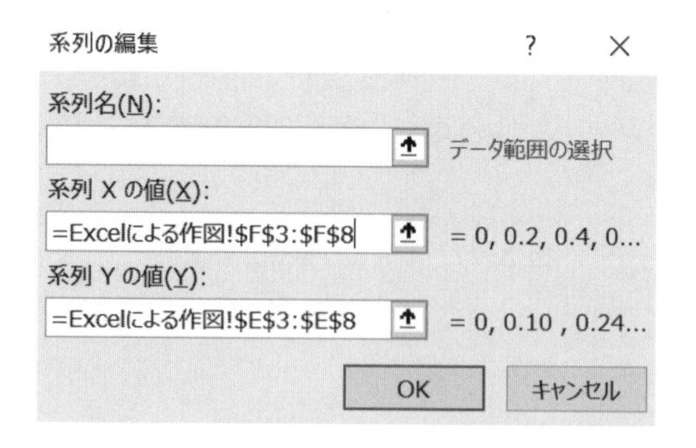

図 A.29　［系列の編集］ダイアログボックス

4. 軸の目盛りの最大値を 1 に変更する．縦軸の目盛りをクリックするとすべての目盛りを囲む枠線が表示される（図 A.30）．その状態で右クリックするとメニュー画面が現れるので，最下段にある「軸の書式設定（F）…」

を選択する．するとシートの右端に［軸の書式設定］作業ウィンドウが表示される（図 A.31）．作業ウィンドウの中の「軸のオプション」を選択し，「境界値」にある「最大値」を 1.0 に設定する．またグラフを見やすくするため「目盛間隔」にある「目盛」を 0.2 にする．横軸についても同様の手順で「最大値」を 1.0 に，「目盛」を 0.2 に設定する．

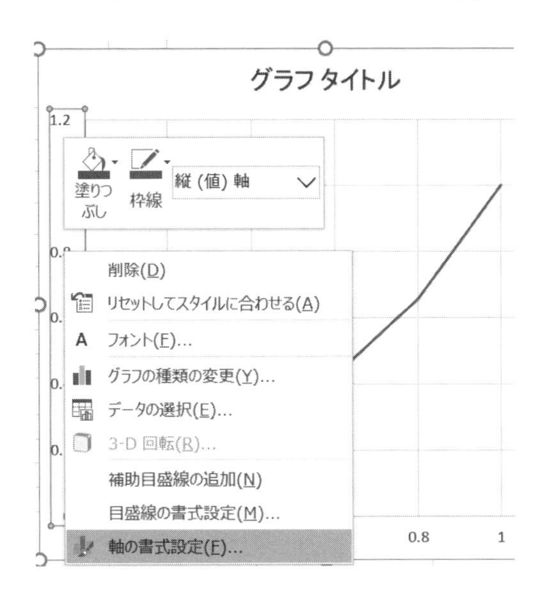

図 A.30　［系列の編集］ダイアログボックス

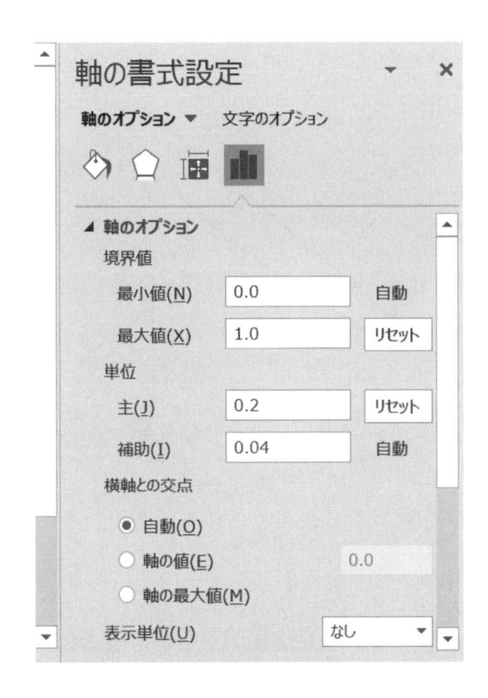

図 A.31　［軸の書式設定］作業ウィンドウ

5. 完全平等な場合のローレンツ曲線を追加する．［データソースの選択］ダイアログボックスを呼び出すまでは 3. の手順と同じである．現れた［データソースの選択］ダイアログボックスで，「凡例項目（系列）(S)」の下にある「追加（A)」をクリックする．現れた［系列の編集］ダイアログボックス（図 A.29 参照）の「系列 X の値（X)」と「系列 Y の値（Y)」に，同じセル範囲 F3:F8 を 3. の手順にならって図 A.32 のように設定し，［OK］をクリックする．［データソースの選択］ダイアログボックスの［OK］をクリックすると図 A.33 が作成される．

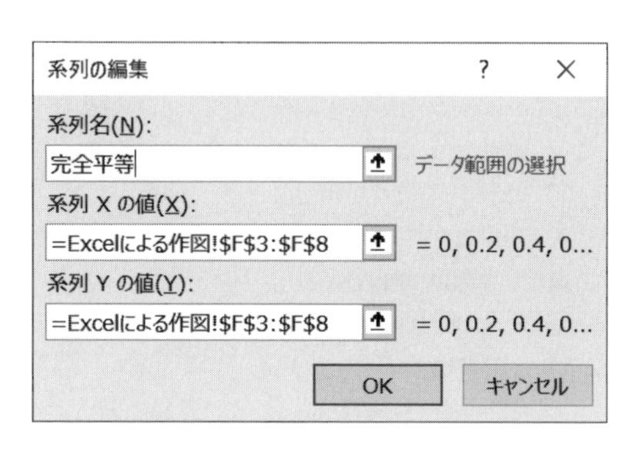

図 A.32　完全平等の場合の設定

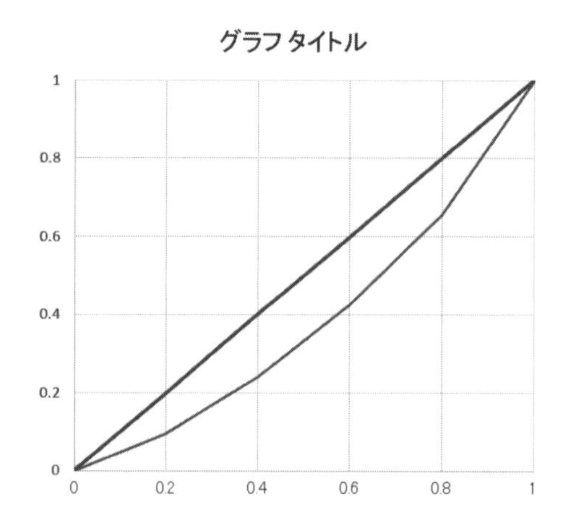

図 A.33　完全平等の場合のローレンツ曲線が追加されたグラフ

6. 作成中のグラフを選択すると表示される［グラフのレイアウトグループ］の グラフ要素を追加 をクリックして現れるメニューの中にある「軸ラベル（A)」「凡例（L)」などを使ってグラフを加工すると図 A.34 が出来上がる．

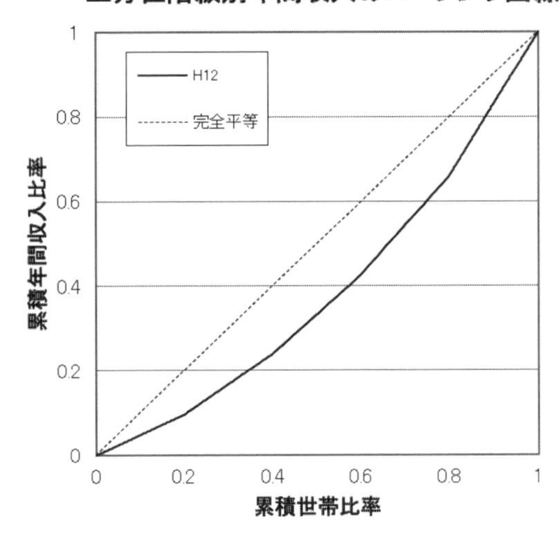

図 A.34　ローレンツ曲線の完成図

散布図を描く

ここで用いるデータは，都道府県別人口[1]と一般行政職員数[2]である．

1. 散布図を描くための 2 変量データをシートに入力し（図 A.35 はデータの一部），人口と一般行政職員数が入力されたセル範囲 B2:C48 をアクティブにする．

	A	B	C
1	都道府県名	人口	一般行政職員数
2	北海道	5,339,539	12,689
3	青森県	1,308,707	3,830
4	岩手県	1,264,329	4,357
5	宮城県	2,312,080	5,006
6	秋田県	1,015,057	3,339
7	山形県	1,106,984	4,063
8	福島県	1,919,680	5,775
9	茨城県	2,951,087	4,844
10	栃木県	1,985,738	4,447
11	群馬県	1,990,584	3,922
12	埼玉県	7,363,011	6,822
13	千葉県	6,298,992	7,059
14	東京都	13,637,346	19,421
15	神奈川県	9,171,274	7,269
16	新潟県	2,281,291	5,690

図 A.35　散布図を描くための 2 変量データ

2. ［挿入］タブの［グラフ］グループで をクリックし，現れたメニューで散布図（図 A.36 参照）を選択すると，散布図が描かれる．

---

[1] 出所：住民基本台帳に基づく人口，人口動態及び世帯数（平成 30 年 1 月 1 日現在）
http://www.soumu.go.jp/menu_news/s-news/01gyosei02_02000177.html

[2] 出所：地方公共団体定員管理関係（平成 30 年 4 月 1 日現在）都道府県データ
http://www.soumu.go.jp/main_sosiki/jichi_gyousei/c-gyousei/teiin/index.html

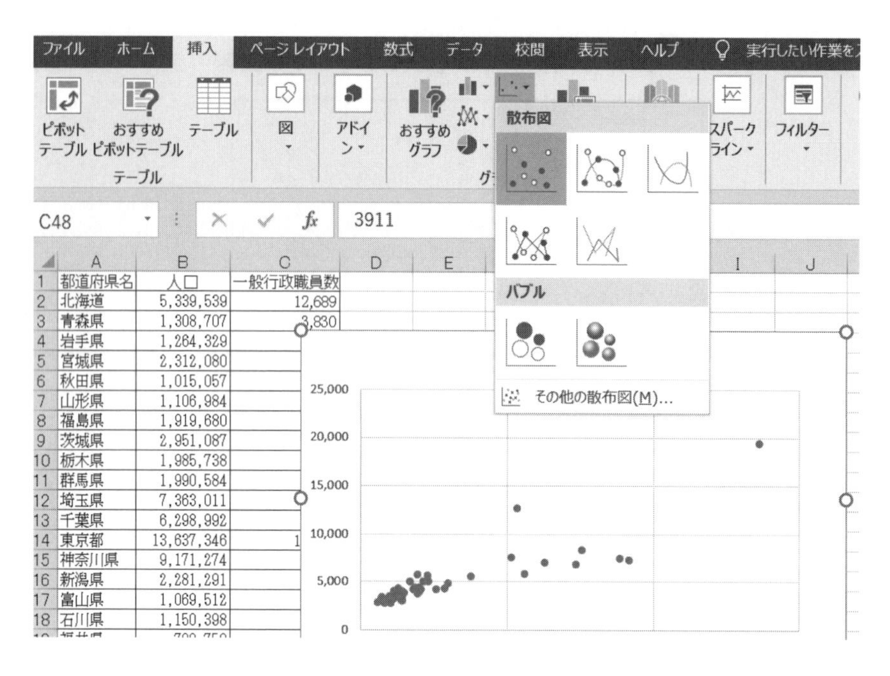

図 A.36　［散布図］メニューと描かれた散布図

3. 必要に応じてグラフの加工を行う．グラフ要素（軸・軸ラベル・グラフタイトルなど）を描かれたグラフに個別に表示したり消したりする場合は，グラフがアクティブな状態で，＋（グラフ要素）をクリックし，［グラフ要素］の中から表示させたい要素のみにマークを入れる．図 A.37 では［軸ラベル］にマークしている．［軸ラベル］にマークすると，グラフエリア内に軸ラベルを入力するボックスが現れるので，つけたい軸ラベルのボックスをクリックし，「軸ラベル」の文字を消した後，適当な文字を入力する．

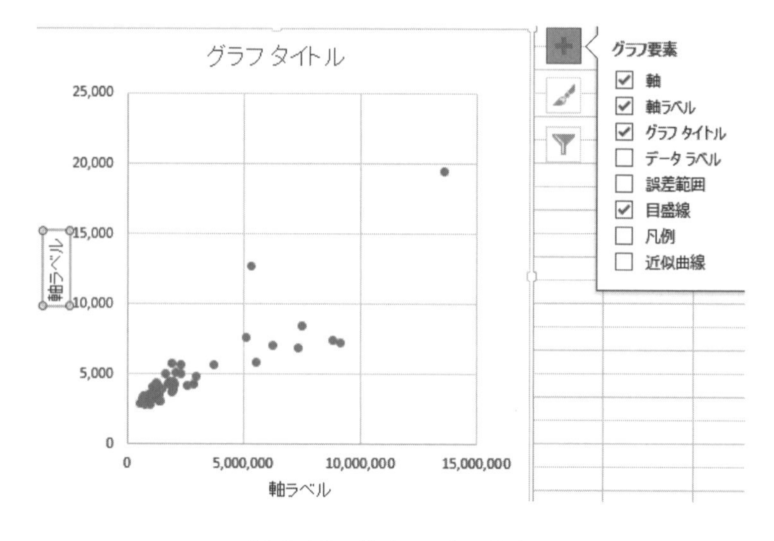

図 A.37　軸ラベルをつける

いくつかの加工を行った後のグラフが図 A.38 である．散布図に回帰直線を追加するためには，散布された点（図 A.38 では ○ のマーカー）の 1 つを右クリックし，現れたメニューから「近似曲線の追加 (R)」を選択すると，［近似曲線の書式設定］作業ウィンドウが現れるので，「近似曲線のオプション」の中から「線形近似（L)」を選択する．またデータから求めた回帰直線や決定係数 R^2 の値を散布図上に表示するためには，「グラフに数式を表示する（E)」と「グラフに R-2 乗値を表示する（R)」にチェックを入れればよい．

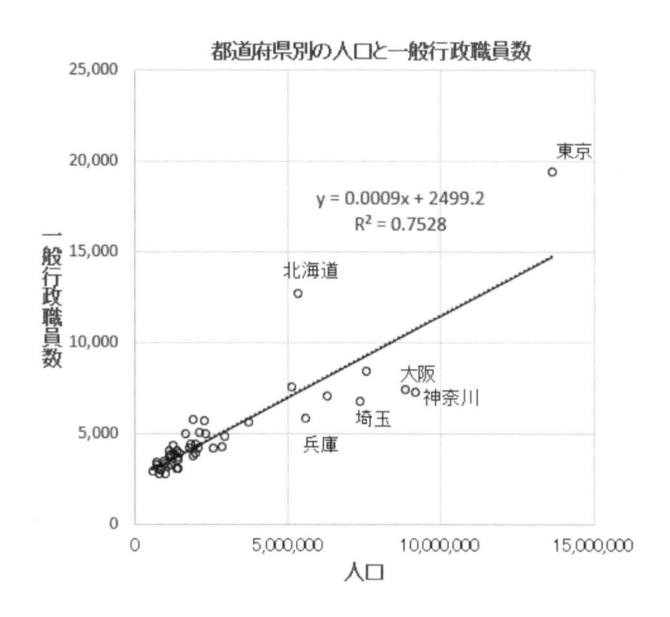

図 A.38　いくつかの加工後の散布図

ピボットテーブルを使った分割表の作成

ここで用いるデータは，「もういちど生まれかわるとしたら、あなたは男と女の、どちらに、生れてきたいと思いますか？」という質問に対する大学生 129 人（男子 90 人・女子 39 人）の回答（男・女・わからない）である．この回答と性別の関係をみるために，2 × 3 分割表を Excel のピボットテーブルを使って作成する．

1. 分割表を作成するために用いる 2 変量データをシートに入力[注 39]し（図 A.39 はデータの一部），性別と回答が入力されたセル範囲（ここでは A1:B130）を選択する．

注 39　ピボットテーブルを使う場合，各変量のデータを列ごとに入力し，列見出し（項目名）つけておく．

	A	B
1	性別	もう一度生まれかわるとしたら，あなたは男と女のどちらに生れてきたいと思いますか？
2	男	男
3	男	わからない
4	男	男
5	女	男
6	女	男
7	男	男
8	男	女
9	男	男
10	男	男

図 A.39　分割表を作成するための 2 変量データ

2. 項目名を含むデータ（セル範囲 A1:B130）を選択した上で，［挿入］タブの［テーブル］グループにある  ピボット テーブル をクリックする．すると［ピボットテーブルの作成］ダイアログボックス（図 A.40）が現れる．

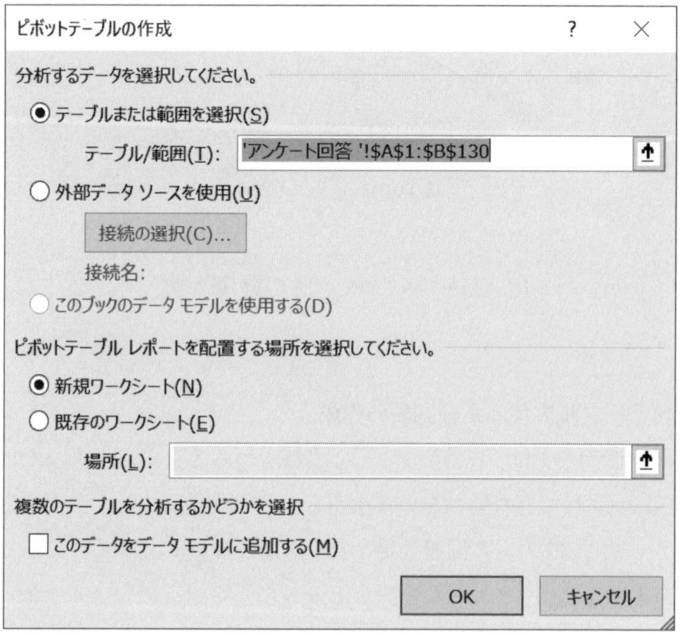

図 A.40　［ピボットテーブルの作成］ダイアログボックス

「ピボットテーブルレポートを配置する場所を選択してください。」でピボットテーブル（分割表）を配置（表示）するワークシートを決める．とくに配置したいワークシートがない場合は，「新規ワークシート（N）」にチェックを入れる．［OK］をクリックすると新しいワークシート（図 A.41）が現れる．

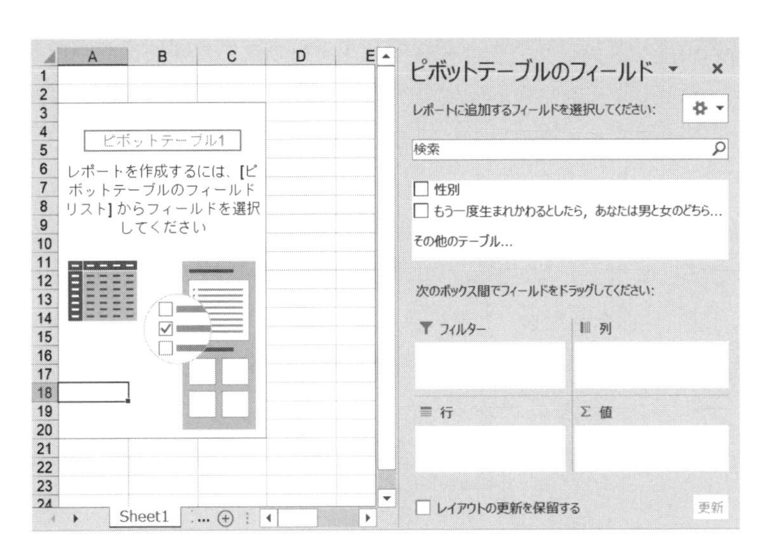

図 **A.41**　ピボットテーブルを配置するワークシート

3. 現れたワークシート（ここでは Sheet1）の右側にある［ピボットテーブルのフィールド］作業ウィンドウで分割表の表側と表頭に配置する変量を決める．ここでは表側（行の項目）に「性別」，表頭（列の項目）に「もう一度生まれかわるとしたら，・・・」を配置するものとする．作業ウィンドウ内の「検索」ボックスの下にある「フィールドリスト」ボックス[注 40]にある「性別」を選択しドラッグして，下方にある「行」ボックスにドロップする．同様の方法で「もう一度生まれかわるとしたら，・・・」を「列」ボックスにドロップする．続いて「Σ 値」ボックスにどちらかのフィールド名（ここでは「性別」だがどちらでもよい）をドロップすると，作業中のワークシートの左側にピボットテーブル（分割表）が作成される（図 A.42）．

注 40　Excel ではワークシートの各列をフィールドとよぶ．図 A.39 の場合，A 列は 1 つのフィールドで，列の先頭の「性別」をフィールド名という．

図 **A.42**　ピボットテーブルを配置するワークシート

4. 必要に応じてピボットテーブルの加工を行う．例えば列ラベルの順番を女・男・わからないの順に変更する場合は，列ラベル ▾ の矢印をクリックし，現れたメニューの中から［その他の並び替えオプション（M)］を選択する．現れた［並び替え］ダイアログボックス（図 A.43）で「手動（アイテムをドラッグして並び替える)」にチェックを入れ，［OK］をクリックする．ピボットテーブルのアイテム（いまの場合「わからない」）のあるセル (B4) を選択し，右側の罫線をポイントし，4 方向矢印が表示されたら，ドラッグし「男」の右側のセル (D4) に移動する．変更後のピボットテーブルが図 A.44 である．

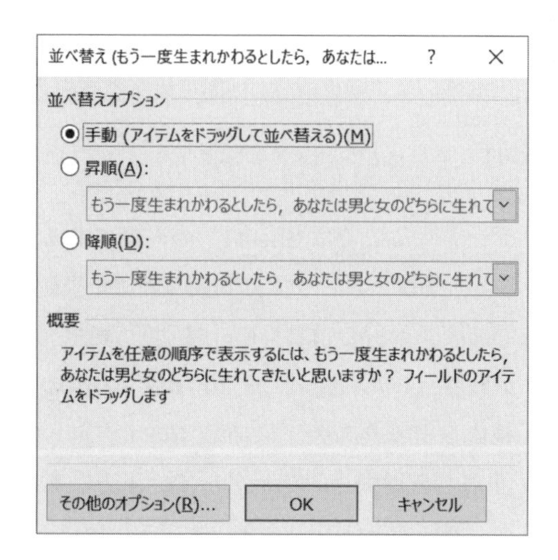

図 A.43　［並び替え］ダイアログボックス

	A	B	C	D	E
1					
2					
3	個数 / 性別	列ラベル ▾			
4	行ラベル ▾	女	男	わからない	総計
5	女	18	17	4	39
6	男	17	66	7	90
7	総計	35	83	11	129

図 A.44　アイテム変更後のピボットテーブル

章末問題

A.1 下表で与えられる確率変数 X, Y の同時確率分布について，以下の問いに答えよ．

	$y=0$	$y=1$	$y=2$	$P(X=x)$
$x=0$	0	$\frac{1}{3}$	0	$\frac{1}{3}$
$x=1$	$\frac{1}{3}$	0	$\frac{1}{3}$	$\frac{2}{3}$
$P(Y=y)$	$\frac{1}{3}$	$\frac{1}{3}$	$\frac{1}{3}$	1

(1) 期待値 $E[X]$, $E[Y]$ を求めよ．

(2) 共分散 $\mathrm{Cov}[X,Y]$ を求めよ．

(3) $P(X=0,\ Y=0) \neq P(X=0)P(Y=0)$ となることを確認せよ．

(4) X と Y が無相関でも，それらが互いに独立にならないことを確認せよ．

A.2 確率変数 X, Y が互いに独立に，それぞれ正規分布 $N(8,\ 1)$, $N(7,\ 1)$ に従うとき，$P(2X \geq 3Y)$ を求めよ．

A.3 天びんで重さ 100 g の物体を測定する．1 回ごとの測定には誤差 W が生じるが，W の確率分布は，平均 0 g，分散 0.1 g^2 の正規分布 $N(0,\ 0.1)$ に従うとする．

(1) 確率変数 $X = 100 + W$ はどのような分布に従うか．

(2) 測定を 10 回繰り返すとき，10 回の測定値 X_1, X_2, …, X_{10} の平均 $\overline{X} = \frac{1}{10}\sum_{i=1}^{10} X_i$ の分布を求めよ．

(3) $\left|\overline{X} - 100\right| < 0.1$ となる確率を 0.95 以上とするためには，少なくとも何回測定を繰り返せばよいか．

A.4 p.195 の対数尤度関数 (A.35) を導け．

A.5 確率密度関数が次式で表される一様分布について，パラメータ θ の最尤推定量を求めたい．

$$f(x;\theta) = \begin{cases} \dfrac{1}{\theta} & (0 \leq x \leq \theta) \\ 0 & (\text{その他}) \end{cases}$$

X_1, X_2, …, X_n をこの一様分布からの無作為標本，$(x_1,\ x_2,\ \ldots,\ x_n)$ を $(X_1,\ X_2,\ \ldots,\ X_n)$ の実現値とするとき，以下の問いに答えよ．

(1) 最尤法の考え方から．θ の最尤推定値がどのような値になるか予想せよ．

(2) (A.32) で定義される尤度関数 $L(\theta)$ のこの問題での具体的な式を求めよ．

(3) θ の最尤推定量 $\widehat{\theta}$ を求めよ．

A.6 p.198 の (A.43) を計算して確かめよ．

A.7 p.46 の分散 $s^2 = \frac{1}{n}\sum_{i=1}^{n}(x_i - \overline{x})^2$ は，$\frac{1}{2n^2}\sum_{i=1}^{n}\sum_{j=1}^{n}(x_i - x_j)^2$ と書けることを示せ．

より進んだ学習のために

「まえがき」に書いたように，本書はデータサイエンスの専門的な学びへの橋渡し役になることを意図して書いた統計学の入門書である．データサイエンティストを目指す人や本格的なデータ分析を行いたいと考えている人にとっては，本書で学んだことはデータサイエンスという世界へ通じる扉を開けたに過ぎない．このあと，さまざまな統計手法や機械学習の手法さらにPython[注41]やR，Julia[注42]などのいずれかのプログラミングスキルを身につけなければ，現実にあるさまざまな課題に対して，データを自分で分析し判断を行い，解決策を提案することはできない．ここでは上記のような人たちに対して，知識面・技術面での更なる学び方を水先案内する．

注41　初学者はGoogleが提供するColaboratoryを利用することを勧める．Colaboratoryはブラウザから Python を記述・実行できるサービスであり，Pythonを利用する上での標準的な環境が整っている．

注42　最近，計算効率の観点から Julia を使ってアルゴリズムを実装するケースが増えてきている．

大学の授業科目を履修する

大学生であれば，専門学部・学科で開講されている多変量解析・ベイズ法・時系列解析・社会調査法・因果推論などの統計の専門科目および機械学習やその関連科目の中から，目的に応じて必要な科目を選び履修するとともに，出来ればそれらを理解する上で必要となる数学（線形代数・微分積分）を学んでおくことが望ましい．またプログラミングスキルは，何らかの問題解決のために自分自身でプログラムの作成に本格的に取り組まなければ身につくものではないが，PythonやR，Juliaを用いたプログラミング実習科目が開講されていれば，そこでプログラミングの手解きを受けることによって，プログラミング学習の初期段階のハードルはかなり低くなるものと思われる．さらにPBLや卒業研究で，民間企業や行政から与えられた実際問題に対してデータ分析を行うことは，データ分析の面白さや難しさを体験できるよい機会である．

PBL，課題解決型学習 *Problem Based Learning*

以下に独習のためのテキストの例を挙げるが，すべて読まなければならないというわけでも，これだけ読めば十分ということでもない．下記以外にも良書は数多ある，また機械学習の応用分野は日進月歩であり，関連書が次々に出版されている．専門家によるアドバイスやインターネット上の正しい情報を参考に，自分の目的に応じた本を選び学んでほしい．

推薦図書

統計学については

- 東京大学教養学部統計学教室編『統計学入門』（東京大学出版会，1991）（初級レベルの統計学の内容を網羅的に扱っている．本書で扱うことができなかった内容を補ってくれる．）

- 赤平昌文『統計解析入門』（森北出版，2003）（数理統計学[注43]の中級レベルの本．統計学の数理に関心のある読者に勧める．）
- 竹村彰通『新装改訂版 現代数理統計学』（学術図書出版社，2020）（本格的に数理統計学を学ぶ読者にとっての好書である．）
- 永田靖・棟近雅彦『多変量解析法入門』（サイエンス社，2001）（多変量解析の入門書，代表的な多変量解析法のイメージをつかむのに良い本である．）
- 小西貞則『多変量解析 — 線形から非線形へ —』（岩波書店，2010）（いくつかのスタンダードな多変量解析法に加え，ベイズ判別・サポートベクターマシーンによる判別まで，理論を丁寧に説明している．）
- 馬場真哉『R と Stan ではじめる ベイズ統計モデリングによるデータ分析入門』（講談社，2019）（ベイズ統計の入門書として好適である．）
- B. Efron, T. Hastie（藤澤洋徳・井手剛監訳）『大規模計算時代の統計推論 — 原理と発展 —』（共立出版，2020）（現在の統計学会の巨人エフロンと統計的学習の大御所ヘイスティが執筆した大著．意欲のある読者に勧める．）

注 43　統計学の数学的側面を扱う分野

機械学習の理論と実装[注44]については

- 八谷大岳『ゼロからつくる Python 機械学習プログラミング入門』（講談社，2020）
- 斎藤康毅『ゼロから作る Deep Learning — Python で学ぶディープラーニングの理論と実装』（オライリージャパン，2016）
- 斎藤康毅『ゼロから作る Deep Learning ② — 自然言語処理編』（オライリージャパン，2018）
- 斎藤康毅『ゼロから作る Deep Learning ③ — フレームワーク編』（オライリージャパン，2020）
- 鈴木讓『統計的機械学習の数理 100 問 with Python』（共立出版，2020）
- 鈴木讓『統計的機械学習の数理 100 問 with R』（共立出版，2020）
- 塚本邦尊・山田典一・大澤文孝『東京大学のデータサイエンティスト養成講座 — Python で手を動かして学ぶデータ分析』（マイナビ出版，2019）
- 石川聡彦『Python で動かして学ぶ！あたらしい深層学習の教科書 — 機械学習の基本から深層学習まで —』（翔泳社，2018）
- S. Raschka, V. Mirjalili（福島真太朗監訳，株式会社クイープ訳）『［第3版］Python 機械学習プログラミング　達人データサイエティストによる理論と実践』（インプレス，2020）

注 44　ここでは理論が Python や R, Julia によるプログラミングによって応用に反映されること．

機械学習の理論については

- T. Hastie, R. Tibshirani, J. Friedman（杉山将・井手剛・神嶌敏弘・栗

田多喜夫・前田英作監訳）『統計的学習の基礎—データマイニング・推論・予測—』（共立出版，2014）
- C. M. ビショップ（元田浩・栗田多喜夫・樋口知之・松本裕治・村田昇監訳）『パターン認識と機械学習　上・下』（丸善出版，2012）
- I. Goodfellow, Y. Bengio, A. Courville（岩澤有祐・鈴木雅大・中山浩太郎・松尾豊監訳）『深層学習』（アスキードワンゴ，2018）

実社会におけるデータサイエンスの動向を知るには

- 独立行政法人情報処理推進機構 AI 白書編集委員会編『AI 白書 2020』（角川アスキー総合研究所，2020）
- 河本薫『最強のデータ分析組織—なぜ大阪ガスは成功したのか』（日経 BP 社，2017）
- 日経クロストレンド編『ディープラーニング活用の教科書』（日経 BP 社，2018）
- 高橋威知郎・矢部章一・奥村エルネスト純・樫田光・中山心太・伊藤徹郎・津田真樹・西田勘一郎・大成弘子・加藤エルテス聡志『データサイエンティスト養成読本　ビジネス活用編』（技術評論社，2018）

統計検定を受験する

日本統計学会公式認定「統計検定」[注45] を受験しながら，統計学の知識を段階的に身につけてゆく．具体的には，統計学については 2 級（大学基礎程度）に合格すること，そして可能であれば準 1 級合格を目指すのがよいと考える．データサイエンスについては，2021 年度以降に実施予定のデータサイエンス基礎・データサイエンス発展及びエキスパートを受験するとよい．以上の検定に合格すれば，企業が求めるデータサイエンティストとして必要なスキルを満たせる可能性がかなり高まると考える．

注 45　実施組織は一般財団法人 統計質保証推進協会.

統計検定 のホームページ https://www.toukei-kentei.jp/（閲覧日：2020 年 10 月 1 日）に統計検定やその受験方法および関係図書についての詳しい情報がある．

推薦図書

- 日本統計学会編『改訂版　日本統計学会公式認定　統計検定 3 級対応　データの分析』（東京図書，2020）
- 日本統計学会編『日本統計学会公式認定　統計検定 3 級・4 級　公式問題集［2017～2019 年］』（実務教育出版，2020）
- 日本統計学会編『改訂版　日本統計学会公式認定　統計検定 2 級対応　統計学基礎』（東京図書，2015）
- 日本統計学会編『日本統計学会公式認定　統計検定 2 級　公式問題集［2017～2019 年］』（実務教育出版，2020）

- 日本統計学会編『日本統計学会公式認定　統計検定準1級対応　統計学実践ワークブック』(学術図書出版社, 2020)
- 日本統計学会編『日本統計学会公式認定　統計検定1級・準1級　公式問題集［2018〜2019年］』(実務教育出版, 2020)

オンライン講座を受講する

データサイエンスについて学べるオンライン講座も少なからずあり，これらの講座の中から自分の目的やレベルに合ったものを選択し学ぶこともできる．以下に代表的なオンライン講座（以下URL閲覧日はすべて2020年9月12日）を示す．

SIGNATE Quest　`https://quest.signate.jp/`（有料）
codexa　`https://www.codexa.net/`（一部有料）
東京大学松尾研究室　`https://weblab.t.u-tokyo.ac.jp/`（無料）
Coursera　`https://ja.coursera.org/`（有料・英語による海外講座）
JMOOC　`https://www.jmooc.jp/`（無料）
次の2つは対面・オンライン両講座を提供
データサイエンティスト養成講座　`https://www.datascientist.or.jp/news/ds-training-program202009/`（学生は無料）
AI Quest　`https://lp.signate.jp/ai-quest/`（無料）

コンペティションやインターンシップに参加する

PythonやRの基礎的なプログラムが書け，他人が書いたそれらのソースコードが読めるようになり，統計学や機械学習の専門用語を使ったコミュニケーションがある程度とれるようになったら，データサイエンスコンペティションに参加し，所属機関外の同志と競い合ったり，チームを組んで協力し合ったりしてデータサイエンスの実践力を磨くことを勧める．国内外で多くのデータサイエンスコンペティションが開催されているが，どのようなコンペティションが開催されているかインターネット上で探し，自分が興味を持てるテーマにチャレンジするのがよいと考える．以下はとくに人気の高いデータサイエンスコンペティションサイトである．

Kaggle　`https://www.kaggle.com/`（英語）
SIGNATE　`https://signate.jp/`（日本語）

推薦図書

- 門脇大輔・阪田隆司・保坂桂佑・平松雄司『Kaggleで勝つデータ分析の技術』(技術評論社, 2019)
- チーム・カルポ『Kaggleで学んでハイスコアをたたき出す！　Python機械学習&データ分析』(秀和システム, 2020)

- 石原祥太郎・村田秀樹『Pythonではじめる Kaggle スタートブック』(講談社, 2020)

また，学生であればデータサイエンスに関わるインターンシップに参加することを勧める.

参考文献

[1] 赤平昌文『統計解析入門』（森北出版，2003）

[2] 安宅和人『シン・ニホン　AI ×データ時代における日本の再生と人材育成』（ニューズピックス，2020）

[3] 伊藤公一朗『データ分析の力　因果関係に迫る思考法』（光文社新書，2017）

[4] 江崎貴裕『データ分析のための数理モデル入門 — 本質をとらえた分析のために』（ソシム，2020）

[5] R. Tourangeau, F. G. Conrad, M. P. Couper（大隅昇・鳰真紀子・井田潤治・小野裕亮訳）『ウェブ調査の科学 — 調査計画から分析まで —』（朝倉書店，2019）

[6] 大湾秀雄『日本の人事を科学する』（日本経済新聞出版社，2017）

[7] 加賀美雅弘『病気の地域差を読む — 地理学からのアプローチ』（古今書院，2004）

[8] ゲアリー・スミス（川添節子訳）『データは騙る — 改竄・捏造・不正を見抜く統計学』（早川書房，2019）

[9] 近藤次郎『数学モデル　現象の数式化』（丸善，1976）

[10] 佐井至道『例解調査論』（大学教育出版，2001）

[11] 佐藤担『はじめての確率論　測度から確率へ』（共立出版，1994）

[12] 繁桝算男『ベイズ統計入門』（東京大学出版会，1985）

[13] J. C.ミラー（村上正康訳）『統計学の基礎』（培風館，1988）

[14] 鈴木達三・高橋宏一『標本調査法』（朝倉書店，1998）

[15] 竹内啓『歴史と統計学 — 人・時代・思想』（日本経済新聞出版社，2018）

[16] 竹村彰通『データサイエンス入門』（岩波新書，2018）

[17] 竹村彰通『統計　第 2 版』（共立出版，2007）

[18] 橘木俊詔『日本の経済格差 — 所得と資産から考える』（岩波新書，1998）

[19] 辻新六・有馬昌宏『アンケート調査の方法 — 実践ノウハウとパソコン支援 —』（朝倉書店，1987）

[20] 手塚太郎『しくみがわかるベイズ統計と機械学習』（朝倉書店，2020）

[21] 東京大学教養学部統計学教室編『統計学入門』（東京大学出版会，1991）

[22] 林文・山岡和枝『調査の実際 — 不完全なデータから何を読みとるか —』（朝倉書店，2002）

[23] ハンス・ロスリング，オーラ・ロスリング，アンナ・ロスリング・ロンランド（上杉周作・関美和訳）『FACTFULNESS』（日経 BP 社，2019）

[24] 星野崇宏『調査観察データの統計科学 — 因果推論・選択バイアス・データ融合』（岩波書店，2009）

[25] 森崎初男『経済データの統計学』（オーム社，2014）

[26] 間瀬茂『ベイズ法の基礎と応用 — 条件付き分布による統計モデリングと MCMC 法を用いたデータ解析』（日本評論社，2016）

[27] 柳川堯『P 値 — その正しい理解と適用』（近代科学社，2018）

[28] 渡辺澄夫『ベイズ統計の理論と方法』(コロナ社，2012)

[29] 汪金芳・桜井裕仁『ブートストラップ入門』(共立出版，2011)

[30] 総務省統計局『社会人のためのデータサイエンス入門　オフィシャルスタディノート　改訂版』(日本統計協会，2018)

[31] 週間ダイヤモンド 2016 年 7 月 2 日号 (ダイヤモンド社)

[32] 大内俊二，統計教育のための中心極限定理が成り立つ標本の大きさについて，日本数学教育学会高専・大学部会論文誌，VOL.25, NO.1, pp.31-42, March 2019.

[33] The Cardiac Arrhythmia Suppression Trial (CAST) Invesitigators, Preliminary report: effect of encainide and flecainide on mortality in a randomized trial of arrhythmia suppression after myocardial infarction *N. Engl. J. Med.* 1989 Aug 10; **321** (6): 406-12.

[34] ビッグデータ等の利活用推進に関する産官学協議のための連携会議 (第 2 回) 資料 3：民間ビッグデータを統計として活用するためには，何が必要か：諸外国の取組事例の紹介と日本における課題の整理.

索　引

大内　俊二（おおうち　しゅんじ）

下関市立大学経済学部教授

専門：統計科学・統計教育

データサイエンス指向の統計学

2020 年 9 月 30 日　第 1 版　第 1 刷　発行
2021 年 3 月 30 日　第 2 版　第 1 刷　発行
2022 年 3 月 30 日　第 2 版　第 3 刷　発行

著　者　大 内 俊 二
発 行 者　発 田 和 子
発 行 所　株式会社　学術図書出版社
〒113−0033　東京都文京区本郷 5 丁目 4 の 6
TEL 03−3811−0889　振替　00110−4−28454
印刷　三松堂（株）

定価はカバーに表示してあります.

ISBN978−4−7806−0916−5　C3033